国家社会科学基金（23BJY260）：
大食物观下我国海洋牧场数智化转型发展实施路径研究

"泰山学者"建设工程专项经费（tsqn202211198）：
提升海洋气候变化的治理能力及推进路径

泰山产业领军人才工程专项经费（tsls20231201）：
山东省烟台市四十里湾西部海域耕海海洋牧场建设项目

山东省智慧海洋牧场重点实验室（筹）开放基金课题（IMR202301）：
新旧动能转换背景下海洋牧场可持续发展研究

海洋牧场高质量发展路径与机制研究

Research on the High-Quality Development Path and Mechanism of Marine Ranches

王舒鸿　王举颖　孙　明　王业成　著

人 民 出 版 社

包振民　中国工程院院士

　　海洋不仅是丰富资源的宝库，更是人类赖以生存的重要空间，在全球范围内，海洋的可持续利用和发展已成为各国竞相追求的目标。食物供给体系的安全性问题一直是人类面临的大事，随着全球气候、生态和人口问题的日益严重，粮食生产体系面临越来越大的压力，陆地食物生产的密集度及其对生态环境的影响已经达到临界点，必须超越传统的陆地农业模式，以大食物观来扩展食物生产范围和空间，充分利用海洋资源，挖掘其在食物供给方面的巨大潜力。随着科技的进步与社会的发展，海洋牧场这一新兴产业逐渐成为推动海洋经济的重要力量。党的二十大报告指出，"发展海洋经济，保护海洋生态环境，加快建设海洋强国"。

　　《海洋牧场高质量发展路径与机制研究》一书也正是在这一背景下诞生，作者在总结前期发展的成果和经验的基础上，从海洋生产系统生态化与信息智慧化转型的双重视角出发，深入探讨了海洋牧场高质量发展的路径与机制，为我们展示了一幅关于海洋牧场未来发展的宏伟蓝图。书中作者紧紧围绕国家海洋战略的要求，结合国内海洋牧场建设的成功经验和现实问题，同时以全球视野和战略眼光，借鉴国外先进经验，提出了一些创新性的解决思路，旨在为我国海洋牧场的发展提供有力支持。作者在研究过程中，展现了卓越的学术素养和敏锐的创新思维。这本著作的出版，不仅为海洋牧场的研究提供了新思路、新方法，也为新形势下海洋牧场规划和建设提供了新观念和新方案，具有重要的理论价值和实践意义。

　　作为一位多年从事海洋水产科技的工作者，我深知科技创新对推动海洋经济发展的重要作用，我相信这本书将成为海洋牧场领域的重要参考文献。在此，我谨向付出辛勤劳动的作者表示衷心的祝贺，并预祝该书在学术界和产业界产生重要影响。

陈松林　中国工程院院士

随着全球对可持续发展的日益关注,海洋的可持续利用与发展已然演变为国际社会的共同追求。海洋,这一蕴藏着丰富资源的广阔领域,不仅为人类提供了宝贵的物质财富,更承载着地球生态平衡的重要使命。特别是在构建多元化食物供给体系的背景下,陆地资源的局限性愈发凸显,向海洋要食物、要资源已成为刻不容缓的战略选择。

海洋牧场作为一种创新的海洋资源开发模式,正逐渐崭露头角,成为推动海洋经济高质量发展的新引擎。它不仅能够有效缓解陆地资源压力,还能为海洋经济的持续发展注入新的活力。

党的二十大报告高瞻远瞩地指出,"发展海洋经济,保护海洋生态环境,加快建设海洋强国"。这一战略指引,不仅彰显了国家对海洋事业发展的高度重视,也为海洋牧场的建设与发展指明了方向。本书便是在这样的时代背景下应运而生,旨在全面深入地探索海洋牧场高质量发展的路径与机制。

作为长期致力于海洋渔业科学研究的中国工程院院士,我深知科技创新在推动海洋牧场发展中的关键作用。本书从生态化转型、数智化转型和产业生态系统的视角切入,对海洋牧场的高质量发展进行了深入剖析。这一研究视角不仅体现了理论与实践的紧密结合,更展示了海洋牧场未来发展的广阔前景。书中,作者紧密结合国家海洋战略需求,广泛吸纳国内外先进经验,创新性地提出了一系列切实可行的解决方案。这些方案既体现了对海洋牧场发展现状的深刻理解,也展现了对未来发展趋势的敏锐洞察。在全球视野和战略眼光的指引下,我们应当深刻认识到,海洋牧场的研究与发展不仅关乎中国海洋经济的未来,更对全球海洋资源的可持续利用具有深远影响。本书的出版,无疑为这一领域的研究提供了新的参考,同时也为我国海洋经济发展提供了新的思路和方法。

我坚信,本书将成为海洋牧场领域的重要参考文献,对学术界和产业界产生广泛而深远的影响。我期待本书能引领海洋牧场领域的研究与实践迈向新的高度,为实现海洋强国的宏伟目标贡献智慧与力量。让我们携手共进,共同开创海洋牧场高质量发展的新篇章!

陈松林

前　言

　　21 世纪是海洋的世纪,海洋开发已成为国际关注的热点,"向海而兴"也已成为社会各界的共识。海洋是人类生存与发展的重要空间。"强于世界者必先盛于海洋,衰于世界者必先败于海洋。"随着全球人口的增长和资源的日益紧张,海洋资源的开发与利用愈发显得重要。纵观世界各个发达国家,无一不是海洋强国。海洋牧场作为一种新型的海洋资源开发模式,已经引起了世界各国的广泛关注。中国拥有辽阔的海域和丰富的海洋资源,对于海洋牧场的建设与发展具有得天独厚的优势。

　　国家"十四五"规划和党的二十大报告,都明确提出了"加快海洋强国建设""优化海洋产业结构""拓展蓝色经济空间"的战略目标。农村部编制印发的《国家级海洋牧场示范区建设规划(2017—2025 年)》中指出"海洋牧场建设是解决海洋渔业资源可持续利用和生态环境保护矛盾的金钥匙。"海洋牧场是海洋强国战略的重要组成部分,不仅为人类提供丰富的海产品资源,还对海洋生态环境的稳定性和可持续性发挥着关键作用。海洋牧场,作为一种创新的渔业模式,有效地解决了传统水产养殖与海洋捕捞所带来的环境与资源问题,实现了渔业的绿色转型。至今,我国已建立 169 个国家级海洋牧场示范区,这些示范区不仅成为渔业可持续发展的典范,也为全国海洋牧场的建设与发展提供了宝贵的经验。作为海洋经济发展的关键支柱,海洋牧场如何实现高质量发展,已成为社会各界广泛关注和深入探讨的焦点。然而,面对日益严峻的资源环境挑战和产业转型的压力,我们必须寻找新的突破口。在此背景下,本书旨在深入探讨海洋牧场的建设、生态化转型、数智化转型以及产业生态系统的前沿问题,以期为我国的海洋牧场高质量发展提供理论与实践的指导。

　　在基础篇中,我们对海洋牧场的研究背景、意义以及相关概念进行了界定,通过文献综述梳理了海洋强国、蓝色粮仓、企业生态化转型等关键议题。同时,对国内外海洋经济与产业的发展现状进行了分析,特别是对发达国家海洋牧场建设的经验进行了总结,以期为我国海洋牧场的建设提供借鉴。现状分析部分则详细阐述了中国及世界其他国家和地区海洋经济与产业的发展状况,为后续的深入研究奠定了基础。

进入生态化转型发展篇,我们着重探讨了海洋牧场生态化转型的模式、机制与路径。通过识别不同转型模式,分析其绩效影响与管理启示,进一步揭示了海洋牧场内部与外部生态化转型的深层次机制。此外,还提出了基于资源环境承载力的生态化转型状态分析与模式匹配模型,为海洋牧场的可持续发展提供了科学的决策支持。在实现方案中,我们详细规划了资源环境约束下企业状态演化的异质性策略,以及生态化转型的运行控制与实施保障,从而确保了转型方案的有效性与可行性。

数智化转型创新篇则聚焦于数智技术如何赋能海洋牧场的高质量发展。在概述数智赋能的必然性与理论模型后,我们深入剖析了数智化转型的架构设计,并通过案例分析揭示了数据驱动海洋牧场数智化转型的过程与机理。从数字基础、数字捆绑到数字撬动,逐一探讨了数智结构化、数智能力化与数智杠杆化转型的内在逻辑与实践路径。最后,针对海洋强国背景下的数智化转型,提出了阶段性的目标、原则与具体路径,为政策制定者与实践者提供了宝贵的参考。

在前沿篇中,我们将视野拓展至海洋牧场产业生态系统的价值共创与生态优势评价。通过案例分析,阐释了产业生态系统内各主体间的互动关系与价值共创机理。同时,构建了现代化海洋牧场产业生态系统的生态优势评价体系,为评估和提升产业生态系统的整体效能提供了科学方法。最终,我们提出了一系列策略建议,旨在发挥企业在产业生态系统建设中的主体作用,并营造有利的宏观环境,以推动海洋牧场产业的持续健康发展。

综上所述,本书不仅系统地梳理了海洋牧场建设与发展的理论与实践,还深入探讨了生态化与数智化转型的创新路径,以及产业生态系统的前沿问题。我们期望,这些研究能为我国海洋牧场的高质量发展提供有益的启示与指导,助力我国走向海洋强国之路。

笔者王舒鸿曾获评山东省泰山学者,爱思唯尔中国高被引学者和全球前

2%顶尖科学家,担任山东省智慧海洋牧场重点实验室(筹)开放基金课题"新旧动能转换背景下海洋牧场可持续发展研究"(IMR202301)负责人,主要研究海洋牧场经济与可持续发展,共发表过相关论文100余篇,出版著作5部,撰写的涉海资政报告多次受到省部级领导的批示。本书第二作者王举颖为中国海洋大学管理学院副教授,主要研究方向为海洋牧场与数智化转型,获得国家社科基金、教育部项目等国家级、省部级项目多项,发表相关领域论文60余篇,出版著作1部。第三作者孙明为山东海洋现代渔业有限公司正高级工程师,是山东省泰山产业领军人才蓝色专项领军人才、山东水产学会副会长、山东财经大学校外硕士生导师,长期从事海洋渔业全产业链领域的管理和研究工作。第四作者王业成为山东财经大学海洋经济与管理研究院副教授,主要研究方向为海洋牧场生态化转型与资源环境承载力,发表相关领域论文10余篇。

其他撰写人员均为来自中国海洋大学、山东财经大学海洋经济与管理研究院的教师与硕博研究生。王涛博士后、李涛博士、孟嘉琪博士、田文倩硕士、李伟耀硕士、唐国琛硕士和高鹏飞硕士作出了艰辛的努力和卓越的贡献。另外,王舒鸿和王举颖还对全书的逻辑框架进行了把控,对概念内涵、文献资料、研究现状进行了详尽的梳理。王举颖和孙明则对全书进行了认真的编审和校对工作。

本研究得到了国家社会科学基金"大食物观下我国海洋牧场数智化转型发展实施路径研究(23BJY260)"、"'泰山学者'建设工程专项经费(tsqn202211198)"、"泰山产业领军人才工程专项经费(tsls20231201)"、"山东省智慧海洋牧场重点实验室(筹)开放基金课题(IMR202301)的资助,在此一并表示感谢。

书中难免存在不妥之处,敬请广大读者批评、指正。

王舒鸿

2024 年 8 月

目　　录

第三篇　海洋牧场数智化转型创新篇

第四篇 海洋牧场生态系统前沿篇

第一篇

海洋牧场建设基础篇

"民以食为天"，食物的安全问题直接关联到人们的生活质量甚至生存，同时也是维护国家经济健康和社会安宁的关键因素。作为发展中的人口大国，中国在食物安全方面的任何动态都可能对世界食品供应链产生巨大影响。同时，中国还是一个有着丰富农业历史的国家，所以，食物安全一直是我们研究和讨论的核心议题。尽管从 2004 年至 2021 年中国粮食生产实现了连续的增长，年产量稳定维持在 1.3 万亿斤以上。但是，在即将到来的人口高峰和居民对食物消费质量的提升的背景下，中国的食物供给体系仍然面临着巨大的压力。此外，陆地食物生产的密集度及其对生态环境的影响已经达到临界点。这些挑战迫切要求农业食物生产系统进行根本性的转型，从单纯追求产量的目标转变为以营养价值为核心的综合目标，致力于生产高质量、高效益、环境友好且安全的食品，从而建立一个更为健康、持续和公正的食物供应体系。

为确保中国的食物安全并满足国民对食物消费质量不断提升的需求，同时减轻对陆地生态环境的压力，必须超越传统的陆地农业模式，扩展食物生产到海洋空间，充分利用海洋资源，挖掘其在食物供给方面的巨大潜力。党的二十大报告指出，"发展海洋经济，保护海洋生态环境，加快建设海洋强国"。新时代发展海洋渔业，既是建设海洋强国的关键，也是保障我国粮食安全的重要一环。中国首要的责任在于确保民众的粮食供应充足，保护国家的食物安全。这需要我们树立正确的大食物观，不仅要增强陆地农业产出，同时也应该利用海洋资源进行耕海牧渔，打造海上的大规模牧场，推动"蓝色粮仓"的发展。

自 20 世纪 80 年代以来，以海洋渔业为基础，推行"耕海牧渔"战略，建立海洋食物生产体系的思想逐渐形成，尤其在中国等亚太地区的发展中国家中获得广泛关注。随着中国改革开放的深入，国内学者开始认识到海洋在提供食物资源上的巨大潜能，并倡导开拓海洋资源。1986 年，包建中首次明确提出了"蓝色农业"这一概念，主张通过高技术开发海洋生物资源，从而建立一个新型的农业领域。此后，联合国粮农组织于 1995 年明确了渔业和粮食安全的关系，认为发展海洋牧场，增加水产品供给是保障粮食安全的一项重要举措。

第一章 绪 论

第一节 研究背景和意义

一、研究背景

改革开放 40 余年,虽然经济得到长足的发展,但很多较为贫穷的地区仍然没有摆脱粮食短缺的困境,另外一些富裕地区对食物多样化和营养化的需求也在逐渐提高(Kawarazuka 和 Christophe,2010;Center,2011;Hicks 等,2019)。这种情况对我国增加粮食产量、丰富粮食种类提出了更高的要求。海洋是一个巨大的资源宝库,占全球表面积约 71% 的海洋,其矿物资源是陆地的 1000 多倍,食物资源也是陆地的 1000 多倍。英国《自然》杂志刊登的一份可持续粮食生产报告显示,2050 年全球海洋食物年产量可以达到 4400 万吨,将占据 21 世纪中期人口所需肉类总量的 12%—25%。2023 年 4 月 10 日,习近平总书记在广东考察时强调,要树立大食物观,既向陆地要食物,也向海洋要食物。党的二十大报告也指出,树立大食物观,构建多元化的食物供给体系。大食物观的建立,可以有效解决人们对于食物数量和种类多元化的需求,而且海洋食物中具有陆地食物所没有的微量元素,其含有丰富的维生素 B12 和欧米伽-3,能够起到增强体质和缓解焦虑情绪等作用。

海洋牧场作为一种新型的渔业替代模式而被提出。由于海洋牧场能够减缓过度捕捞的影响,因而具备更好的环境保护潜力。1978 年曾呈奎院士就已经提出我国海洋牧场建设构想,即在近岸海域实施"海洋农牧化"。20 世纪 80 年代,以养殖为重点的海洋渔业产业开始发展,中国在广东省珠海市设立了第一个海洋渔业试验区,这是中国海洋牧场发展的起点。虽然鱼类产量有所上升,但由于养殖技术和管理水平相对低下,仍然使近海水域环境恶化、海产品病害频发。海洋牧场正在成为海洋强国建设的战略新支点,而海洋牧场作为重要的海洋资源开发和经济发展部门,在全球资源短缺和环境问题不断加剧的背景下,正在面临着如何减轻自然资源损耗和避免区域承载力损害的现实挑战。党的二十大报告强调,发展海洋经济,保护海洋生态环境,加快建设海洋强国。这是党和政府在科学研判我国海洋事业发展形势的基础上,对建设海洋强国提出的新目标新要求,是新时代建设海洋强国的根本遵循。

初期的海洋牧场未能弥补传统捕捞模式在生产力上的差距(梁铄、韩立民,2023),对于日益增长的鱼类需求还相差甚远,海洋牧场的投喂、监控等操作需要大量人手,人才短缺又使得海洋牧场的建设受到限制。从2017年到2019年,中央一号文件分别提出"发展现代化海洋牧场""建设现代化海洋牧场"和"推进海洋牧场建设",到2023年中央一号文件再次提到"建设现代海洋牧场,发展深水网箱、养殖工船等深海远海养殖",都在表明国家建设现代化海洋牧场的决心,海洋牧场转型迫在眉睫(如图1-1所示)。

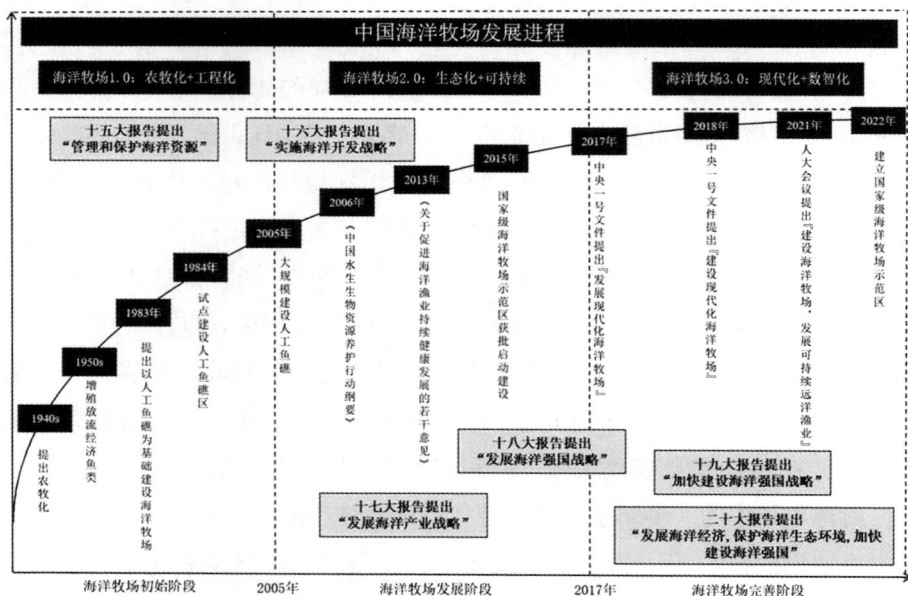

图1-1 中国海洋牧场发展进程

在数字经济迅猛发展的时代背景下,中国海洋产业正迎来前所未有的转型与升级机遇。数字经济以其独特的信息技术和数据资源,为海洋产业的融合发展提供了强大的动力。近年来,随着大数据、云计算、物联网等技术的快速发展,数字经济已成为推动经济社会发展的新引擎。在海洋产业领域,数字技术的应用正日益广泛,从海洋资源的勘探开发到海洋环境的监测保护,再到海洋运输与物流的优化管理,数字经济的身影无处不在。这些技术的应用不仅提高了海洋产业的运营效率,也为海洋产业的融合创新发展提供了新的可能。

海洋牧场是利用海洋资源进行高效、可持续的养殖活动,其目的是提高海洋生物资源的利用率,保护生态环境,同时实现经济效益的最大化。随着云计算、大数据、物联网与人工智能的飞速发展,数字技术对企业生产运营、商业活动以及人们的生活方式产生了重要影响,已成为推动经济可持续增长的重要动力,极大地降低了生产和生活成本(李海舰等,2020)。这些技术被越来越多地应用于海洋牧场的管理和运营中,为海洋牧场的可持续发展带来了新的契机。数字技术,如物联网(IoT)、大数据分析、人工智能(AI)和遥感技术,能够实现对海洋环境和养殖生物的实时监测,提供关于水温、盐度、溶解氧等重要参数的精确信息,帮助养殖者更好地理解和控制养殖环境,从而提高养殖效率和产品质量。通过数字技术,可以实现对海洋牧场的精准管理。例如,利用AI和机器学习技术,可以分析海洋生物的生长模式和健康状况,预测疾病的发生,从而采取预防措施。此外,这些技术还能优化饲料的投放,减少资源的浪费。数字技术的应用还有助于提升海洋牧场的环境可持续性。通过对海洋生态系统的持续监测和数据分析,可以更有效地评估人类活动对海洋环境的影响,采取措施减少对生态环境的破坏。总之,数字经济发展背景下,数字化转型成为高质量发展的着力点,数字技术为海洋牧场的发展提供了新的视角和方法,不仅能够提高养殖效率和产品质量,还有助于实现海洋资源的可持续利用和生态环境的保护。

二、研究意义

(1)理论意义

在研究对象上,本研究选择海洋牧场作为研究对象。与其他企业不同,海洋牧场的生态系统比陆地农业更为复杂和多变,很多时候也受到海流、潮汐、盐度、温度等多重因素的影响,这使得海洋牧场具有天然的行业特殊性。本研究在广泛调研的基础上,将企业管理的相关理论结合生态学、水产养殖学、海洋工程学和计算科学等多个领域,尽可能将海洋牧场生态化与数智化转型的过程进行还原。

在研究方法上,本研究还运用数据资源的组织和调配过程分析海洋牧场数智化转型的趋势和进展。不仅提高了资源交换、组合和整合的效率,而且突显了数据资源在数智化转型中的关键作用。尽管现有研究强调数字化带来的资源组织和关键能力对于企业竞争优势和价值创造的重要性,但该理论在海洋牧场数智化转型中的过程特性尚未得到充分探讨。资源组织理论是在资源基础理论、动态能力理论和资源组合理论的基础上优化形成的,它为理解如何整合和利用资源以形成关键能力并获取企业竞争优势提供了微观基础。资源组织理论在海洋牧场中的应用为现代化海洋牧场的建设提供了理论参考。

在研究领域上,很多学者对数字化和智能化给予了持续而又广泛关注。一方面,数字经济给企业的生产方式带来了颠覆性的影响,生产效率提高、劳动配置优化、商业模式转变等均发生了显著变化。另一方面,部分文献探讨了工业智能化的内在动力,提出政府政策催动企业进行数智化转型的推动路径(解学梅、韩宇航,2022),但是企业转型更多的是依靠内部动力激活企业资源实现数智化转型。本研究试图开发数字化驱动海洋牧场数智化转型的模型,助力于分析现行管理和运作流程,评估技术和资源的投入,并制定实施方案及策略,进而有效指导数智化转型的实施,对促进海洋牧场的现代化和持续发展具有显著的理论意义。

(2)实践意义

我国海洋产业的发展使得海洋环境遭受了严重的污染,污水排放、重金属超标等问题屡见不鲜,海洋生物死亡倍增,海洋生态面临着严峻的挑战。因此,如何在发展的同时兼顾海洋生态环境的保护,成为一个重要议题。传统的海洋牧场属于粗放式养殖,靠天吃饭,养殖好坏全凭经验。养殖过程无法监控,不透明、不精准、不可控。海洋环境数据质量不高、维度不全、数量不足。

随着资源有限性和环境污染等生态问题的突显,生态效益、社会效益与经济效益关系的权衡已成为影响海洋牧场可持续经营的重要方面。为了平衡好这种多方利益关系,践行生态化转型逐渐受到政府、企业和研究机构的专家学者们的重视与关注。海洋牧场的数智化转型可以保证数字化养殖环境实时监测,数据连续透明、精准高效,实现养殖管理可视、可测、可控。数字化模拟营造全时虚拟空间超越现实、跨越时空,实现沉浸体验亲和、交互、多维。数字化清洁能源的分布式管控,集中高效、精准分配,运维数据可测可控,实现能源管理低延、稳定、连续供应,多种能源综合高效利用。数字化安全管理和预警系统的无缝覆盖、准确识别,突发事件救援及时、高效。

　　本研究对海洋牧场面临问题和数智化转型后达到的效果进行归纳,采用资源编排理论,对海洋牧场不同时期的生态化和数智化发展阶段进行梳理总结,对其他海洋牧场的智能化建设起到很好的样板作用。本研究成果对于加快建设海洋强国,建设现代化海洋牧场的中国具有重要的实践意义。

第二节　相关概念的界定

一、海洋牧场

　　"海洋牧场"一词最早提出于 1971 年的日本。1973 年,日本在冲绳国际海洋博览会上提出:为了人类的生存,应在人类的管理下,谋求海洋资源的可持续利用与协调发展。1978—1987 年,日本开始在全国范围内全面推进"栽培渔业"计划,并建成世界上第一个海洋牧场——日本黑潮海洋牧场。

　　我国的海洋牧场建设理念始于 20 世纪 40 年代。当时,我国海洋生物学家朱树屏提出"水是鱼的牧场"理念,倡导"种鱼与开发水上牧场"。1965 年,曾呈奎院士提出,海洋牧场是研究重要种类的生物学特性及其在人工控制条件下的生长、发育、繁殖情况,培育新的优良品种的基地,以解决人工养殖的一系列问题,使海洋成为藻类和贝类的农场、鱼虾的牧场,达到耕海的目的。

　　海洋牧场作为一种新型的海洋渔业模式,不只是对鱼类进行养殖,还通过人工鱼礁、增殖放流等一系列生态工程建设的措施,构建海洋生物资源的栖息地,改善近海的生态环境,达到增加渔业资源生物量和修复海洋生态的目的(陈梦圆等,2023)。海洋牧场还可以实现陆海统筹,陆上进行牧场管理,海上则进行增殖和捕获等活动(刘建国等,2021),在改善环境的同时也带来了经济收益,有利于实现海洋渔业的可持续发展(王迎宾,2021)。国家级海洋牧场建设,能够实现海洋渔业产业转型升级,在保护和修复海洋渔业资源环境的同时,能进一步促进本地渔区渔民增产增收。

　　根据建设目的与功能不同,可以将海洋牧场分为渔业增殖型海洋牧场、生态养护型海洋牧场、休闲观光型海洋牧场 3 种主要类型(见表 1-1)。其中,海洋牧场的生态功能主要指的是保护海洋的生物多样性,防止物种的灭绝以及生态系统的失衡,维持海洋生物的可持续繁殖。环境功能是通过保护可以完成固碳和绿色碳捕获的海洋生物来实现的,这些海洋生物包括浮游生物、细菌、海藻、盐沼植物和红树林(吴丹等,2023),建设海洋牧场,可以增强海洋的固碳和绿色碳捕获功能,从而起到保护环境的功能。社会功能主要体现在,首先人类可以通过海洋牧场实现一系列文娱活动,提升幸福度;其次海洋牧场还可以为人类提供水产品,满足社会的需求。

表 1-1　海洋牧场的类型

功能	类型	目的
环境功能	增殖型	以增殖渔业资源和产出渔获物为主要目的。通常在近海沿岸。海参、鲍鱼、海胆、梭子蟹和一些鱼类等水产品都能在这类海洋牧场生长
	养护型	以保护和修复生态环境、养护渔业资源或珍稀濒危物种为主要目的。致力于恢复海洋生物的天然环境,让鱼虾蟹贝等自然繁衍生长
社会功能	休闲型	以在养护和增殖渔业资源的同时,适度开展休闲垂钓和渔业观光等休闲渔业活动为主要目的。通常在沿岸,依托渔村、渔港等。可以把休闲渔业、科学探索、科普展示与海洋牧场建设相结合并共同发展

不难看出,海洋牧场的核心理念与目标和国际上开展的"蓝色增长"运动不谋而合,不同之处在于海洋牧场的建设方式加入了更多基于海洋生态系统理论的人工结构与手段,且海洋牧场将基于生态系统的渔业、基于生态系统的养殖业以及空间规划等有机地整合成一个研究体系,而不是如"蓝色增长"一般将渔业与养殖业进行分割研究。因此,海洋牧场技术是传统海洋渔业进行技术改造的主导方向,近海传统的捕捞、养殖以及水产加工流通业,将逐渐地、自主地向海洋牧场发力,海洋牧场建设是我国海洋渔业生产方式的重大变革(朱树屏,2007)。

二、现代化海洋牧场

我国具有辽阔的海洋领土,再加上海洋牧场建设项目的不断推进,近几年来我国的海洋渔业得到了迅猛的发展,其不断突破原有海洋产业只包括养殖、捕捞的局限,利用海洋牧场可以将传统渔业的功能与现代休闲渔业相结合,形成第一、二、三产业融合发展的路径。

现代化海洋牧场是通过现代化的科学技术对传统海洋牧场进行了升级,并且利用物联网、5G 搭建起海洋生态环境监测系统,实时对养殖水体、鱼饵总量、鱼总量等养殖参数进行监控,并且通过在水下布设大量传感器,可实时测定海水温度、盐度、溶解氧等参数,可以实现科学养殖,降低养殖风险,提升渔业养殖效率,实现海洋渔业转型升级(张翔宇等,2023)。除此之外,将现代化管理理念与方法运用于牧场的管理,提高管理效率和质量,也是现代化海洋牧场的构成部分。

现代化海洋牧场的发展确实为海洋生态环境和经济带来了积极影响。首先,海洋牧场通过海洋生态环境修复与优化、生物资源养护与增殖,为海洋生态系统注入了新的活力,相当于给海洋建了一座"生态银行"。其次,海洋牧场渔业资源密度比投礁前平均提高 5 倍以上,通过智能化网箱和创新的养殖模式,海洋牧场提高了养殖效率,降低了人工成本,同时增加了亩产经济效益,从而促进了渔业资源的可持续利用和提高了渔民的收入水平。

经过 50 年的努力,我国海洋牧场建设从最初的理念构想到现在的初具规模、从"纸上谈兵"到"沙场实战",海洋牧场的形式和内涵也在不断得到发展和丰富:从以人工鱼礁为基础的海洋牧场,逐步形成重视环境、设备、技术和管理现代化的海洋牧场。由于近年来海洋环境不断出现增温、缺氧、富营养化、污染、生物多样性减少等问题,我国在开展建设经营性海洋牧场的同时,逐步开始关注生态性海洋牧场的建设。

三、海洋牧场高质量发展

海洋牧场高质量发展是指通过科学规划产业布局、有序开发海洋资源,实现海洋渔业的绿色生态可持续发展。近年来为把我国打造成为一个海洋强国,我国相关海洋产业部门作出了一系列措施。例如我国船舶工业依靠先进的船舶、海洋工程装备技术和强大的建造能力,不断推动装备制造业和深海渔业养殖的深度融合,为我国海洋牧场建设由近海向深海的发展提供了坚实的基础。"耕海 1 号""经海 001""蓝钻一号"等装备的研发预示着我国海洋牧场建设未来一片光明,提高了我国建设先进海洋牧场的底气。

第三节　研究方法

鉴于当前相关研究的文献资料相对匮乏,尚处于起步阶段,且对于不同产业间协同过程机制的多视角研究尚显不足,该过程的要素、路径尚处于未知状态。因此本研究采用文本研究方法和程序化扎根理论编码程序与技术进行探索性理论构建。文本分析在于遵循一定的研究视角,降低文本复杂性,一般过程包括阅读和诠释文本、建构类目、编码文本片段、分析、呈现结果。扎根理论是一种归纳现象的研究方法,旨在将原始资料发展为理论,其精髓在于通过归纳、对比、分析,螺旋式循环地逐渐提升概念及其关系的抽象层次,最终形成新的概念或理论。

在三大扎根理论学派中,Strauss 等提出的程序化扎根理论更强调人的主观认识能力,强调通过因果关系将既有经验和假设理论关联起来,认为编码程序核心在于确定概念指向,当指向变化时意味着新概念内涵产生,遵循以上扎根理论研究方法,通过数据编码分析过程在现有的理论基础上提炼新的理论。为了保证数据分析过程的系统性与科学性,本研究以人工编码为主,借助Nvivo11.0 软件辅助编码,对研究资料进行逐步编码分析。通过开放式编码提炼出初始概念,并将其范畴化;然后通过主轴编码深入挖掘这些概念和范畴的实质意义,进一步发展并识别其间的逻辑关系,整合提炼出主范畴;再通过选择性编码收敛核心范畴,从而提炼出完整的理论框架。这一过程旨在从实证数据中构建出海洋牧场生态化与数智化转型的理论模型,为相关领域的研究和实践提供有力支持。

在具体分析过程中,采用了"三结合"的分析方法,即:理论分析与经验分析相结合;定性分析与定量分析相结合;结构化数据与非结构化数据相结合。具体而言,本书的分析注重实际访谈和工作经验,需要对相关数据进行统计描述,在此基础上利用语义分析、对比分析、统计推断等多种方法对相关问题进行解释。具体而言:

(1)专家咨询和交叉验证。本书涉及大量的问卷调查,调查问卷的设计需要考虑技术、市场、养殖、文旅等因素,还要包括管理、安全、战略等方面,对设计的问题和回复的问卷采用交叉验证方法,3 人小组构建语义识别机制,交流沟通,确保能够了解文字真实内涵。

（2）抽样调查和统计推断。本研究采用整群抽样和分层抽样的方法,筛选调研对象,确保调研类型和结构全面客观。再采用统计推断的方法,对调研数据进行处理。可以保证在有限样本情况下反映全样本趋势信息,从而为深入分析提供数据支撑。

（3）语义分析和数据编码。我们采用爬虫技术和智能识别对调研问卷进行语义分析,并通过回溯、数据填补和纠错等方式,对问卷产生的异常值进行修正。通过开放式编码、主轴式编码、选择式编码三个步骤归纳出海洋牧场数智化转型发展演化机理模型,以揭示和阐明海洋牧场转型发展阶段(工具化、信息化、数字化、智能化)的迭代与演化。

（4）数据包络分析。一般而言,数据包络分析可以把海洋牧场当作"暗箱",通过分析海洋牧场的投入和产出即可得到效率值,大大节约了分析成本。在本研究中,我们采用数据包络分析的方法对所有国家级海洋牧场进行效率排序,找出具有代表性的海洋牧场进行数智化与生态化转型分析。

第四节　研究局限与未来展望

海洋牧场是海洋生态系统的重要组成部分,它不仅为人类提供丰富的海产品资源,还在维护海洋生态环境的稳定性和可持续性方面发挥着至关重要的作用。然而,全球海洋资源的过度开发和气候变化的持续加剧,使海洋生态系统面临着前所未有的挑战。在这种背景下,实现海洋资源的可持续开发和保护海洋生态环境变得尤为迫切。为此,海洋牧场的管理和经营方式需要进行数智化转型。但在现有研究中,这一领域仍存在明显的局限性。

第一,大多数文献主要针对企业的数字化和数智化转型进行分析(李媛智、郭枝权,2023;董芳芳,2023),并未专门针对海洋牧场领域进行深入研究。

第二,以往的研究往往单独研究数字化或智能化,而对于海洋牧场来说,更需要将这两者融合起来。本研究旨在将数字化和智能化领域结合在一起,深入探讨海洋牧场数智化转型的不同阶段,并明确两者之间的相互关系。这样的研究将有助于揭示数字化和智能化之间的协同效应,以及如何在不同转型阶段找到最佳的平衡点。

第三,现有的研究在探讨企业数智化转型时,往往更多地关注外部动力的作用,如技术发展、市场需求、机关运行等(王三木、王光良,2023),而忽视了内部动力在数智化转型机制中的重要性(卫克艳,2023)。海洋牧场的数智化转型不仅需要关注外部环境的变化,更需要深入挖掘内部动力,如组织结构的优化、管理流程的创新和员工技能的提升。

第四,之前的研究还忽略了地理和生态环境的多样性对数智化转型过程的影响。实际上,不同地理和生态环境之间存在显著的差异,受气候、地形、潮汐等因素的影响,海洋牧场养殖过程中所形成的智能化建模数据也有所不同。因此,本研究将考虑不同地理和生态环境下海洋牧场数智化转型的特点和需求,以确保转型方案的有效性和适应性。

"耕海1号"的案例在本研究中具有重要意义,但考虑到单一案例研究的局限性,研究结果的普适性需要通过更广泛的样本进行检验。虽然"耕海1号"作为一个典型的海洋牧场代表,提供了宝贵的实践经验,但海洋牧场的类型和特点具有很大的多样性。因此,通过大样本研究可以更全面地丰富和验证研究的结论。目前,本研究中涉及的概念如数字化、资源配置和生态转型等方面都面临着测量上的挑战,未来的研究可以进一步深化这些概念的测量方法,并利用二手数据进行验证。

此外,在中国绝大多数海洋牧场仍处于从传统经营模式向数字化、数智化转型的关键阶段。这一转型过程中生态化发展的方向存在明显的不确定性。随着技术的进步和社会的发展,我们可能会见证到更多创新的资源利用和管理方式的出现。例如,通过先进的监测技术和数据分析工具,可以实现对海洋生态系统的更精准管理,从而提高资源的利用效率和可持续性。

未来的研究可以结合当前时代的背景和趋势,进一步探索和深化在数字生态化发展格局下海洋牧场的绿色转型模式。这不仅包括技术层面的创新,如使用人工智能、大数据和物联网技术来优化资源管理,还包括在管理和政策层面上的创新,如制定更加高效和环境友好的运营政策。

为了实现这一目标,研究需要考虑多个方面:首先,要深入理解数字化和智能化技术在海洋牧场管理中的应用潜力和挑战;其次,需要考虑不同海洋牧场的具体条件和需求,以制定适应不同环境的转型策略;再次,应关注海洋牧场工作人员的技能提升和知识更新,以便他们能够有效地使用新技术和方法;最后,还需要研究政策和监管框架的适应性改进,以支持和促进海洋牧场的绿色转型。

第二章　文献综述

第一节　海洋强国与蓝色粮仓

从 21 世纪开始,陆地食物生产系统受到了严峻的资源和环境限制,众多学者认为应重新评估海洋渔业在国家粮食安全方面的作用的重要性。他们主张加速海洋渔业的发展,增加海洋水产品的产量,以此提高国家粮食安全水平。鉴于海洋是中国尚未充分利用的最大资源领域,并且拥有极大的动物蛋白生产能力,它被视为中国未来粮食及营养安全的关键因素。2007 年,唐启升院士首次提出了"蓝色粮仓"的理念,倡导"中国蓝色海洋食物计划",认为应通过实施养护战略、拓展战略和高新技术战略,推动现代海洋渔业发展体系和蓝色海洋食物科技支撑体系建设(孙华平等,2019)。陈新洲等(2009)在研究中指出,海水养殖的亩效益相当于粮田的十倍,因此应该合理地开发和利用海洋资源。他们还强调,海洋食品富含营养,对提高国民身体素质非常有益,同时也是我国粮食安全的重要保障。

卢昆等(2012)指出,"蓝色粮仓"具有生态脆弱性和立体化作业等明显特征,有效库存总量不稳定,同时粮食品质易腐烂,未来"蓝色粮仓"的建设将更多地依赖于海水养殖业。韩立民等(2013)的研究系统地探讨了"蓝色粮仓"在海洋食物生产方面的价值,他从多个维度进行了分析,包括发展潜力、产业体系建设和空间布局的优化,并提出"蓝色粮仓"对于确保国民食物供给、改善膳食结构和推动海洋渔业健康发展的重要性。于会娟等(2019)从海洋食物供给侧结构性改革的需求出发,提出了满足居民消费升级需求的"蓝色粮仓"建设思路,以及产业链重构的四大关键模块。这些模块可能涉及海洋食物的生产、加工、市场分布和消费等环节。张兰婷等(2019)从潜力评估的角度进行了定量研究,他们对"蓝色粮仓"的食物供应能力进行了量化分析,提供了海洋渔业开发利用的实证支持。总的来说,这些研究指出了海洋作为一个重要的食物生产区域的潜力,并提供了在保障食物安全的同时,通过海洋资源的合理开发利用,实现食物生产方式的转型和升级的策略。这些研究成果为中国海洋食物生产提供了科学依据,有助于推进海洋经济的发展,同时保护和可持续利用海洋资源。

未来"蓝色粮仓"的发展将紧密关联于海水养殖技术的创新,通过改进养殖设施、提高饲料效率、疾病预防与控制等手段,来提高养殖效率、降低生产成本以及增加产量。基因编辑技术和生物技术的应用也将在这个领域发挥重要作用,以改善养殖物种的抗病性和生长性能。同时,"蓝色粮仓"的未来发展必须注重生态可持续性,采用环保养殖方法,减少废物排放,防止水质污染,以及合理规划养殖区域,以降低对海洋生态系统的不利影响。保护野生鱼类和生态系统的生物多样性也将成为发展的一部分。所以,"蓝色粮仓"的管理需要建立科学的体系,采用现代信息技术、传感器、大数据分析等工具实时监测养殖环境、水质、生物健康状况,以便及时做出调整。为确保"蓝色粮仓"的可持续发展,需要积极开拓国内外市场,建立可持续性的供应链,将"蓝色粮仓"产品推向更广泛的消费者,最终形成更加健康和可持续的养殖产业。

第二节 企业生态化转型

一、企业生态化转型的驱动力

利益相关者理论和制度理论有助于识别企业生态化转型的动力。Freeman(1984)认为,任何企业的发展都离不开各利益相关者的投入或参与,这意味着企业管理者在管理活动中必须考虑到各利益相关者的利益。企业家和管理者对可持续发展的信念无疑是影响企业生态化转型的重要因素(Martinez,2019;Niu 等,2020)。不仅如此,员工、客户/消费者、供应商、竞争对手、政府、社区、行业协会和其他利益相关者的意愿也将在企业的生态化转型决策中发挥重要作用(Govindan 等,2016;Kinnunen 和 Kaksonen,2019;Moktadir 等,2020)。此外,Passaro 等人(2022)提出,企业规模差异会使利益相关者在生态化转型中的推动作用有所不同。

与利益相关者理论一样,制度理论也强调企业在生态化转型的决策中必须符合不同的制度力量(Horbach 等,2022;Zhang 等,2022b)。这些来自不同利益相关者的压力可以被划分为界定强制压力、规范压力和模仿压力。强制压力表现为政府的环境规制,通过严格的约束和充分的激励,它在企业的生态化转型中起着重要作用(Graafland,2020;Li 等,2020)。规范压力来自不同的利益相关者,如客户、消费者和供应链等,会迫使企业实施生态化转型以满足相关标准和规范需求(Belz 和 Schmidt-Riediger,2010)。模仿压力与竞争压力有关,因为竞争可以刺激企业实施生态战略以获得竞争优势(Govindan 等,2016;Moktadir 等,2020)。然而,在生态环境的约束下,企业可能会为了控制运营成本而竞争,从而减少对环境的考虑(Xing 和 Xin,2022)。

二、企业生态化转型的创新性举措

资源基础观认为,有效应用和配置异质资源是实现持续竞争优势的关键(Barney,1991)。因此,我们在基于资源的观点下归纳企业生态化转型的创新性举措。Barney(1991)提出将企业的资源分为三类:物质资本资源、人力资本资源和组织资本资源。技术和设备的改进被证实是促进企业生态化转型的重要措施(Chege 和 Wang,2020;Li 等,2021)。Li 等(2019)证明了董事会中的规模和女性比例以及首席执行官的知识背景和教育水平对企业的环境考虑有重要影响。Yasin 等(2022)认为,绿色人力资源管理对企业环境可持续性有积极影响,而环境可持续性又对企业社会可持续性有积极影响。绿色供应链管理不仅可以改善单个组织的环境绩效,还可以改善整个供应链的环境绩效(Govindan 等,2016;Zhang 等,2022b)。企业围绕可持续发展的新理念开展商业模式设计,也有助于减少自然资源的消耗,促进环境保护(Centobelli 等,2020)。

以自然资源为基础的观点已经在可持续性方面迈出了一步,它建议将可持续性问题纳入企业的活动中,尽管这些活动可能不会立即带来财务收益(Ozbekler 和 Ozturkoglu,2020)。相反,企业的生态化考虑可以为他们带来竞争中的先发优势(Horbach,2022;Gong 等,2022b)。Upward 和 Jones(2016)甚至认为,当前世界日益恶化的生态退化状况要求彻底改变重视净正效应的经营方式。生态创新是企业生态化转型的一个重要举措,它包括新的或改进的过程、技术、实践、系统和产品,使环境危害得以避免或减少(Karman 等,

2020）。有学者认为，生态创新与企业绩效之间存在着显著的相关性，而组织生态创新对企业绩效的影响最强（Hizarci-Payne 等，2021）。Khan 等（2021）证明，采用绿色创新报告将创造更大的利益相关者信心，同时增强企业可持续发展的目标绩效。Lüdeke-Freund（2020）提出了一个概念框架，以划定商业模式如何能够支持可持续性创新的商业化，并促进具有可持续观念的企业家的商业成功。

三、企业生态化转型的绩效影响

财务业绩不仅是企业行为的驱动力，也是企业行为的检验标准。Ngai 等（2018）调查了中国三家天然气运营商的企业社会责任行为，他们发现这些行为带来了高质量的产品和服务、可靠高效的供应链、稳定的现金流、忠诚的客户群、积极的社会形象和声誉，以及整体一流的公司业绩。Li 等（2019）证明绿色供应链行为对以资产收益率和主营业务收益率衡量的企业绩效具有明显的积极影响。Li 等（2020）以中国时尚企业为例实证证明，绿色制造对实践绩效有明显的正向影响。研究表明，低碳技术创新对制造业的企业绩效有明显的正向影响，而企业规模对这种关系有正向调节作用（Li 等，2021）。Do 等（2022）发现，农业出口企业采用生态战略有助于获得竞争优势，进而提高其出口财务绩效。

随着企业开始了解它们对环境的依赖，企业经营的立场也发生了根本性的转变，企业不再仅仅关注财务收益，还关注它们对社会和环境的贡献（Tsai 和 Liao，2017）。管理者和研究人员都在思考，企业需要做什么才能在经济、社会和生态目标之间实现适当的平衡，同时获得卓越的企业财务业绩、韧性和可持续性（Suriankietkaew 和 Avery，2016）。Rajesh 和 Rajendran（2020）认为，环境、社会和治理得分可以作为组织的可持续发展绩效的指标，并建议公司应将他们的重点放在环境、社会和治理问题上，以实现更好的绩效。Hizarci-Payne 等（2021）分析了环境创新如何影响企业绩效，包括环境绩效、财务绩效、市场绩效、社会绩效、创新绩效和运营绩效。一般来说，企业实施环境关切的举措被认为等同于卓越的公司绩效。然而，考虑到中小型企业和新公司在发展初期的资源限制和脆弱性的影响，追求积极的绿色倡议可能会使他们的生存机会降到最低（Amankwah-Amoah 和 Syllias，2020）。

第三节 数智化转型

一、数字海洋

在当前这个信息技术迅速发展的时代,新一代科技革命和产业转型正不断加速,以数字化为核心的概念,如数字发展、数字管理、数字安全、数字合作等,正在深刻地重塑经济社会的发展轨迹,并对生产、生活及治理模式产生显著影响(Xie 等,2024)。自党的十八大以来,以习近平同志为核心的党中央高度重视数字生态的发展,并在"十四五"规划和 2035 年远景目标中强调了构建良好数字生态的重要性,明确了目标、主攻方向和关键任务。在"十四五"期间,重点将放在构建一个开放、健康、安全的数字生态系统上,这是推动"数字中国"网络强国和数字社会发展的关键战略措施。

信息化的首要任务是将信息转换为数字格式。这种转换创造了一个数码世界,这个世界与我们生活的实体世界是分离的,可以被视为一个虚拟的领域。以前的数字化主要关注文本和数据,但现在,随着图像、音频、视频等多媒体内容的增加,通过数据库、服务器和网络等技术手段,我们构建了一个庞大的数字世界,它反映了我们在数字领域的存在。简言之,信息化意味着将物理世界映射到一个数字领域,并通过逆映射将其重新转化为实体世界,帮助我们更深入地理解和改造现实世界。特别值得指出的是,海洋信息化是国家信息化的一个关键部分,它对我国海洋事业的发展起到了战略性、支撑性和推动性的作用(Wei,2023)。

"数字海洋"概念包含了整个信息处理过程,从数据获取、处理、可视化到应用服务,包括正向和反向映射流程。它以信息流为核心连接各个环节,起着桥梁的作用(Liu 和 Jiang,2023)。因此,海洋数据的处理、管理、建模、可视化、决策模型和系统集成的整合至关重要(Jia 等,2023),这些步骤为人类深入了解海洋提供了必要的工具和信息服务。海洋的广阔和复杂性超越陆地环境(Liu 等,2023)。尽管目前顶尖的海洋科学研究机构对海洋世界的认识有限,但要实现对海洋与陆地相同程度的理解,可能需要数十年甚至更长时间的努力。不过,地理信息系统(GIS)和地理空间网络技术(GIT)的最新进展为海洋大数据的管理提供了框架,使我们能够更快速地朝着这一目标前进(Batu 等,

2023）。

数字经济正成为推动海洋产业发展的关键力量（Yao 等，2023）。在"十四五"规划中，伴随着新的核心产业分类标准的推出，加速发展数字经济被定位为重要的发展目标。2021 年，国家统计局发布的《数字经济及其核心产业统计分类（2021）》进一步阐明了数字经济的核心要素。在这样的政策环境下，数字经济正迎来快速发展的阶段，这无疑将推动海洋经济进入数字化时代。因此，与海洋相关的新型基础设施，如海洋通信网络、海底数据中心、海底光缆系统等，将得到迅速发展。海洋大数据平台等将成为重点发展项目。随着这些新型基础设施的建设，海洋数字经济将快速壮大，促进海洋产业的数智化转型（Cao 和 Wang，2022）。同时，数字经济在海洋领域的发展和应用将催生新技术，推动海洋产业的快速发展，并逐步形成引领海洋领域的新业态。

二　智慧海洋

数字智能化代表着数字化向更高级形态的演进。在海洋领域，智慧海洋是基于海洋数字化，结合智能技术和先进设备技术发展出的高级系统形态，体现了智慧科技产业与海洋活动的结合（He 等，2022）。海洋在全球政治、经济、军事等多个方面具有重要地位，因此像美国、加拿大、日本、欧盟等国家和地区高度重视智慧海洋的建设和发展，积极在海洋探测通信系统、海洋数据基础设施、数字海洋应用和海洋装备等领域争夺国际领先地位。

此领域的发展经历了以下几个阶段：（1）20 世纪末期，主要集中在使用基本的计算机技术进行海洋数据的收集和初步处理。利用卫星遥感技术、声学探测等手段，实现了对海洋环境参数的基础数据采集。

（2）到 21 世纪初，随着地理信息系统和遥感技术的应用，海洋数据的处理和分析能力得到显著提升。此时期，海洋学的研究开始依赖于海洋信息系统的构建，实现了数据的高效管理和应用（Chen 等，2019）。

（3）进入 21 世纪第二个十年，海洋领域开始集成更多的智能化技术。借助机器学习、深度学习等人工智能技术，对海量海洋数据进行深入分析，以揭示更复杂的海洋环境和生态系统特性。近年来，海洋领域的数字智能化已经迈入更高级的应用阶段。通过自主水下无人机（AUV）、远程操作车（ROV）等高度自动化设备进行深海探索，同时利用物联网（IoT）构建智能化的海洋观测网络，实现实时的海洋环境监测和管理（Xu 和 Xiao，2023）。未来，预计海洋领域的数字智能化将进一步融合跨学科技术,如 5G 通信、云计算等,以支持更为复杂的海洋环境研究与可持续管理(Yang,2022)。同时,人工智能技术在海洋生态预测、资源开发和环境保护等方面的应用也将变得更加深入和广泛。

高技术的应用将催生一批与新一代信息技术融合的海洋高端装备新兴产业,培育基于数字化的海洋产业新业态、新模式与新技术,推动海洋经济与数字经济的深度融合与协同发展。这些举措将有助于推动海洋事业向着更加智慧、绿色和可持续的方向发展,为构建科技创新驱动的海洋强国注入新的动力。智慧海洋助力海洋领域发展主要在以下几个方面。

首先,智慧海洋推进海洋领域新型信息基础设施建设。由于海洋环境的复杂性和远离陆地的特殊性,传统海域通信受制于带宽和速率低、成本高以及移动性差等问题。然而,高技术的引入可以有效解决有线技术在特殊海洋环境下移动性差、组网不灵活以及特殊环境下铺设困难的网络部署问题。同时,通过与云计算、大数据、人工智能以及增强现实/虚拟现实等新兴技术的深度融合,高技术将构建一体化的泛智能基础设施,涵盖云端、网络、边缘端和终端,从而加速海洋领域新型基础设施服务能力的升级(Majidi 等,2024)。

其次,智慧海洋赋能海洋领域各行业数智化转型发展。智慧海洋将在海洋领域的各个垂直行业实现深度融合发展。例如,在海洋渔业、滨海旅游涉海服务、海洋生态环保、海洋预报减灾、海洋远程执法等领域,通过增强生产要素的协同性和产业链条的完整性,高技术将助力传统海洋产业实现提质增效和转型升级,确保海洋产业安全、稳定、高效地运行,并加速推动海洋产业体系的现代化进程。总之,智慧海洋将促进海洋领域各个垂直行业的融合发展,为传统海洋产业提供支持,推动其提质增效和转型升级。

最后,智慧海洋催化海洋装备数字产业化价值提升。智慧海洋将推动海洋领域传统装备设备的进一步优化升级,促进海洋信息技术装备的国产化进程,增强我国海洋数字产业的竞争力,以更好、更安全地支持智慧海洋各项应用。此外,智慧海洋将催生国内一系列高技术攻关突破与产业化进程,如海洋信息感知技术装备、新型智能海洋传感器、智能浮标潜标、无人航行器、智能观测机器人、无人观测艇载人潜水器、深水滑翔机等(Jiang 等,2023)。这些举措将加速推动我国智慧海洋工程体系的建设,同时也将推动海洋电子信息技术产业的高质量发展。智慧海洋作为实施海洋强国战略的重要抓手,通过智能化信息技术与先进海洋装备技术的结合,以及与人类海洋活动的紧密联系,实现对海洋安全权益、综合管理、资源开发和生态文明等活动的有效支持。这有助于解决复杂的海洋信息整合问题,改善海洋管控与开发方式,提升海洋强国发展的质量。

三、企业数智化转型

企业数智化转型是当前企业发展的重要趋势,它涉及利用数字技术优化和升级企业的运营模式、管理流程、产品和服务,以提高效率、降低成本、增强竞争力和创新能力。我们可以从多个角度分析企业数智化转型的路径和实践。

首先,企业数智化转型的必要性和紧迫性已经得到了广泛认可。随着信息技术的快速发展,企业必须开展数字化转型研究,才能在市场经济条件下存活下来。数字经济推动企业向高质量发展的转型机制体现在多个方面,包括组织环境、生产流程、创新行为、交易成本和资产管理等方面的转型。此外,数字化转型对于提升企业绩效具有显著的正面影响。

其次,企业数智化转型的路径和实践涉及多个层面。例如,能源企业通过"大智移云物区"新技术环境下的数智化转型,实现了价值创造。工业企业数智化转型是实现实体经济高质量发展的重要途径。此外,企业数字化转型的构想及实现路径包括财务业务数字化、管理会计创新应用、基础 PaaS 平台升级等。

再次,企业在推进数智化转型过程中需要注意的问题和挑战。例如,传统产业企业整体数字化水平较低,尚处于起步阶段。企业需要改革数字化技术应用方式,以较为成熟的数字技术应用来激发企业潜力。此外,企业如何根据自身特点与市场变化,结合数字化知识推进企业数字化转型工作,还有待于企业去探索。

最后,企业数智化转型的成功案例可以为其他企业提供经验和启示。例如,华立科技股份有限公司的数智化转型过程可以划分为信息数字化、联结网络化和运行智能化三个阶段。

综上所述,企业数智化转型是一个复杂而多维的过程,需要企业从战略规划、技术应用、人才培养等多个方面综合考虑和实施。通过借鉴成功案例和实践经验,企业可以更好地应对数字化时代的挑战,实现高质量发展。

四、海洋企业数智化转型

海洋企业的数智化转型首先需要建立在强大的数据收集和处理能力之上。如证据所述,现代海事产业产生数据的速度前所未有,而捕获和处理这些数据对于为海事公司和其他海事利益相关者创造附加值至关重要。此外,证据提出了一种海洋大数据智能分析系统,通过地理分布式的多子中心多源异构海洋数据的综合集成,提供常态化实时服务,这表明了数字化基础设施的重要性。

其次,智能化是数字化的进一步发展,涉及人工智能(AI)、大数据、数字孪生等技术的应用。证据提出了海洋石油平台智能化系统架构,包括大数据系统、专家系统、工艺流程管理系统等,实现了从自动化、数字化到信息化、智能化的过渡转型。证据中提到的渤海油田通过建立现场级物联网、应用人工智能与大数据、创建三维数字化工作平台,初步实现了以数字技术赋能海上油田开发模式,这也是智能化应用的一个例证。

再次,技术创新是推动海洋企业数智化转型的关键因素之一。证据中提到的 VesselAI 项目展示了如何通过结合高性能计算(HPC)、大数据和 AI 技术,开发出能够进行极端规模和分布式分析的新型整体框架,这对于未来海事应用中的下一代数字孪生具有重要意义。然而,证据指出,尽管海事运输是世界商业的支柱,但其数字化程度相对落后,这表明在技术创新和应用方面仍存在挑战。

最后,政策和战略的支持对于海洋企业的数智化转型同样重要。证据强调,在"互联网+""一带一路"的重要战略机遇期内,加快实现海洋信息化,运用智能化的信息技术和先进的海洋装备技术,推进智慧海洋建设,是新时代中国建设海洋强国的必然要求。这表明政府政策和战略规划对于推动海洋企业数智化转型具有指导和支持作用。

海洋企业的数智化转型是一个涉及技术创新、管理变革和战略调整的综合过程。通过加强数字化基础设施建设、深化智能化应用、应对技术创新挑战以及获得政策和战略支持,海洋企业可以有效地完成从数字化到智能化的转变,从而提高运营效率、增强竞争力并促进可持续发展。

第四节 产业生态系统与生态优势

一、产业生态系统方面

产业生态系统与自然生态系统相似，是对外部环境具有动态适应能力的利益相关者的集合，这些利益相关者模拟自然生态系统，相互依存、相互作用。产业生态系统主要包括核心产业及产业链上下游原料供应商、潜在竞争者、与产品研发相关的大学及科研机构、提供信息和交通运输服务的企业或组织等利益相关者，各利益相关者在产业生态系统内部进行开放式创新，形成协同演进、竞合并存的网络系统。

除产业生态系统的概念研究外，产业生态系统的特征、运转模式和机制也是研究热点。Graedel 和 Allenby（2023）提出产业生态系统三级进化理论，参考自然生态系统线性演进、部分循环及完全闭环循环三阶段的进化过程来模拟产业生态系统的演变轨迹，提出随时空形态的变化，产业组织应该是由独立的、与外界环境割裂的线性产业发展模式逐步转变为与外界环境相互影响且循环的产业生态系统。在转变中，产业生态系统整体上表现出稳定性、多样性和协同演进的特征（Graedel 和 Allenby，2023）。

首先，稳定性是产业生态系统良性运转的重要保障，也是种群间相互作用、协同演进的基础（Geng 和 Cote，2023）。张晶（2023）基于系统动力学视角，得出加大科技创新投入及产业融合力度是提升产业生态系统稳定性和协调性的重要举措，并指出产业生态系统内部因子的多样性有助于提升可持续发展能力，单一的生态因子反而不利于健康运转。其次，Geng 和 Cote（2023）阐述了产业多样化对生态系统的作用原理、机制和价值，指出产业间互动包括竞争、协同合作等都能促进产业生态系统的另行演化进程。最后，在产业生态系统协同演进方面，主要体现在产业群落相互间在环境因素作用下空间形态所发生的变化。随后，施晓清（2023）基于对产业生态系统中的产业群体的特征、形态变化的分析，提出遵循循环共生原则的生态资源利用、管理和处置的新模式。Vleva 等（2023）根据对德文斯生态工业园的研究，总结出耦合式、共生式和混合式三种产业生态系统模式，并且指出不同产业之间的协同发展形态最终决定了产业生态系统的类型。陈瑜等（2023）通过对战略性新兴产业演化机理的理论梳理,并剖析其动力机制,再利用 Lotka-Volterra 模型实证分析战略性新兴产业群落内子产业间因相互间竞争而导致的形态变化的情况,并基于产业三阶段递进的演变轨迹刻画出各类资产协同发展的路径。

尤建新等(2023)认为企业竞争优势发展为产业链各环节及整个产业生态系统协同发展而创造出的竞争优势,而非单个企业的能力和资源优势。各产业生态主体借助创新资源的协调互动、相互影响与依赖,并结合自身优势提升自身价值,获得核心竞争力,提高产业链运行效率,并通过并购、投资、战略合作等手段深化与其他价值链的关系,以实现整个生态系统的共生进化。

产业生态系统中龙头企业通过价值主张、价值创造和价值共享与利益相关者形成互利共赢、和谐共生,通过产品效益的流动,提升生态系统整体效益(You 等,2023)。产业生态系统能够利用生产过程中产业的各种副产品、废弃物,以实现物质能量利用效率最优化。因此,建立产业生态系统有助于实现循环经济,有利于经济可持续发展。构建产业生态系统是企业与内外部环境充分互动的动态演进过程,即龙头企业提出价值主张、推动价值创造、实现价值共享。

二、生态优势

生态优势用来解释企业占据和维持行业高绩效水平的能力(Smith 和 Johnson,2023)。然而,基于供给端的竞争优势强调内部价值链优化,忽略了互联网情境下多主体价值共创,难以解释价值网络中的交互协同(Lee 和 Wang,2023)。生态优势是基于生态视角对竞争优势所做的修订,相对零和博弈的竞争优势,强调资源共享的"共生协同"(Kim 等,2023)。生态优势不仅强调企业内部资源和能力的优化升级,以及对外部要素的撬动和整合,更加强调生态圈中的多主体互动、价值共创和互惠共赢(Lee 和 Wang,2023)。生态优势是指主体在共生、互生和再生的价值循环系统内协调优化生态伙伴的能力,具备异质性、嵌入性和互惠性的特点。异质性是指丰富多元的生态功能,嵌入性是指彼此依赖的伙伴关系,互惠性是指生态利益的平衡与放大。

现有文献从价值共创、价值网络、生态位等视角解释了生态优势的影响机理。例如,生态优势来自生态系统中多方协同的价值共创(Kim 等,2023);价值网络思维是竞争优势转变为生态优势的关键因素(Zhang 和 Li,2023);在平台商业生态圈中,平台企业通过撬动商业生态圈中的资源和能力获得生态优势,企业获得可持续优势的来源发生变化,从价值链上下游的分工逐渐转向价值网络上的交互协同(Smith 和 Johnson,2023)。

生态位宽度直接影响高度共生协同的生态优势(Zhao 等,2023)。但是生态优势现有研究仍处于起步阶段。首先,现有研究对象往往集中于一般意义上的平台企业,处于商业生态圈领导地位的平台企业获得的优势不再仅仅是传统意义上的竞争优势而是生态优势(Zhao 等,2023)。并且关注的重点在于创新生态系统的生态优势,缺乏对于产业生态系统生态优势的相关研究。其次,学者们普遍认为价值共创是生态优势实现的重要因素,价值创造载体实现了价值链到价值共创网络的转化(Zhang 和 Li,2023),但价值共创对生态优势的影响机理尚未得到揭示,其产生、转化、更新的动态过程尚不明确。

第五节 资源编排理论

资源编排理论(Resource Allocation Theory)被广泛应用于经济学、管理学、运筹学和其他领域。该理论涉及如何有效地分配和管理有限的资源以满足各种需求和目标。资源编排理论认为资金、时间、劳动力、物资、技术和设备等资源是有限的,只有对资源进行有效的编排和管理,才会实现资源用于创造竞争优势的价值(Sirmon 等,2007)。

Sirmon 等(2007)将资源编排划分为资源构造、资源捆绑和资源利用三个子过程。资源构造聚焦于构建资源组合,主要是指组织或企业在运营和发展过程中,如何选择和集结各种资源。这里的"资源"可以是物质的,如设备、资金等,也可以是非物质的,如技术、品牌、关系等。资源构造的核心目的是构建一个合理且有利于实现战略目标的资源组合。这个过程需要考虑资源的互补性、协同性和可持续性。一个成功的资源组合能够使企业在竞争中获得优势,实现更高的绩效。

资源捆绑由资源组合转向能力构建,是在资源构造的基础上,通过有效的管理和整合,将这些资源转化为组织能力的过程。与资源构造不同,资源捆绑更注重资源的动态配置和协同作用,以实现能力的构建和提升。这里的"能力"可以是组织能力,如创新能力、生产能力等,也可以是个人的技能和能力。资源捆绑强调的是如何通过资源的优化配置和整合,形成独特的、难以模仿的能力,从而为企业创造持久的竞争优势。

资源利用则是联结各方主体、释放资源价值的过程。资源利用关注的是如何将已经构造和捆绑的资源投入到实际运营中,通过与其他主体(如供应商、客户、合作伙伴等)的联结和互动,释放资源的价值,实现组织的目标。这个过程需要考虑资源的配置效率、使用方式和产生的效益。一个有效的资源利用策略能够最大化资源的价值,同时降低运营成本和风险。此外,资源利用还需要关注资源的可持续性和社会责任,确保在实现经济价值的同时,不损害社会和环境的利益。

综上所述,从资源构造到资源捆绑再到资源利用是一个逻辑递进的过程,体现了组织在战略管理中的不同侧重点和层次。首先,通过资源构造选择和集结合适的资源;其次,通过资源捆绑将这些资源整合为组织能力;最后,通过资源利用将这些能力转化为实际的价值和效益。故以往的资源编排理论为我们提供了对于组织内部资源价值的静态视角。这一理论认为,组织持有的某些独特资源具有难以模仿和难以替代的价值,这些资源为组织提供了持久的竞争优势。这种视角强调了资源的独特性和不可复制性,但在某种程度上,它忽视了资源如何被动态地配置和利用来创造这些优势(Rojo 等,2023)。相比之下,我们使用的资源编排理论则从一个更加动态的角度审视资源。这一理论不仅关注资源的内在价值,还关注资源如何被构建、整合和利用的全过程。

资源编排是数字化能力形成的重要机制(胡海波等,2022;陈寒松、田震,2022;张媛等,2022)。在不同发展阶段,数字化能力随着资源编排方式的变化而演进。这意味着不同的用途、方式、类型或数量的资源相结合时,将形成不同的资源组合,产生不同效果的数字化能力。已有研究讨论了资源编排在数智化转型情境下对数字化能力的积极影响,体现出数字化能力呈现从数智技术能力向技术复用能力的转变(Xiumei,2023)。张娜和李志兰(2021)也提出,通过数字化资源的获取、数字化能力的拓展以及数字化价值的创造,资源编排的方式有助于实现组织的敏捷性。虽然这些研究初步探讨了数字化能力与资源编排之间的关联,但它们只将数字化能力划分为数字化营销能力和数字化运营能力。这种简单的分类忽略了数字化能力的复杂性和多样性,未能全面揭示数字化能力的真正内涵和潜力。而且这些研究也没有说明数字化能力是如何通过资源编排构建而成的,缺乏对资源编排理论在数智化转型过程中的系统应用和深入分析。

为了更全面地理解数字化能力的构建机制和影响因素,我们需要探讨不同维度的数字化能力(Lydia,2023)。这意味着我们需要考虑数字化能力在海洋牧场养殖、文旅、海工装备、客户服务等各个环节的表现,并分析它们如何共同为企业创造价值(Song,2023)。通过这样的分析,我们可以更准确地识别出数字化能力的关键要素和它们之间的相互作用。同时,我们还需要研究资源编排在构建企业数字化能力过程中的作用,这意味着要仔细考察组织如何获取、配置和利用资源,以支持其数智化转型。我们需要理解资源编排的具体策略和实践,以及它们如何与数字化能力的不同维度相互作用,从而影响企业的绩效和竞争优势。

海洋牧场的运营和管理涉及多个变量和约束条件,如海洋环境、水质、养殖物种等。海洋牧场在经营过程中也面临各种风险,如海洋生态系统的不确定性、天气变化、水生动植物疾病等。资源编排理论可以将资源、目标、约束条件等因素形式化为数学方程和模型(Carlos,2023)。管理者可以更清晰地了解不同资源配置选择的可能结果,以及它们对目标的影响。通过优化技术可以确定资源的最佳组合,找到最佳的资源配置策略。还可以分析和管理风险,以减少潜在的不确定性。

海洋牧场数智化转型同样需要大量的资金、人力、技术和设备等资源,但这些资源并不是无限制使用的。首先,资金需要在不同项目和需求之间分配,包括用于投资数字化基础设施,采购先进技术和设备,以及雇佣合适的人才。其次,受限于所学的专业技能和资质,符合数智化转型要求的人力资源也是受限的。最后,技术和设备的供应也可能受到市场和供应链的限制。这些资源在数智化转型中扮演关键角色,直接影响转型的成功与否。除了有限资源,还有其他约束条件,如时间、法律、技术可行性等。通过将资源编排理论应用于海洋牧场数智化转型中,可以指导并优化资源分配,并在不断变化的环境中做出动态调整,从而推动海洋牧场行业的现代化和可持续发展。

第三章　现状分析

第一节　中国海洋经济与产业发展现状

中国海洋经济起步于 20 世纪 70 年代后期。1978 年,著名经济学家于光远等在全国哲学和社会科学规划会议上提倡,要将"海洋经济学"作为单独的一门学科,并且设立专门的研究所对其进行研究,其目的是将研究成果用来指导海洋经济的快速发展(都晓岩和韩立民,2016),自此海洋经济在我国作为独立范畴出现。1980 年 7 月,第一届海洋经济研讨会召开以后,学者们开始对海洋经济进行定义(程福祜和何宏权,1982;张海峰,1982;权锡鉴,1986),海洋经济逐渐开始出现在学术论文中。该时期邓小平对沿海地区的开放极度重视,同时也对海洋资源极为关注,提出"中国要富强,必须面向世界,必须走向海洋",面向海洋要资源、发展海洋经济,是这个时期海洋经济活动的主题。1985 年,中国水产公司 13 艘渔船组成的远洋渔业船队开赴大西洋西非海域渔场作业,揭开了中国远洋发展历史上的光辉一页。这个时期可以被视为我国海洋经济的起步发展阶段。

20 世纪 90 年代开始,与国家海洋战略政策相呼应,中国海洋经济进入高速发展期,1997 年,《联合国海洋法公约》在我国生效,标志着我国开发利用海洋和海洋经济发展新时期的开始(张耀光等,2000)。这一时期实施的是"科技兴海"战略,1996 年 7 月《"九五"(1996—2000 年)和 2010 年全国科技兴海实施纲要》发布,提出要将科学技术运用于海洋中,推动海洋经济快速发展。进入 20 世纪 90 年代后,我国海洋经济产值每年以 20% 以上的速度增长,由 1997 年的 3104.5 亿元增长到 1998 年的 3269.9 亿元。养殖产量也逐渐增加,1987 年养殖产量只有 192.6 万吨,1998 年就增加到了 860 万吨,海洋渔业总产量比重从 27% 上升到 36.5%(王长征和刘毅,2003)。海洋产业结构也在逐步优化,海洋第一产业的比重有所下降,其他海洋产业的占比有所上升,这说明海洋产业结构更加均衡,应对风险的能力更强。

进入21世纪,海洋经济从陆地经济体系中独立出来,并且逐步趋于成熟。2003年《全国海洋经济发展规划纲要》中正式定义了海洋经济的概念,即开发利用海洋的各类产业及相关经济活动的总和。历年的《中国海洋经济统计公报》从统计角度基本延续了这一内涵(刘曙光和姜旭朝,2008)。2012年党的十八大报告中完整提出海洋强国战略,党的十九大报告以及党的二十大报告再次强调"加快建设海洋强国",为我国海洋经济高质量发展提供了新的政策保障和行动指南(张景全,2023)。有了政策的保驾护航,我国21世纪海洋经济高质量发展成效显著:2012年海洋经济总产出约为5亿万元,而到2022年海洋经济总产出增加到约9.5万亿元,增长了约50%,2022年海洋经济总产出占国内生产总值的比重9%左右,海洋传统产业转型速度也有所提高,海洋新兴产业增加值年均增速超过10%,海洋工程装备总装建造能力大步提升(张娟和迟泓,2023)。

我国海洋经济取得了显著的发展成就,并呈现出了日益增长的活力和潜力,海洋经济的发展有独特的特点。一是发展速度快。从中国海洋经济的起步到今天,海洋经济总产出从1978年的60多亿元到2022年的9.5万亿元,海洋经济规模翻了不止一番。2003—2022年海洋生产总值由1万亿元跃升至9.5万亿元。二是占比保持稳定。海洋经济在经历2005—2006年的高速增长后,我国海洋经济占GDP比重均处于相对稳定的状态,分别稳定在8.5%与10%左右,进入较为稳定的增长阶段。三是结构持续优化。我国目前基本形成了滨海旅游业、海洋交通运输业、海洋渔业和海洋工程建筑业四大支柱产业,各主要海洋产业均呈现良好的增长势头(李秦,2023)。新兴产业方面,近年来海洋生物医药业、海洋电力业、海水利用业等产业呈现出较快的发展,增长速度明显(王云飞等,2023)。随着科技投入的进一步增加,海洋经济结构会进一步优化,第一、二产业技术含量、附加值会稳步增加,第三产业地位继续上升,海洋经济发展空间更为广泛,蕴含的潜力有望进一步释放(肖安娜,2023)。

第二节 发达国家和地区海洋牧场建设

通过对国外海洋牧场的研究梳理,可以将发达国家对海洋牧场的建设分为四个阶段,分别是初期探索阶段、规模化建设阶段、生态化建设阶段和智能化建设阶段。

一、初期探索阶段

这一阶段,海洋牧场的概念还未建立,许多国家在发展渔业的同时逐渐摸索出了增殖放流这一途径(见表 3-1)。

表 3-1　发达国家海洋牧场初期探索

年份	国家	内容	文献
1795	日本	采用木架和沙袋制作鱼礁,投放到海域中实现鱼类聚集	杨吝等(2005)
1860	美国	将石块、废弃水泥管等装入木笼中制作鱼礁,投放到海中增加捕鱼量	Bell 和 Leber(2010)
1860—1880	美国 加拿大 俄罗斯 日本	开展了大规模的溯河鲑科鱼类增殖计划,并在其他地区推广	唐启升(2019) 马军英、杨纪明(1994)
1876	日本	研究并试验使用美国的鲑鳟鱼苗孵化技术进行增殖放流	Laikre(2010)
1884	挪威 英国 芬兰	推行"海鱼孵化运动",采取渔业增殖为主要形式	马文韬(2022)
1900	美国 英国 挪威	实施海洋经济多样化的增殖计划	Born(2004)
1932	日本	制定了"沿岸渔业振兴政策",逐步在沿海投放人工鱼礁	刘同渝(2003)
1950	日本	使用渔船作为人工鱼礁	李豹德(1981)
1968	美国	提出了建设海洋牧场的计划,并对人工鱼礁相关技术进行了研究	盛玲(2018) 杨红生(2022)
20 世纪60 年代	美国	专属经济区(EEZ)制度开始实施,并开始经营本国沿岸海域	刘卓(1995)

二、规模化建设阶段

这一阶段,海洋牧场建设主要以人工鱼礁和增殖放流为主,通过制定法律、规划和计划等推进海洋牧场的规模化建设(见表 3-2)。

表 3-2　发达国家和国际组织海洋牧场规模化建设

年份	国家和国际组织	内容	文献
1971	日本韩国	海洋开发审议会提出"海洋牧场"概念。开始在沿海进行人工鱼礁投放实验	市村武美（1991）杨红生（2022）陈坤等（2020）
1972	美国	在加利福尼亚海域建成了巨藻海洋牧场	盛玲（2018）杨红生（2022）
1973	韩国	大规模的人工鱼礁建设,并且建立了国立水产苗种繁育场	刘同渝（2003）
1974	澳大利亚	在波特赫金海域建造了一个由 70 万个轮胎组成的人工鱼礁区	Shuichi（2018）
1975	日本	颁布了《沿岸渔场储备开发法》,从法律层面规定了人工鱼礁的建设	潘澎（2016）
1976	日本	制定了《渔场整修的计划》,该计划提出以建设人工鱼礁的方式来修复日本近岸渔场	Kirkbride（2016）
1977	日本	制定了《海洋牧场计划》,计划在日本沿海开展"海洋牧场"建设	梁君等（2017）
1980	美国	Thorpe 的观点"将溯河性鲑科鱼类增养殖朝海洋牧场方向发展"得到了国际海洋增养殖专家的认可	Thorpe（1980）
1982	韩国	组织推进沿岸海洋牧场的建设	杨宝瑞和陈勇（2014）
1984	美国	通过了《国家渔业增殖提案》	徐恭昭（1979）
1985	美国	颁布了《国家人工鱼礁计划》,该计划将人工鱼礁建设视为国家渔业发展的重要组成部分	孙立元（2010）
1986	日本	制定了《沿岸渔场整备开发事业人工鱼礁渔场建设计划指南》,该指南成为日本建设人工鱼礁的依据和标准	刘惠飞（2001）
1987	日本	建成了世界上第一个海洋牧场——黑潮海洋牧场	佘远安（2008）韩立民和相明（2012）
20 世纪90 年代	日本	每年投入巨资进行人工鱼礁区的建设,人工鱼礁建设已成为国家重要事业	杨吝等（2005）
1994	日本	在吕麻岛建设金枪鱼海洋牧场,在濑户内海的冈山县海洋牧场投放了贝壳礁饵料培养型增殖鱼礁,随后在三重、广岛、大分县等地进行了推广	日本水产协会（1989）
1994—1996	韩国	制定了《韩国海洋牧场事业长期发展计划（2008—2030）》	盛玲（2018）

年份	国家和国际组织	内容	文献
1996	FAO	在日本召开的海洋牧场国际研讨会将"资源增殖或增殖放流"视为"海洋牧场"	FAO Fisheries Circular(1999)
1997	日本	日本的山口县开发研制了高层鱼礁。全球有 64 个国家开展了海洋物种增殖活动,涉及的物种种类达到 180 种	農林水産技術会議事務局(1991)
2000	韩国	已建成覆盖面积达 18542 公顷的人工鱼礁区	牛艺博等(2020)
	美国	已建成超过 2400 个人工鱼礁区	

三、生态化建设阶段

这一阶段,诸多发达国家出台了相关措施促进海洋牧场的建设,并且更加注重海洋牧场的生态化建设,在海洋资源开发利用的同时注重海洋生态的可持续发展(见表 3-3)。

表 3-3 发达国家和地区海洋牧场生态化建设

年份	国家和地区	内容	法律法规
2001	挪威	将可持续海产养殖视作挪威海产业发展的核心	《海洋牧场法》
	日本	谋求海洋资源的可持续利用与协调发展	《水产基本法》
2002	日本	改善现有渔场环境、投放人工鱼礁、建造海藻床等方式,扩大目标鱼类的栖息场所,同时利用音响投饵设备,使目标鱼类明显增加	《水产基本计划》
2005	韩国	提出了加强海藻场建设的计划,计划到 2030 年建成 3.5 万公顷的海藻场	《小规模海洋牧场推进计划》
2007	日本	提供一种可持续的捕捞方式,使得水产资源不会马上损耗	《海洋基本计划》
2012	韩国	规定了海藻场的建设	《水产资源管理法》
2016	欧盟	加快养护型和可持续渔业的发展	《欧洲海洋生物技术路线图》
2017	日本	提出高质量建设海洋牧场和可持续发展渔业的目标	《海洋科技研发计划》

四、智能化建设阶段

数智化海洋牧场利用现代信息技术手段,如云计算技术、物联网技术、大数据和3S技术,实现了海洋牧场的网络化、可视化、数字化和智能化,从而建设具有经济、社会和环境效益的新型海洋牧场(徐晓荣,2023)。为了更好地建设海洋牧场,发达国家率先开始发展海洋科技,进行海洋牧场数字化和数智化转型。

2004年,美国政府在布什领导下启动了一项海洋倡议,旨在创建一个跨部门的海洋科学小组。该计划确定了接下来几年的主要研究方向:研究海岸生态系统如何应对飓风等极端气候事件的影响;通过海洋生态研究提升渔业产量;开发海洋生物传感器,以预防有害藻华等海洋灾害;并探索大西洋主环流对气候变化的影响(陈宁和赵璐,2021)。美国还加大了对海洋观测技术的研发投入,包括遥感技术和水下机器人(Allison Miller,2023),以更好地监测海洋环境和生物。同时,进行了先进技术研究,例如开发载人深潜器、设计燃料电池和氢燃料电池系统,以降低船舶污染。美国还加强了遥感技术在监测(Farzane,2022)、预测和生态环境评估方面的应用,并实施了长期监测计划,提高了对海洋灾害的预警能力。此外,美国还在海洋生物技术领域进行了重要研究,特别是微生物基因序列的研究,旨在揭示生物多样性的秘密(陈应珍,2003)。

英国长期致力于海洋可再生能源的研究,并与具有丰富海洋资源的国家建立合作关系。英国坚持"适用技术"原则,优先发展海洋遥感技术、大型计算机技术、数据库管理、水下技术和新型海洋观测设备等先进科技,这对推进其海洋科技发展战略至关重要(相玉兰,2002)。在20世纪90年代初,英国政府发布了《90年代海洋科学技术发展战略规划》报告,聚焦于高新技术及其相关产业的发展,以实现海洋资源的有效利用。2005年,英国通过了《海洋法令》,后于2008年制定了《2025年海洋科技发展计划》。2010年,英国开始实施该计划,确立了海洋科技发展的方向和资金支持(Jeffrey等,2014)。同年,还推出了《海洋能源行动计划2010》,目的是促进创新产业的发展,并加强私营部门与公共部门在海洋能源技术开发和应用方面的协作(乔俊果,2011)。

韩国在国际海洋领域已取得显著成就。该国高度重视海洋资源的持续利用,致力于通过建立潮汐和风能发电站推进清洁能源的应用(Benbouzid等,

2017）。同时,韩国也在海洋安全技术领域取得了进展,重点研究包括海洋灾害预防和环境管理等。韩国的海洋策略强调采用创新技术,努力提升自动化水平,并将其先进的海洋观测技术应用于科学研究和产业发展(刘洪滨,2007)。1996 年,韩国成立了海洋水产部,专注于海洋科技发展,并在 2004 年推出了"海洋科学技术"(MT)发展计划,旨在规划韩国海洋科学技术的全面发展路线图,创造新的海洋经济价值。该计划的目标是在 2010 年之前将韩国海洋科技水平提升至发达国家水平的 80%,并计划在 2030 年左右达到与发达国家相同的水平(蒋秋飚和鲍献文,2010)。

加拿大制定并实行了一系列相关法规,包括《海洋法》和《加拿大海洋战略》等,这些措施旨在加强全面的海洋规划,促进海洋渔业的发展,提升公众对海洋问题的意识,并增加社会对海洋保护的关注(翟璐等,2018)。2003 年,加拿大政府投资近 8 亿加元用于海洋科技的发展,主要聚焦于海洋资源和空间的定义、海洋数据的收集、资源保护、海底矿产资源的开发,以及加强海洋科学和技术人才队伍的建设(王军民,2007)。2005 年,加拿大发布《海洋行动计划》,该计划致力于整合海洋科技信息资源,推动基于生态的海洋管理。其核心目标是实现沿海区域和海洋数据的共享,促进经济的可持续增长和海洋技术行业的发展(刘阳和王淼,2020)。

日本是一个岛国,这为日本的渔业、海洋科技和海洋文化的发展提供了丰富的资源和机遇(樊鑫等,2019)。日本在海洋环境保护方面投入了大量的研究和技术开发。例如,开发了海洋监测和污染控制技术(Damsara 等,2023),以及海洋生态系统保护的研究和管理措施。日本还积极参与国际海洋保护合作,支持保护大型海洋生物、珊瑚礁和生态多样性的倡议(魏婷和石莉,2017)。除此之外,由于位于地震带和台风频发区域,日本特别注重海洋灾害的预测、监测和防控。日本开发了先进的海洋观测和预警系统,以及海洋灾害应急响应和防护设施。这些技术和经验在减少灾害损失和保护人员生命方面发挥了重要作用(胡金铭等,2022)。

澳大利亚因其广阔的海岸线和丰富的海洋资源,在海洋产业方面占据了巨大的优势。这些资源,包括海洋石油、渔业以及造船等领域,构成了支撑澳大利亚经济的核心产业(樊鑫等,2019)。自 1999 年以来,澳大利亚陆续实施了如《澳大利亚海洋科技计划》《澳大利亚海洋政策》《澳大利亚海洋科学与技术计划》《国家海洋科学计划 2015—2025：激励澳大利亚蓝色经济发展》等政策，并建立了海洋管理委员会、海洋政策科学顾问组以及海洋产业和科学理事会，旨在全面规划和执行海洋产业的发展政策。这些举措旨在加强政策支持和资金投入，激发海洋高新技术的创新活力，重点发展海洋生物技术、海水淡化与综合利用技术、可再生能源技术和深海探测技术等尖端领域（Shafiqur，2023），促进海洋经济的转型升级，推动其可持续发展（袁蓓，2019）。

综上所述，发达国家海洋牧场建设经历了以渔业资源增殖和人工鱼礁为主的海洋牧场探索阶段、以海洋牧场生态建设和立法保护为主的可持续发展阶段、以大力推动海洋科技进步为主的数智化转型阶段。通过对文献的梳理发现，未来的海洋牧场将是集生态化、数字化、智能化于一体的高质量海洋牧场。我国的海洋牧场建设起步较晚，与美国、日本、韩国等国相比，在海洋牧场建设技术上仍有很大提升空间。为实现新一阶段现代化海洋牧场的目标，我国需要借助更高水平的技术和标准，充分利用大数据、人工智能等技术，在借鉴国外先进经验的基础上，积极探索新兴技术的交叉应用，充分推动一二三产业相融合，在发展海洋经济的同时更加注重生态保护，提高我国海洋牧场的数字化和智能化水平，走出一条属于我国海洋牧场的数智化转型和高质量发展之路。

第三节　中国海洋牧场建设现状

中国海洋牧场作为一种新兴发展模式，虽然在一定程度上有助于增加海产品的供给，但也在渔业养殖、海洋文旅、系统运维、安全管理等方面存在诸多问题。

一、渔业养殖

传统渔业属于粗放式养殖，依赖天气和海洋环境，缺乏科学的监测和管理，海洋环境数据质量不高、维度不全、数量不足。这使得海洋牧场的生产效率低下，渔民主要依赖自身经验和天气条件来决定渔捕的时间和地点。可这种经验主导的方法明显忽略了海洋环境的多变性，所以渔业活动容易受到天气突变和海洋环境变化的干扰，导致捕捞效率低下、资源浪费、养殖成本高昂、养殖风险大、养殖品质不稳定，效益不明显。此外，传统渔业缺乏对海洋环境的科学监测和分析,无法及时掌握海洋环境的变化趋势和影响因素,无法根据海洋环境的实际情况制定合理的养殖方案和技术措施,不能有效预防和应对海洋灾害和疾病的发生。

海洋渔业养殖过程无法监控,不透明、不精准、不可控。传统渔业的管理主要依赖于渔民的自我约束和局部管理,这导致了海洋牧场的生产管理混乱,养殖质量难以保证,养殖安全难以保障,养殖效果难以评估。而且,海洋牧场养殖过程无法实时监控,其渔业活动的不透明性,不仅会造成资源的滥捕和过度捕捞,还会加大海洋生态系统的风险,损害可持续发展。此外,传统渔业缺乏对海洋生物的科学养殖和管理,无法实时了解海洋生物的生长状况和健康状况,以及时调整养殖密度和投喂量,难以达到有效控制养殖的污染和病害,并对养殖产量和收益无法准确预测。

传统渔业的创新和发展动力不足,难以适应市场需求和社会期待的变化。这导致海洋牧场的生产结构单一,养殖品种老化,养殖模式落后,养殖价值低下。为了实现海洋牧场的多元化和综合化的发展,需要加强对海洋生物的科学研究和开发,培育和引进新的养殖品种和技术,提高养殖品质和附加值,拓展养殖功能和用途,满足市场的多样化和个性化的需求。

二、海洋文旅

传统海洋文化体验模式受时间和空间的限制,难以满足游客的个性化和多样化的需求。游客只能在特定的时间和地点,如海洋博物馆、海洋遗址、海洋民俗村等,参观和观赏海洋文化的展览、表演、讲座等固定的内容和形式,这限制了文化的传承和普及,使得文化传承受到了制约,而不能随时随地享受海洋文化的魅力,也不能根据自己的兴趣和喜好,定制个性化的海洋文化体验方案。这种时间空间局限性不仅影响了文化传承的广泛性和连贯性,也对文旅活动的可持续性提出了挑战。

传统海洋文化体验模式缺乏沉浸体验的亲和度,大多文化体验模式往往限制于视觉和听觉感知,而缺乏更深层次的沉浸感,难以激发游客的情感和认同。游客只能从表面上了解海洋文化的信息和知识,如历史、特征、价值等,而不能深入感受海洋文化的内涵和精神,也不能主动参与和互动,如体验海洋文化的活动、游戏、艺术等,增加海洋文化的趣味性和互动性。

传统海洋文化体验模式受海上天气环境的影响较大,不稳定的海上天气条件可能导致文旅活动的取消或延迟，难以保证游客的安全和舒适。游客需要在海上进行海洋文化体验，如乘船游览海洋牧场、海洋景点、海洋文化遗迹等，但海上天气环境的变化，如风浪、雾霾、暴雨等，会影响游客的出行顺畅和体验愉快，甚至会存在一定的安全隐患，如船只故障、海上事故、海洋灾害等，威胁游客的人身和财产安全，从而对文化传承和旅游业造成不小的困扰。

三、系统运维

海洋环境的多变性和不确定性使得海洋牧场的工程装备需要具备高度的复杂性，以适应各种海洋条件和应对不同的挑战。例如，用鱼笼、网具、水质监测设备、供氧系统等各种复杂的装备和设施，以确保养殖过程的顺利进行。以及要深入了解对于恶劣天气、海浪、潮汐等极端条件的适应性要求，不同装备的性能、运行原理，从而增加了系统的设计和维护难度。复杂的系统结构意味着在运维过程中需要更多的技术支持和维护工作，这对于海洋牧场的可靠性和稳定性提出了更高的要求。

海洋牧场在能源供给方面存在成本偏高、效率低下的问题。海洋环境中提取能源的过程相对复杂，涉及海流、潮汐、风力等多种自然资源的利用。这些能源的提取和转化过程需要高效可靠的技术装备，而这往往伴随着昂贵的研发和制造成本。此外，养殖海洋生物需要大量的能源供应，包括水循环、供氧、加热等方面的能源消耗。这导致了运维成本的显著上升，同时也增加了环境负担。同时，由于海洋环境的不确定性，能源提取的效率往往受到影响，导致系统整体的效率偏低。这使得海洋牧场的能源成本相较于其他能源形式更高，成为一个亟待解决的问题。

海洋牧场在能源切换稳定性和连续性方面存在挑战。能源切换是指在不同的自然资源条件下，系统能够灵活切换能源提取方式，以最大化能源的利用效率。然而，海洋环境的不确定性使得能源切换变得更加复杂。系统需要能够在不同的海洋条件下迅速做出反应，保持能源供给的稳定性，否则可能导致系统的运行中断，从而对养殖过程产生不利影响。与此同时，连续性也是一个关键的问题，因为能源的中断可能会导致海洋牧场的停工，对经济和环境都带来不良影响。

四、安全管理

海上环境的复杂多变是安全管理首要面临的问题。在这个广袤而变幻莫测的海面上，海洋牧场需要应对海浪的涌动、潮汐的变化、风力的波动等多种自然因素。这些因素不仅增加了设备的运行不确定性，也对人员的安全提出了更高的要求。管理者们必须不断优化安全策略，以适应不同海洋条件下的风险，确保在复杂多变的环境中仍能保持系统的安全稳定。此外，危险源数量多和隐蔽性强使得安全管理更为困难。海洋环境中存在着各种潜在的危险源，不论是海洋生物威胁，还是设备故障风险，都可能对海洋牧场的安全产生影响。管理者需要借助先进的监测技术和数据分析手段，以全面、准确地洞察潜在的危险源，进而制定相应的应对策略。

有些危险源隐匿于海洋深处，不易被察觉，增加了防范风险的难度。需要依赖高科技设备和先进的监测系统进行实时监测。例如，海洋中可能存在的隐蔽的地质构造，如海底沉积物的变化、地质断层的活动，这些都是潜在的危险源，而要及时发现并加以应对，就需要依赖精密的地质监测和数据分析。因此，加强监测手段和技术装备的投入，提高对隐蔽危险源的识别能力，是确保海洋牧场安全的关键之一。

由于海上环境的特殊性，进行风控的成本也相对较高。为了降低风险，可能需要采用先进的技术装备、严格的安全标准以及高效的监控系统。由于海上环境的复杂性和地理位置的特殊性，可能面临较长的救援响应时间和较大的救援难度，增加了事故的危害程度。

第二篇

海洋牧场生态化转型发展篇

2021 年联合国粮食系统峰会提出,"除政府外,企业(从中小企业到跨国公司)也可以通过负责任的商业行为和创新解决方案发挥重要作用,使粮食系统更加可持续、有弹性和公平,同时调整其实践,确保所有人都能获得营养健康的饮食"。现代化海洋牧场的建设必须更加注重综合的生态、社会和经济效益。私营部门向更可持续的商业模式过渡是实现可持续发展目标的关键一步。由此可见,海洋牧场的发展实践在很大程度上决定了我国的海洋牧场建设能否在可持续渔业中真正发挥作用,决定了人民群众能否吃上绿色、安全、放心的海产品,能否享受到碧海蓝天和洁净沙滩。同时,考虑到海洋牧场改善生态的建设发展目标和海洋牧场对区域自然资源环境的高度依赖,"可持续发展"不足以诠释海洋牧场对导致了环境与气候挑战的传统渔业发展范式的质疑与改变,而"生态化发展"所呈现的强可持续性表达则更为恰当。基于可持续发展的概念并遵循有机生态循环机理,海洋牧场生态化发展可被定义为企业通过建立管理机制,在自然系统承载能力内,对特定区域空间内的企业系统、自然系统与社会系统之间进行耦合优化,以实现资源的充分利用、环境破坏的消除,以及环境、社会与经济利益的协调。

第四章　海洋牧场生态化转型模式识别

在为人类提供更多食物和面临的资源环境限制及气候变化问题之间,世界上许多粮食系统仍然处于两难的境地。当前,粮食系统中的许多私营部门已经开始致力于生态化转型实践,但学术界对这一行为的驱动力、创新性举措和微观层面的绩效影响还知之甚少。因此,本章对我国五个较早实施生态化转型实践的海洋牧场进行了案例研究,他们在发展中兼顾了渔业产出和环境保护,并已经取得了显著的成果。我们发现了六个主要的驱动力:利益协同效应、可持续商业价值、政府激励和监督、企业社会责任感、环境压力、市场推动力;生境修复、生态化生产、科技创新、生态化运营、生态化管理是先行者企业在生态化转型实践中采取的五项主要创新性举措;企业的生态化转型实践可以产生协同效益,包括经济、环境甚至社会效益。此外,在对先行者的生态化转型实践进行关键路径分析的基础上,我们通过生态化转型模型的构建阐释了他们的成功经验,这对其他企业履行生态化转型承诺和践行生态化转型实践具有启发作用。

第一节　问题提出

土地退化、土壤肥力下降、不可持续的水利用、过度捕捞和海洋环境退化都在削弱自然资源基础供应食物的能力(Wang 等,2015;Chen 等,2021b;Wang 和 Du,2023)。可持续发展目标(SDGs)的目标 12 要求确保可持续的消费和生产模式,这为食物系统的转型提供了方向(United Nations,2015)。在渔业资源减少和海洋生境破碎的情况下,中国于 2015 年提出了现代化海洋牧场的建设计划,以促进向可持续渔业的转变(Ministry of Agriculture and Rural Affairs of the People's Republic of China,2015)。海洋牧场是一个与海洋技术和管理相结合的人工生态系统,它能够在特定海域内修复海洋生境、丰富渔业资源(National Nature Science Foundation of China,2019)。因此,它兼顾了环境保护、资源养护和可持续渔业产出等功能(Du 和 Gao,2020)。毫无疑问,同时考虑了渔业产出和生态保护的海洋牧场是食物系统可持续发展转型中的一颗耀眼明星。

私营部门向更可持续的商业模式过渡是实现可持续发展目标的关键一步(Pizzi 等,2021)。商业界可以通过负责任的商业行为和创新的解决方案发挥重要作用,使食物系统更加可持续、有弹性和公平(Food Systems Summit,2021)。截至 2024 年 8 月,中国已经建立了 169 个国家海洋牧场示范区,其中70%以上是由企业管理和经营的。虽然建设海洋牧场的目的是发挥生态修复的积极作用,但其不当的管理和运营仍会加剧对生态系统的破坏,如季节性缺氧、原有生态廊道的破坏等(Lee 和 Zhang,2018;Du 等,2022a)。因此,海洋牧业企业的实践在很大程度上决定了海洋牧场能否在可持续渔业中真正发挥作用。

随着企业开始了解它们对环境的依赖,商业经营的立场也发生了根本性的转变,即企业不再仅仅关注财务收益,还关注它们对社会和环境的贡献(Hizarci-Payne 等,2021)。企业的可持续性被定义为在传统的以经济为导向的企业管理中整合融入环境和社会管理(Álvarez Jaramillo 等,2019;Lüdeke-Freund,2020)。从企业与环境关系的角度看,企业的可持续性有强和弱两种内涵。前者指的是企业发展与环境破坏之间的绝对脱钩,即环境破坏会随着企业的发展而逐渐减少(Whiteman 等,2013;Haffar 和 Searcy,2018);后者指的是相对脱钩,表示企业发展的速度不低于环境破坏的速度(Park 等,2018;Vardon 等,2019)。

许多研究者注意到,在描述企业的可持续性时,"生态化"是不可替代的(Whiteman 等,2013;Lüdeke-Freund,2020;Rajesh 和 Rajendran,2020)。考虑到海洋牧场改善环境的目标和海洋牧场特别强的自然属性,生态化转型可能比可持续发展更适合描述其可持续性。Milburn(2012)认为,可持续发展倾向于关注现有资源的可持续开采,而生态化转型则更进一步,强调促进环境资源的扩大,提高可用的数量和质量,然后建立管理机制,确保其可持续开采。所以,基于可持续发展的概念并遵循有机生态循环机制(Upward 和 Jones,2016;

Centobelli 等，2020），本研究提出了海洋牧场生态化转型的定义。它是指海洋牧场基于可持续发展理念，遵循自然生态有机循环机理，通过建立管理机制，在自然系统承载能力内，对特定地域空间内的企业系统、自然系统与社会系统之间进行耦合优化，以实现资源的充分利用，环境破坏的消除，自然、社会与经济利益的协调。

虽然很多文献在研究企业的可持续发展时融入了生态学的理念，但对企业的生态化转型实践和模式的研究却很少。这可能是因为大多数企业看上去似乎并不高度依赖自然资源和环境（Li 等，2020；Yong 等，2020）。然而，考虑到资源依赖会增加环境的压力，使设计可持续的未来变得复杂，现在是时候从生态化转型的角度审视企业了（Erdogan，2021；Wang 和 Du，2023）。事实上，许多企业已经意识到他们与自然系统的关系，与社区的共同未来，从而积极实践生态化转型（Du 等，2022b；Erbetta 等，2022）。例如，中国的海洋牧场已经将他们的海水养殖实践从传统的高密度模式转向综合多营养层次水产养殖（IMTA），这使得互补的水产养殖生态位得以利用，能够实现稳定水质、循环营养、减少水产养殖废弃物排放等生态效益（Fang 等，2016）。联合国开发计划署正在与他们合作，录制 IMTA 培训材料，介绍海洋牧场如何在向海洋索取水产品的同时保护海洋环境的健康和可持续性（Flash News，2022）。

综上所述，为实现可持续发展目标，将生态学思想纳入企业可持续发展研究是一个不可避免和不可逆转的趋势。然而，面对企业生态化转型实践这一相对较新的现象，现存的文献并没有对其背后的生态化转型模式提出见解。换言之，学术研究已经落后于企业生态化转型的实践。幸运的是，中国的海洋牧场为开展这一领域的研究提供了样本。目前还不清楚海洋牧场生态化转型实践的驱动力是什么，它们采取了哪些创新性举措，产生了什么样的绩效影响，以及这些驱动力、创新性举措和绩效影响之间的前因后果。因此，本篇通过探讨多个先行者的最先进的实践，迈出了填补这一知识缺口的第一步。

我们的研究试图通过使用从先行者那里收集的经验数据来回答以下研究问题，从而填补这一知识空白：

1. 是什么促使海洋牧场致力于生态化转型？

2. 海洋牧场企业采取了哪些创新性举措来履行其生态化转型承诺？

3. 海洋牧场的生态发展承诺和举措带来了什么样的企业绩效影响？

为了回答这些问题，我们研究了五个先行者海洋牧场的案例。基于多个来源的一手和二手数据，我们开展了深入的案例内分析和跨案例分析。

我们的研究的主要贡献有以下几方面：首先，为越来越多的关于企业积极应对资源环境约束以及气候变化这一领域的文献做了补充；其次，这项开创性的工作采用了多个案例研究，系统地研究了海洋牧场生态化转型实践的驱动力、创新性举措和绩效影响；再次，本研究表明，企业通过生态化转型实践实现协同效益是可能的，包括经济效益、环境效益甚至社会效益，这种效益协同效应进一步促进了生态化转型承诺的履行与实现；最后，基于对先行者生态化转型实践的关键路径分析，本研究建立了一个生态化转型模型，用于指导企业启动和深化生态化转型实践。

第二节　方法与数据

一、案例选择

本研究在案例选择上采用了目的性抽样方法，它可以根据研究目的为研究问题提供最大信息量的案例（Yin，2014）。为了保证案例的典型性和多样性，本研究设定了三个案例选择标准。第一，案例企业必须是经批准的国家级海洋牧场示范区的责任主体，其最新年度评价结果应是最高水平。第二，候选企业必须有足够的、可获得的信息，包括愿意接受采访的管理人员、企业网站、相关公共档案文件和媒体报道。第三，本研究最终选择的案例应该有不同的背景因素，如地理位置、业务范围、规模等。上述标准不仅可以保证所选案例符合先行者的角色要求，还可以保证研究信息的可得性和研究对象的丰富性。

根据案例选择标准，我们首先搜索了符合生态建设中先锋作用的海洋牧场。根据2021年10月公布的国家级海洋牧场示范区年度评估结果，有13家海洋牧场达到最高水平，其中8家的责任主体为企业（Ministry of Agriculture and Rural Affairs of the People's Republic of China，2021）。随后，我们向那些对海洋牧场的生态化转型有深入了解的高级管理人员发出了参与研究的邀请。幸运的是，这8家海洋牧场企业都对参与本研究表现出强烈的兴趣。我们没有事先主观地确定案例的数量,而是不断地收集和分析案例企业的数据,直到我们观察到了理论上的饱和。我们发现,第五个案例提供了有限的新信息,第六个案例则没有出现新的可用信息,所以我们决定在本研究中保留前五个案例。所有五个企业都为本研究提供了足够的信息。此外,如表4-1所示,五个案例中的海洋牧场的位置、业务范围和规模都不同,使我们能够有效分析其情境效应。

表 4-1　案例企业简介和数据来源

企业	地理位置	经营范围	年销售收入（百万元）	员工数量（人）	海域面积（公顷）	数据来源
A	渤海	海珍品繁育,海水养殖	80—100	150—200	800—1000	访谈、企业官网、内部文件、媒体报道
B	黄海	休闲渔业,餐饮	100—120	100—150	2000+	
C	黄海	海水养殖,水产品加工,休闲渔业	300+	250+	600—800	
D	渤海	海水养殖,渔业服务,旅游观光	80—100	50—100	1200—1400	
E	黄海	海水养殖,水产品加工,旅游观光	60—80	50—100	1200—1400	

二、数据收集与分析

一手数据的收集是通过半结构化访谈的方式进行的,因为它既能使访谈者集中于关键问题,又能灵活地适应访谈对话中的意外话题(Zhang等,2022a;Zhang等,2022b)。我们提前将访谈提纲(见附录B)发给了案例企业的高级管理人员,可以使他们在回答问题前进行思考,以帮助我们正确、全面地了解海洋牧场生态化转型的动力、创新性举措和绩效影响。我们试图从所有参与企业中招募多名受访者,但只有A、C和E企业答应了我们的请求。不过,在对有多名受访者的企业进行访谈后,我们发现从同一家企业的多个访谈者处获得的信息基本是一致的。E企业的一位受访者告诉我们,企业制度和文化的影响是造成这种现象的重要原因,这表明本项目没有必要招募多个受访者。此外,如表4-2所示,所有受访者平均有9.4年的生态海洋牧场建设经验,它确保了本研究的数据的有效性。所有访谈都是在2022年10月通过VooV Meeting在线进行的。每次访谈平均持续约60分钟,且所有访谈都留存有相关记录。

表 4-2 访谈信息简介

企业	受访人数	受访人职务	从业经验	访谈时长	访谈日期
A	2	副总经理	11 年	90 min	2/10/2022
		项目经理	5 年	50 min	3/10/2022
B	1	总经理	20 年	60 min	13/10/2022
C	2	总经理	12 年	70 min	14/10/2022
		项目经理	10 年	70 min	14/10/2022
D	1	总经理	8 年	60 min	16/10/2022
E	3	副总经理	5 年	50 min	20/10/2022
		副总经理	9 年	60 min	20/10/2022
		项目经理	5 年	50 min	24/10/2022

二手数据可以作为案例研究和理论发展的可靠来源,在本研究中被用来对访谈数据进行三角验证(Eisenhardt 和 Graebner,2007)。为了达到数据质量的效度和信度,我们使用了多个权威来源,包括公司网站、内部档案文件和媒体报道(Gong 等,2022b)。我们将收集到的每个案例公司的所有二手数据保存到文档中,最后每个案例平均形成了约 30 个版面。对于不同来源数据的不一致性问题,我们及时对一些受访者进行了回访,并确定了最终的有效信息。

本研究遵循严格的数据分析程序:1. 所有录制的访谈都由主要访谈者转录,并由共同作者检查转录文本。2. 两位研究人员分别将访谈数据与多个二手数据进行三角验证分析。3. 在进行证据分析之前,研究人员对收集到的有效数据进行了多次检查,以确保对整体信息的理解。4. 两位研究人员分别对所有案例数据进行编码,并讨论他们的分歧,以达成共识。扎根理论为使用归纳策略进行数据分析提供了很多指导,本研究中使用了其编码程序,以提高编码的标准化程度(Strauss,1987;Yin,2014)。编码工作是通过计算机辅助软件 NVivo 1.6.1 完成的。5. 提取最相关的信息来回答每个研究问题,并进行个案内分析,其结构化编码细节见下一节的表 4-4。6. 进行跨案例分析,比较和对比各海洋牧场在生态化转型的驱动力、创新性举措和绩效影响方面的共性和差异。最后,根据对先行者的生态化转型实践的关键路径分析,建立了生态发展模型。表4-3总结了研究设计是如何根据殷(2014)建议的四项检验来确保有效性和可靠性的。

表4-3　研究效度与信度

检验标准	实施内容	发生阶段
建构效度	多个证据来源:来自半结构化访谈的一手数据和来自其他来源的二手数据	数据收集
	证据链:在可能的条件下安排多个受访者	数据收集
	由专家和受访者对案例研究报告草案进行审查和核实	报告撰写
内在效度	结构化数据编码和分析:在专题分析的基础上提取有效信息,并通过案例之间的信息对比实现逻辑上的一致性	数据分析
外在效度	目的抽样方法:在选择案例时兼顾典型性和多样性	案例选择
	通过重复、复制的方法开展多案例研究	数据分析
信度	使用案例研究草案来指导实地研究和分析	数据收集
	开发案例研究数据库,包括录音、公司网站、档案文件和媒体报道等材料	数据收集

第三节　分析结果

受限于篇幅问题,本篇只报告了跨案例的分析。表4-4、表4-5和表4-6提供了结构化编码的细节和案例中的情境解释。此外,关于先行者的生态化转型实践的驱动力和创新性举措的引文可分别见于附录C和附录D。

一、海洋牧场生态化转型的驱动力

表4-4总结了海洋牧场生态化转型的驱动力。按照影响大小排序后,三个主要驱动力分别为效益协同效应(D1)、可持续商业价值(D2)和政府激励与监督(D3)。其他三个驱动力为企业社会责任感(D4)、环境压力(D5)和市场推动力(D6),它们会在不同情境下的案例企业中出现。

表 4-4　先行者生态化转型实践的驱动力的跨案例分析

案例	按重要性排序的主要驱动力		情境解释
	项目	指标	
A	D1. 效益协同效应	D11. 生态与经济	A 企业发现,其生态化工作不仅保护了区域自然环境,还产生了可观的经济效益,同时也促进了渔民的再就业,这坚定了其生态化转型的信念。A 企业在成立之初就意识到,公司的长期生存和发展取决于区域优质的生态环境条件,即顺应当前"生态优先"的政策导向是必然要求。市场、周边居民和员工对企业生态化建设成果的积极反应激励着 A 企业在生态化转型方面持续努力
		D2. 生态与社会	
	D2. 可持续商业价值	D21. 可持续经济收益	
		D22. 长期生存前景	
	D3. 政府激励与监督	D31. 政策激励	
		D32. 法规约束	
		D33. 政府监管	
	D6. 市场推动力	D61. 客户要求	
		D62. 消费者需求	
	D4. 企业社会责任感	D41. 生活环境	
		D42. 员工需求	
B	D6. 市场推动力	D62. 消费者需求	B 企业认为,顺应市场需求和政策导向是企业生存和发展的关键。因此,它在市场和政府的引导下致力于生态化转型,并发现其生态化工作不仅改善了环境,而且提高了产品价值,带动了周边居民收入的增加,实现了效益的协同。严峻的区域环境压力迫使 B 企业在发展初期选择了生态化转型战略。它发现,生态化转型方向为企业带来了积极的发展前景
		D61. 客户要求	
	D3. 政府激励与监督	D31. 政策激励	
		D32. 法规约束	
	D1. 效益协同效应	D11. 生态与经济	
		D2. 生态与社会	
	D5. 环境压力	D51. 生物量减少	
		D52. 生物多样性降低	
		D53. 生态系统退化	
	D2. 可持续商业价值	D21. 可持续经济收益	
		D22. 长期生存前景	

续表

案例	按重要性排序的主要驱动力		情境解释
	项目	指标	
C	D1. 效益协同效应	D11. 生态与经济	C 企业的生态化转型模式使其近年来的区域生态环境稳定良好，支持了其业务规模的扩大，带动了周边居民的就业和收入。C 企业发现，生态发展的实施使其各方面的表现更加符合其长期发展愿景。C 企业的管理者很早就认识到了生态发展的必要性，创造了基于可持续发展的企业文化，引导企业主动承担社会责任。环境的压力和政府的支持进一步强化了 C 企业践行生态化转型承诺的信心
		D2. 生态与社会	
	D2. 可持续商业价值	D21. 可持续经济收益	
		D22. 长期生存前景	
	D4. 企业社会责任感	D43. 管理者信念	
		D44. 企业文化	
		D41. 生活环境	
		D42. 员工需求	
	D5. 环境压力	D51. 生物量减少	
		D53. 生态系统退化	
	D3. 政府激励与监督	D31. 政策激励	
		D33. 政府监管	
D	D5. 环境压力	D51. 生物量减少	早期区域内巨大的环境压力迫使 D 企业改变发展理念和模式，选择了生态化转型模式。D 企业的管理者具有"生态优先"的意识，引导企业对生态化转型产生了责任感和荣誉感。D 企业认为长期生存是企业的主要追求，而生态化转型可以提升企业形象，从而带来持续的经济效益。D 企业在环境方面的努力不仅改善了区域生态环境，也带来了经济和社会效益，得到了政府和社会的支持和赞扬
		D52. 生物多样性降低	
		D53. 生态系统退化	
	D4. 企业社会责任感	D43. 管理者信念	
		D44. 企业文化	
		D41. 生活环境	
	D2. 可持续商业价值	D22. 长期生存前景	
		D21. 可持续经济收益	
	D1. 效益协同效应	D11. 生态与经济	
		D2. 生态与社会	
	D3. 政府激励与监督	D31. 政策激励	
		D33. 政府监管	

续表

案例	按重要性排序的主要驱动力		情境解释
	项目	指标	
E	D3. 政府激励与监督	D31. 政策激励	E 企业的生态化努力赢得了政府部门的指导和支持,使其能够更加科学、主动地开展生态化建设。生态化建设工作给 E 企业带来的可持续效益和积极的发展前景为其深入生态化建设提供了条件。在生态化建设过程中,E 企业的经济效益同步增长,社会效益日益凸显,坚定了企业生态化建设的信念。早期对海域的不合理开发造成的环境压力也是 E 企业的选择生态化转型的重要原因
		D32. 法规约束	
	D2. 可持续商业价值	D21. 可持续经济收益	
		D22. 长期生存前景	
	D1. 效益协同效应	D11. 生态与经济	
		D2. 生态与社会	
	D4. 企业社会责任感	D43. 管理者信念	
		D44. 企业文化	
		D41. 生活环境	
	D5. 环境压力	D54. 海域污染	
		D51. 生物量减少	

（1）效益协同效应（D1）

效益协同效应是所有案例企业的重要驱动力,尤其是 A 企业和 C 企业。在生态化转型实践过程中,先行者惊喜地发现,他们的生态化工作不仅改善了区域自然环境,还间接支持了经济效益的提高和社会效益的创造。海洋牧场的经营效果取决于区域生态系统的状况。自然环境的改善意味着企业可以扩大生产规模,生产更高质量的产品。此外,渔民的就业和收入也会相应提高。

（2）可持续商业价值（D2）

所有案例企业都承认,可持续商业价值是他们履行生态化转型承诺的重要动力。可持续商业价值的驱动力来自两个方面:经济利益的诱惑和生存压力的推动。海水养殖和休闲旅游服务是海洋牧场的两大主要业务。一方面,环境条件的改善可以提高企业的经营质量和品牌形象,从而带来更多和长期稳定的经济效益。另一方面,环境条件的恶化会使其主营业务失去市场竞争力,直接威胁到企业的生存。

（3）政府激励与监督（D3）

一些案例企业在访谈中分享到，很多生态化工作的本质其实是公益性的，所以政府出现在所有案例企业的驱动力中也就不足为奇了。激励和监督是政府推动海洋牧场企业履行生态承诺的两种方式。激励主要包括政策支持和资金支持，这对调动企业的积极性非常有效。考虑到法规的强制性约束和检查监督的常态化，企业必须停止违法的环境破坏行为，转向环境友好的经营和生产模式。

（4）企业社会责任感（D4）

大多数案例企业认为，社会责任感是推动他们履行生态化转型承诺的重要动力。海洋牧场企业的主营业务对区域生态系统的依赖性很强。如果企业不能认识到长期生存对区域生态系统的依赖性，自然不会对区域环境产生敬畏之心。区域生态系统不仅为海洋牧场服务，也为区域内其他产业和居民服务。道德准则是一种强大的力量。如果企业及其管理者有造福区域发展的意识，他们就会把自己的生态努力视为理所当然，并以此为荣。

（5）环境压力（D5）

除 A 企业外，所有案例企业都表示，他们的生态化建设工作是因为感受到了环境退化的压力，如生物量减少、生物多样性下降、生态系统退化等。环境恶化的原因，有些是由于本地区其他产业的不合理开发，有些是由于企业在初期对资源的不合理利用，有些是由于自然灾害造成的。无论怎样，这些环境压力直接威胁到海洋牧场的生存。因此，企业必须在自己的能力范围内做出积极的应对，包括实施生态修复工程，减少环境破坏等。

（6）市场推动力（D6）

在五个案例企业中，有两家企业（A 和 B）认为其生态化战略是受到了市场推动力的影响，尤其是 B 企业。消费者需求决定了企业产品的市场竞争力，关系到企业的经济效益和再生产能力。当上下游企业和银行等合作伙伴意识到环境保护的必要性时，海洋牧场必须在生态化建设方面做出努力，以满足客户的要求，才能维持稳定的合作关系。

C、D、E 企业没有确认市场的强制力在他们实施生态化转型方面的作用。我们在访谈中注意到了对这种情况的两种解释。首先，水产品在市场上属于一般消费品，高度细分的绿色产品市场尚不成熟，这就意味着产品的生态价值可能无法完全实现为经济价值。其次,与对经济效益的高度关注相比,海洋牧场的合作伙伴似乎还没有意识到生态化转型的价值。因此,生态化理念要想通过市场机制发挥其作用,还有很长的路要走。

二、海洋牧场生态化转型的创新性举措

表4-5概括了海洋牧场生态化转型的创新性举措。所有案例企业在生态化转型过程中都采取了三项主要举措,即生境修复(I1)、生态化生产(I2)和科技创新(I3)。此外,另外两项举措,即生态化运营(I4)和生态化管理(I5),也会由企业在特定情况下实施以支持其生态发展。

表4-5 先行者生态化转型实践的创新性举措的跨案例分析

案例	按重要性排序的主要驱动力		情境解释
	项目	指标	
A	I2. 生态化生产	I21. 优化养殖模式	A企业实施生态化生产,将环境保护的重点从末端治理转移到事先预防。通过生境修复,A企业防止了区域环境的恶化并逐步改善。A企业实施了覆盖规划、实施、检查、改进全过程的生态化管理,减少了企业经营中不必要的环境破坏。A企业的设备研发能力和优质种苗研发达到了比较先进的水平,通过科技创新实现了经济效益和生态效益的共同提高
		I22. 绿色设计	
		I23. 工艺创新	
		I24. 资源循环	
		I25. 废弃物安全处置	
	I1. 生境修复	I11. 人工鱼礁	
		I2. 海藻场	
		I13. 增殖放流	
	I5. 生态化管理	I51. 生态战略规划	
		I52. 环境监测	
		I53. 绿色采购	
		I54. 清洁能源开发	
		I55. 绿色营销	
	I3. 科技创新	I31. 设备研发	
		I32. 优质种苗研发	
		I33. 数字化系统建设	
		I34. 科研合作	

续表

案例	按重要性排序的主要驱动力		情境解释
	项目	指标	
B	I1. 生境修复	I11. 人工鱼礁	面对海区资源的枯竭,B企业对海区进行了长期的封闭治理,扭转了生态环境持续恶化的趋势。B企业通过采取深海养鱼、立体养鱼、低密度养鱼等措施,优化了海水养殖模式,大大改善了其环境绩效。B企业通过产业融合和产业链延伸,实现了经济、生态、社会效益的协调增长。科技创新和生态化管理支撑了B企业的生态发展战略
		I13. 增殖放流	
	I2. 生态化生产	I21. 优化养殖模式	
		I22. 绿色设计	
		I25. 废弃物安全处置	
	I4. 生态化运营	I41. 产业融合	
		I42. 产业链延伸	
	I3. 科技创新	I31. 设备研发	
		I33. 数字化系统建设	
		I34. 科研合作	
	I5. 生态化管理	I51. 生态战略规划	
		I52. 环境监测	
		I53. 绿色采购	
		I54. 清洁能源开发	
		I56. 员工培训	

续表

案例	按重要性排序的主要驱动力		情境解释
	项目	指标	
C	I2. 生态化生产	I21. 优化养殖模式	围绕先进的多营养层次的生态化海水养殖模式,C企业坚持绿色设计,妥善处理副产品,有效避免了生产中的污染。经过长期的生境修复,海域生态环境得到了持续改善。C企业积极开展科技创新,不断加强对生产过程的控制,实现了经济与生态的双赢。C企业致力于打造海洋牧场全产业链,并通过商业模式创新等方式提高其生态化转型能力
		I22. 绿色设计	
		I23. 工艺创新	
		I25. 废弃物安全处置	
		I24. 资源循环	
	I1. 生境修复	I11. 人工鱼礁	
		I2. 海藻场	
		I13. 增殖放流	
	I3. 科技创新	I33. 数字化系统建设	
		I32. 优质种苗研发	
		I31. 设备研发	
		I34. 科研合作	
	I4. 生态化运营	I42. 产业链延伸	
		I41. 产业融合	
		I43. 商业模式创新	

续表

案例	按重要性排序的主要驱动力		情境解释
	项目	指标	
D	I1. 生境修复	I14. 牡蛎礁	面对破碎的海洋生境, D 企业特别重视生境的恢复工作。在生态系统修复和产业体系优化的基础上, D 企业创新了商业模式, 建立了致力于生态保护的伙伴关系, 促进了区域发展理念的转变。在管理方面, D 企业制定了生态化转型战略, 将生态化理念融入到营销、采购、资源利用等环节。技术创新提高了 D 企业恢复和保护海洋生态环境的能力。D 企业在生产过程中也贯彻了生态理念, 并致力于从源头上减少污染。它将事前预防与事后处理相结合, 创造了一个清洁的生产过程
		I2. 海藻场	
		I13. 增殖放流	
		I15. 海草床	
	I4. 生态化运营	I43. 商业模式创新	
		I41. 产业融合	
		I42. 产业链延伸	
	I5. 生态化管理	I51. 生态战略规划	
		I52. 环境监测	
		I55. 绿色营销	
		I53. 绿色采购	
		I54. 清洁能源开发	
	I3. 科技创新	I35. 生境修复技术创新	
		I34. 科研合作	
		I33. 数字化系统建设	
	I2. 生态化生产	I21. 优化养殖模式	
		I22. 绿色设计	
		I25. 废弃物安全处置	

续表

案例	按重要性排序的主要驱动力		情境解释
	项目	指标	
E	I1. 生境修复	I11. 人工鱼礁	根据海区的生态状况,E 企业建设投放了人工鱼礁,并实施了增殖放流以改善环境。E 企业通过在公海和深海进行海水养殖,减少了对近海的环境压力。积极开展产业融合和商业模式创新,既保证了运营效率,又在更大范围内推广了生态化转型的理念。E 企业致力于技术研发,先进的设备和数字化水平支撑了其更高质量的发展目标
		I13. 增殖放流	
	I2. 生态化生产	I21. 优化养殖模式	
		I22. 绿色设计	
		I23. 工艺创新	
		I25. 废弃物安全处置	
	I4. 生态化运营	I41. 产业融合	
		I43. 商业模式创新	
		I42. 产业链延伸	
	I3. 科技创新	I31. 设备研发	
		I33. 数字化系统建设	
		I34. 科研合作	
		I32. 优质种苗研发	

（1）生境修复（I1）

所有案例企业都把生境修复作为履行生态化转型承诺的一个非常重要的举措。一般来说,海洋牧场的栖息地恢复包括栖息地建设和增殖放流。根据海域的实际情况,分别或结合实施人工鱼礁建设、海藻场建设和海草床建设三个项目,以达到最佳的恢复效果。增殖放流有利于恢复或增加生物种群数量,改善和优化海区的群落结构。因此,生境修复可以有效地解决海区生物量减少和生物多样性下降的问题,有利于维持生态系统的平衡和稳定,从而为可持续生产提供支持。

（2）生态化生产（I2）

生态化生产是所有案例企业在生态化转型实践中实施的主要举措。海洋牧场的主要生产环节是海水养殖,因此,优化海水养殖模式,节约能源,实现资源循环利用,减少废弃物产生,是环境优化工作的重中之重。此外,作为整个生产过程的开始,遵循生态理念的绿色设计可以减少其生命周期后半段的资源消耗和环境污染。生产工艺的创新有利于提高资源利用效率,减少副产品产量。资源回收利用能够将废料变成可利用的原料,既减轻了对区域资源和环境的压力,又节约了企业的成本。生物安全处置是一种典型的末端处理方式,可以保证将生产中的必要排放物对环境的破坏降到最低。

(3)科技创新(I3)

科技创新是海洋牧场提高生产过程控制能力的重要途径。所有案例企业都认识到,科技创新在生态化建设中不可或缺。一是数字化系统的建设使企业能够对海域环境进行可视化、测量和控制,提高了海洋牧场的精细化、智能化管理水平。二是优质种苗的研发,有效减少了海水养殖中的疾病和水生动物死亡带来的水体污染。三是设备的研发为海水养殖提供了环境友好型设备,使企业在规模化生产中履行生态化转型的承诺成为可能。四是科研合作提高了企业的整体创新能力,特别是解决关键技术问题的能力。

(4)生态化运营(I4)

虽然不是主要举措,但对于大多数案例企业(B、C、D、E)来说,生态化运营是履行生态化转型承诺的必要举措。海域在租给海洋牧场之前是对渔民开放的。当渔民失去生产资料后,海洋牧场的海域则会经常发生盗捕和破坏行为。因此,如何处理好与渔民的关系是海洋牧场运营中的一个大问题。海洋牧场通过提供就业岗位、建立合作社、搭建产业平台等方式创新经营模式,争取社区对其生态建设的理解和支持。此外,产业融合和产业链延伸有效促进了资源的转移和再利用,使海洋牧场向循环经济迈出了重要一步。

(5)生态化管理(I5)

生态化管理是指在企业的日常管理和长期规划中考虑到环境保护和资源节约,这被三个案例企业(A、B、D)确认为其生态化转型的重要举措。生态化战略规划指导了海洋牧场的长期发展方向,使其时刻坚持环境保护的原则。环境监测使企业能够及时应对海区的环境变化,阻止环境恶化。绿色采购和清洁能源开发提高了企业在原材料和能源使用方面的绿色程度。最后,员工培训保障了生态化理念和技术模式的实际应用。

三、海洋牧场生态化转型的绩效影响

所有参与本研究的海洋牧场都表示,生态化转型不仅给企业带来了经济效益,而且还产生了生态效益和社会效益。表4-6中总结了各种效益的主要来源。

表 4-6 先行者生态化转型实践的绩效影响的跨案例分析

绩效案例		A	B	C	D	E
经济绩效	F1. 长期收入预期增加	H	L	L	M	L
	F2. 产品价值提升	M	H	M	L	L
	F3. 品牌价值提升	M	L	L	L	M
	F4. 企业生存条件改善	L	M	M	H	M
	F5. 生产规模扩大	L	H	H	M	H
环境绩效	E1. 生物量增加	H	H	H	H	H
	E2. 生物多样性改善	M	M	M	M	L
	E3. 减氮固碳	M	M	M	M	N
	E4. 水质改善	L	L	L	L	M
社会绩效	S1. 渔民再就业和收入增加	H	H	H	M	M
	S2. 区域可持续发展能力提升	M	L	L	H	M
	S3. 引导产业结构升级	M	M	H	M	H
	S4. 提高食品安全水平	L	N	N	N	N
	S5. 科普教育	L	L	L	L	L
	S6. 社区生活条件改善	N	M	M	N	N

注:H,高;M,中;L,低;N,不存在。

(1)经济绩效

通过访谈,总结出海洋牧场在履行生态化转型承诺方面的五大经济绩效影响,即长期收入预期增加、产品价值提升、品牌价值提升、企业生存条件改善、生产规模扩大。然而,对不同企业来说,经济绩效的影响并不是完全一致。生态化方面的努力不仅提高了企业 A 的产品质量,而且还保持了生产所依赖的生态系统的稳定性。因此,对于企业 A 来说,长期收入预期的增加是最重要的经济绩效。不同的是,E 企业的生态化实践提高了其开展环境友好型大规模生产的能力,这使得生产规模的增加成为其最显著的经济绩效。B 企业和 C 企业的生态化努力不仅使大规模生产成为可能,而且生产环境的改善带来了产品价值的提高。D 企业的目标是成为一个百年企业,生存条件的改善和长期收入预期的增加是其生态化努力的最佳经济绩效回报。

（2）环境绩效

本研究涉及的所有案例企业的生态化努力都增加了生物量，改善了生物多样性和水质，这是他们致力于生态化转型的直接结果。E 企业是所有案例企业中唯一没有获得固碳和减氮的生态绩效回报的企业。海藻和贝类养殖是固碳和减氮的主要来源，而 E 企业的海水养殖主要在公海和深海，所以碳汇方面的生态绩效并不明显。此外，D 企业取得了改善沉积物质量的生态绩效，这主要归功于生境修复所建立的良性区域生态系统，有效缓解了残余饲料、粪便、死藻等沉积物的沉降和恶化。

（3）社会绩效

海洋牧场企业和社区之间存在着密切的关系。因此，我们在访谈中惊喜地发现，所有先行者的生态化建设工作都取得了显著的社会绩效。渔民再就业和增收、引领产业结构升级、区域可持续发展能力提升、科普教育等都是所有案例企业通过生态化转型实践带来的社会绩效。海洋牧场的生态化转型实践不仅提供了就业岗位，还带动了上下游企业淘汰落后产能，实现产业升级。同时，技术的升级和资源环境系统状况的改善，提升了区域可持续发展能力，为其他企业甚至行业的发展提供了重要参考。此外，B 企业和 C 企业通过环境保护和配套设施建设改善了社区的生活条件。A 企业通过生态产品的生产和产品质量追溯体系的建设，改善了食品安全状况。

四、海洋牧场的生态化转型模型

根据跨案例分析结果，图 4-1 总结了本研究中的先行者海洋牧场生态化转型实践的机理路线。该路线图描述了构成海洋牧场生态发展实践的三个主要项目：驱动力、创新性举措和绩效影响。首先，案例企业践行生态化转型的驱动力可分为两部分：外部驱动力和内部驱动力。在不同的情境下，外部驱动力可能直接推动企业的生态化转型实践，也可能先作用于内部驱动力，然后形成合力作用于企业。其次，生境修复使海域的生态系统向良性循环的方向发展，是海洋牧场践行生态化转型的基础性工作；生态化转型不仅要求改善环境，而且需要减少企业活动对环境的再破坏，因此生态化生产和运营对海洋牧场来说是必要的，它们的实施效果又在一定程度上取决于生态化管理的实施水平；科技创新为所有举措的实施提供了支持，强化了创新性举措的有效性。

最后,海洋牧场的生态化转型实践可以产生协同效益,包括经济、环境和社会效益。

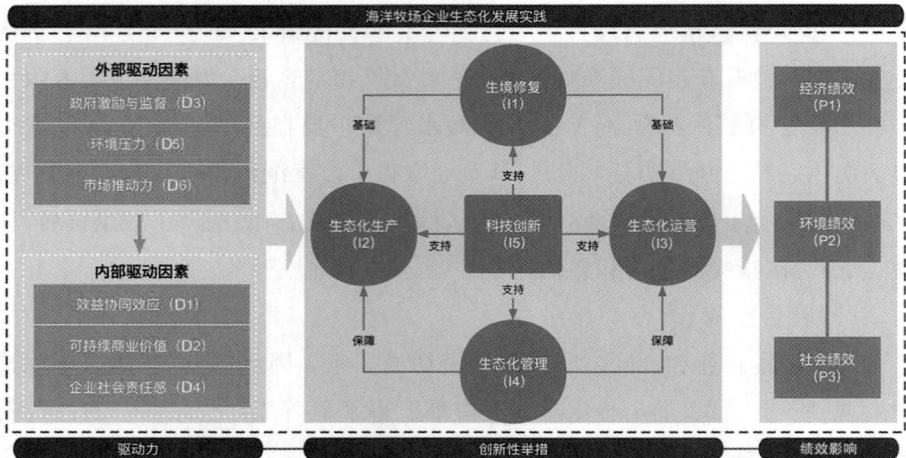

图 4-1 案例企业生态化转型实践的机理路线

海洋牧场生态化转型模式是指企业在生态化转型实践中的经营战略和实践方法,它强调在经济、社会和环境三个方面之间建立协调、可持续的关系,以实现人类与自然的和谐共生和共同发展。一方面,从供给的角度出发,有限的资源环境条件是海洋牧场生存和发展的生态约束,超承载力负荷的发展模式注定是不可持续的,这就要求企业必须在聚焦生态环境关切的基础上开展生产经营活动。另一方面,根据现代经济学理论,企业本质上是一种资源配置的机制,其作用在于实现整个社会经济资源的优化配置,降低整个社会的交易成本,实现投资人、客户、员工、社会大众的利益最大化,因此企业的发展模式既要满足自身的价值追求,也要考虑政府、市场和生态环境的关切。根据海洋牧场生态化转型模式的概念与内涵,结合我国先行者海洋牧场成功的生态化转型经验,图 4-2 总结了海洋牧场五种主要的生态化转型模式。

基于我国先行者海洋牧场在成功的生态化转型实践中所采取的主要创新性举措,通过概念延伸得到了生境修复模式、生态化生产模式、生态化运营模式、生态化管理模式和科技创新模式五种主要的海洋牧场生态化转型模式。每种模式都是以一项关键的创新性举措为核心元素,围绕该元素所形成的生

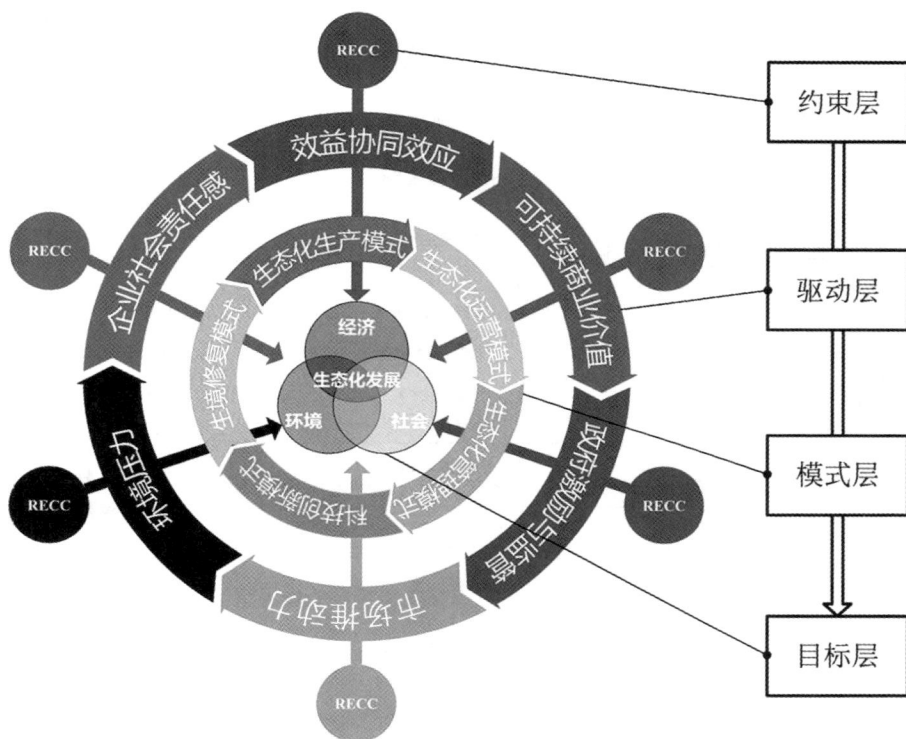

图 4-2　海洋牧场生态化转型模式的归纳路径

态化转型模式是以相应创新性举措为基础的综合性战略框架,它能够为企业践行生态化转型提供科学性、系统性的方向与方法指导。图 4-3 描述了各模式的覆盖范围及它们之间的作用边界。

(1)生境修复模式。生境修复是指海洋牧场根据海域本底调查结果,通过人工鱼礁、海草床、海藻场、牡蛎礁和珊瑚礁建设与增殖放流,采用自然恢复和人工建设相结合的方式,对受损的生境进行恢复与重建,使海域恶化状态得到改善的措施。海洋牧场实施生境修复模式需要遵循修复目标合理和尊重自然规律的原则,围绕生态系统分析、修复技术选择、修复过程控制和后期监测评估四部分内容展开,重点把握生态技术推广、保护原有生态、引导多方参与、加强科学管理四个关键环节。生境修复是改善区域生态环境的最直接和最有效的方式,因此,该模式尤其适用于资源供需失衡、环境影响严重、生态持续恶化的海洋牧场。

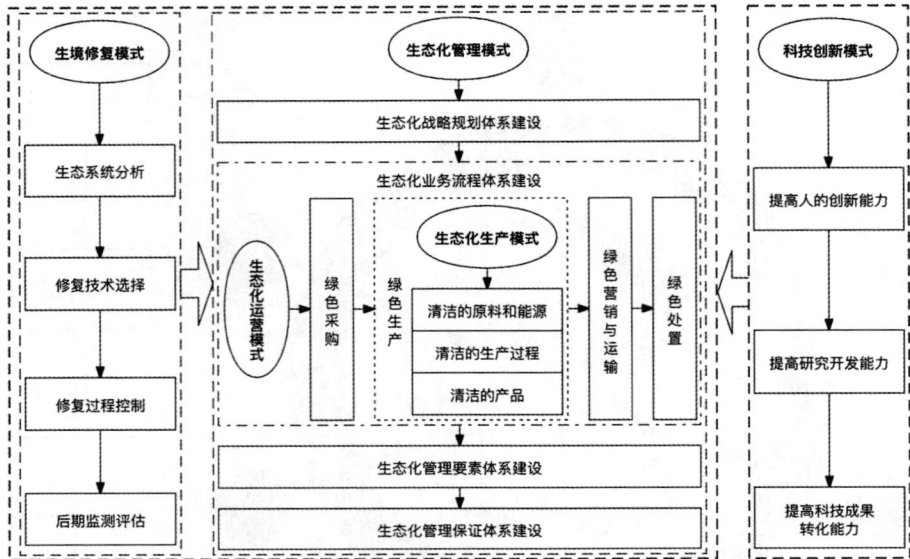

图 4-3 海洋牧场各生态化转型模式的作用范围

（2）生态化生产模式。生态化生产是指海洋牧场为实现自然资源与能源的合理化使用、经济效益最大化及环境危害最小化等目的,通过产品全生命周期设计、生产管理水平提升、先进技术设备研发应用、废弃物再利用和再循环安排等手段,实行源头污染削减、生产全过程控制和末端无害化处理的一种创造性理念和变革性实践。海洋牧场实施生态化生产模式应遵循减量化、资源化、再利用和无害化原则,围绕清洁的原料和能源、清洁的生产过程和清洁的产品三部分内容展开,重点把握生态化生产审核、生态化生产方案确定与实施、持续生态化生产三个关键环节。海洋牧场的生产活动对于自然资源环境的无节制索取会导致自然资本存量不足和质量下降,进而削弱其提供自然产品和服务的功能与能力,最终会影响和威胁以自然资源环境为依赖的海洋牧场生产活动。因此,生态化生产模式首先尤其适用于环境影响严重和资源利用不合理的企业。此外,该模式的实施还要求海洋牧场具备良好的经济效率或充足的外部资金支持,能够负担得起的生态化生产改造的长期成本投入,确保生态化生产改造的全面性和彻底性。

（3）生态化运营模式。生态化运营是指海洋牧场通过对供应商、制造商、销售商、消费者、回收商等全链条的绿色管理,控制产品的物料获取、加工、包装、存储、运输、销售、使用、回收及最终处置的全生命周期过程,并最终实现资源利用高效化、环境影响最小化、链上企业绿色化目标的一种企业运营模式。海洋牧场实施生态化运营模式应遵循环保优先、协同创新、循序渐进原则,围绕绿色采购、绿色生产、绿色营销与运输、绿色处置四部分内容展开,重点做好企业内部管理、供应商环境管理、顾客环境消费意识管理和生态化运营绩效评估。生态化运营的目标之一是推动上下游企业能源资源消耗和污染物排放量持续降低,再制造或者再循环利用率持续提高,这就要求发挥核心带动作用的海洋牧场的资源环境表现应率先达到合格甚至优秀水平。此外,生态化运营模式的开展有赖于核心企业在产业链内的带动与协调能力,它对核心企业的管理体系、组织结构、制度规范、信息平台建设等管理能力具有一定要求。因此,该模式的实施要求海洋牧场处于成长期以上发展阶段,且具备成熟的供应链管理水平。

(4)生态化管理模式。生态化管理是指海洋牧场为了保障经济效益与生态效益的协调发展,通过在生态化转型思想指导下对企业的相关人员、部门、活动和过程提出系统性和普适性的通用管理要求,而建立的一系列相辅相成的企业组织制度和企业管理制度。海洋牧场实施生态化管理模式应遵循系统、平衡和权变原则,围绕生态化战略规划体系建设、生态化业务流程体系建设、生态化管理要素体系建设和生态化管理保证体系建设四部分内容展开,重点把握形成生态化管理目标体系、生态化管理制度体系、生态化管理组织体系和生态化管理标准体系四个关键环节。企业管理活动贯穿于企业发展的各方面和全阶段,因此生态化管理模式适用于所有情境下的海洋牧场的生态化转型实践。然而,考虑到企业管理系统的职能是为企业生产和运营服务,不同条件下该模式的角色作用是不同的。对于资源利用和环境影响条件较差的企业而言,改善生产和经营条件是解决问题的根本,此时实施生态化管理只能发挥有限的辅助作用;而对于资源利用和环境影响条件较好的企业而言,维持优秀的生产和运营表现是主要任务,此时实施生态化管理则会发挥关键作用。因此,生态化管理模式最适用于资源利用合理和环境影响合规的追求可持续发展的海洋牧场。

(5)科技创新模式。科技创新是指海洋牧场围绕生态化转型需求,以提高生态效率、推动产业升级、增强发展活力和市场竞争力为目标,而开展的新知识、新技术、新工艺的创造和应用。海洋牧场实施科技创新需要遵循创新性原则、可行性原则和适应性原则,围绕提高人的创新能力、提高研究开发能力、提高科技成果转化能力三个主要内容,开展多方面的技术创新、组织创新和市场创新来为企业的生态化转型实践提供支持。此外,加强人才培养、开展技术交流、建立创新文化、推动产学研结合、强化知识产权保护是海洋牧场实施科技创新需要关注的五个重点环节。需要注意的是,企业实施科技创新需要具备一定的实力和资源投入,因此该模式最适用于生产经营规模成熟、生态系统质量有待提升的海洋牧场。

　　需要注意的是,海洋牧场的生态化转型并不是简单地套用某种模式,而是需要根据企业实际情况选择最合适的切入点,并在生态化转型实践中动态调整和优化应用的模式。因此,为了增强海洋牧场对各种生态化转型模式的理解,从而顺利启动或深化其生态化转型实践,表4-7概括了以上五种主要生态化转型模式的特征内涵、关键作用与适用情境。

表4-7　五种主要生态化转型模式的简介

序号	模式	特征内涵	关键作用	适用情境
1	生境修复模式	采用自然恢复和人工建设相结合的方式,对受损生境进行恢复与重建	改善区域生态系统,强化资源环境基础	企业资源供需失衡,环境影响严重,生态持续恶化
2	生态化生产模式	在企业内部实行源头污染削减、生产全过程控制和末端无害化处理	生产过程经济效益最大化、环境危害最小化	企业资源利用不合理,环境影响严重
3	生态化运营模式	在企业外部实施全链条绿色管理,控制产品的全生命周期过程	降本增效,减少环境风险,提高企业形象和品牌价值	企业资源环境表现合格,供应链管理能力成熟
4	生态化管理模式	在生态化转型思想指导下对企业的人、财、物、产品贯彻系统性绿色管理	提高企业效益,促进经济发展与环境保护相协调	企业资源环境表现良好,社会经济活动活跃
5	科技创新模式	围绕企业生态化转型需求开展新知识、新技术、新工艺的创造和应用	提高生态效率,推动产业升级,增强发展活力和市场竞争力	企业生产经营规模成熟,生态系统质量有待提升

第四节　绩效影响与管理启示

一、驱动力、创新性举措与绩效影响

我们确定了海洋牧场生态化转型实践的六个关键驱动力,包括三个内部驱动力和三个外部驱动力。与 Zhang 等(2022b)和 Martinez(2019)的观点一致,可持续的商业价值和社会责任感引导了企业的环境友好行为。我们的研究结果也支持 Li 等人(2020)关于来自政府的强制压力和来自市场的规范压力。然而,与 Xing 和 Xin(2022)的观点相反,参与本研究的先行者一致认为,环境压力对海洋牧场的生态化转型实践具有明显的积极推动作用。造成这种研究结果差异的一个重要原因是,参与本研究的先行者意识到他们的生存高度依赖于高质量的环境,为了商业竞争而减少对环境的关注并不划算。此外,我们的研究结果超越了现有的文献,揭示了利益的协同效应在推动企业的生态化转型实践中发挥的重要作用。事实证明,经济效益和环境效益在商业活动中并非完全对立。因此,构建一个能够产生协同效益的商业模式,对于企业履行生态化转型承诺至关重要。

在先行者的生态化转型实践中发现了五个主要创新性举措。我们的结果印证了 Centobelli 等人(2020)关于生态商业模式设计有助于减少自然资源的消耗、促进环境保护的观点。生产和运营是海洋牧场的盈利能力所依赖的两个主要部分,也是最容易造成环境破坏的两个部分。因此,从消费者的角度来看,生态化生产和生态化运营是海洋牧场履行生态化转型承诺的主要内容。生境修复是所有案例企业的重要举措,因为它不仅为生态化生产和经营奠定了基础,也为企业的长期可持续发展带来了希望(Wang 等,2020;Chen 等,2021a)。生态化管理将生态理念融入企业管理的全过程,又能保证生态化生产和运营的实施(Govindan 等,2016;Yasin 等,2022)。最后,科技创新可以支持海洋牧场的各项生态化转型举措,帮助企业降低成本,提高实践效果(Chege 和 Wang,2020;Li 等,2021)。

在海洋牧场的生态化转型实践中,我们发现效益的协同效应是可以实现的。毫无疑问,海洋牧场的生态化建设工作可以产生显著的积极生态绩效(Zhou 等,2019)。同时,与 Rajesh 和 Rajendran(2020)、Li 等人(2021)的观点

一致,积极的经济和社会绩效在先行者的生态化转型实践成果中尤为引人关注。总而言之,我们的研究发现,企业有可能通过生态化转型实践在经济、社会和生态目标之间产生适当的平衡,从而带来卓越的企业财务绩效和可持续性(Suriankietkaew 和 Avery,2016)。然而,我们的研究并不完全支持Amankwah-Amoah 和 Syllias(2020)关于在中小型企业的资源限制和脆弱性下追求积极的绿色举措可能会使企业的生存机会降到最低的观点。当企业将生态化转型视为来自外部的额外压力或作为其追求竞争优势的额外手段时,也许投身于环境改善将导致其崩溃。然而,对于那些高度依赖自然资源的企业来说,生态化建设的努力本就应是企业发展的一部分。本研究中的先行者的证据证明,对于资源受限、处于发展初期的企业来说,坚持生态化转型战略不仅可以满足当前企业生存的需要,还可以提供积极的长期发展前景。

二、管理启示

海洋牧场需要向市场介绍他们在生态化转型方面的努力和经验。无论在实施生态化转型还是其他方面,经济效益都是企业行为的重要驱动力之一(Du 等,2022b)。企业的生态化转型实践往往意味着更高的投入成本,特别是在早期阶段,这需要企业的盈利能力来支持(Amankwah Amoah 和 Syllias,2020)。因此,海洋牧场必须向市场展示其在生态化转型方面的努力,以提升企业形象和品牌价值。对于那些不容易从外观上判断其属性的海洋产品,企业更应该向市场详细描述其绿色程度,从而将产品的生态价值转化为市场价值,促进企业的可持续生态化实践。此外,考虑到"劣币驱逐良币"现象的存在,仅靠少数企业的参与,很难持续推动生态化转型实践(Xing 和 Xin,2022)。生态化转型实践应从企业开始,但绝对不限于企业。海洋牧场需要在行业内分享自己的成功经验,带动更多的生态化参与,这有助于避免恶性竞争带来的环境压力。

食物系统企业的高层管理人员应将坚持生态化转型纳入企业的长期战略规划。众所周知,食物企业的经营高度依赖自然资源和环境(Du 和 Wang,2021)。从资源供给的角度看,有限性要求企业节约现有资源和寻找替代资源;从资源消耗的角度看,有价性要求企业以完善的管理制度保证资源的高效利用。此外,随着我们进入到 2030 年实现可持续发展目标的行动十年,企业以环境友好的方式发展已经成为各国政府战略设计中不可变更的内容(Pizzi

等,2021)。因此,根据生态化转型的内涵,食物系统的企业一方面要坚持修复已经破坏的环境,另一方面要探索开发新的可利用资源,建立合理的管理机制(Milburn,2012)。

　　商业模式创新应该被视为所有企业在生态化转型实践中的一个重要部分。企业赚取利润的需求应该被认可,但这绝不应该成为他们忽视环境问题的借口。事实上,参与这项研究的先行者已经证实了商业活动中存在着利益的协同效应,包括经济、环境甚至社会效益。这种情况的秘诀之一是商业模式的创新。在企业内部,管理者需要在企业生存和环境保护之间找到一个平衡点。企业可以从实施清洁生产改造入手,根据清洁原料和能源、清洁生产工艺和清洁产品等模块进行改造设计,从源头上削减生产系统的污染排放(Wang和Du,2023)。此外,实施循环经济还有助于提高资源利用效率,减少或避免生产、服务和产品使用过程中污染物的产生(Centobelli等,2020)。在企业外部,生态化转型战略下与利益相关者的关系也是值得思考的问题。无论是合作伙伴还是竞争对手,与他们分享生态化转型实践带来的长期商业价值,对企业的战略推进将有很大帮助(Govindan等,2016;Ngai等,2018)。

第五节　本章小结

　　当我们进入到2030年实现可持续发展目标的行动十年时,世界上许多食物系统仍然处于为人类提供更多粮食和面临资源环境制约以及气候变化的两难境地。可持续发展目标所要求的食物系统向可持续生产和消费模式的转变是紧迫的。考虑到私营部门在全球经济中的核心作用,这项开创性的研究系统地探索了中国海洋牧场的生态化转型实践的驱动力、创新性举措和绩效影响。在对多个案例的生态化转型实践进行关键路径分析的基础上,进一步建立了一个生态化转型模型,以说明参与本研究的先行者的成功经验,这对其他企业履行生态化转型承诺是一种启发。

　　本篇有几个原创性的贡献。首先,这项开创性的工作从生态化转型的角度研究了企业如何应对资源和环境约束以及气候变化问题。考虑到日常经营活动与自然资源和环境之间的紧密联系,我们选择了中国五家生态化转型成果显著的海洋牧场开展本研究。其次,我们利用多案例研究方法,系统地考察了海洋牧场生态化转型实践的驱动力、创新性举措和绩效影响。从几十个具体因素中总结出六大驱动力、五大创新性举措和三类绩效影响，系统地介绍了先行者的生态化转型实践。再次，我们发现，企业的生态化转型实践可以产生协同效益，包括经济效益、环境效益，甚至社会效益。这不仅验证了先行者的生态化转型战略的有效性，同时也激发了其他企业参与生态化转型实践的热情。最后，在对五个先行者的生态化转型实践进行关键路径分析的基础上，我们建立了一个生态化转型模型，描述了三个主要项目以及每个项目的内部因素之间的关系，这有助于指导企业启动和深化他们的生态化转型实践。

这项研究有其局限性。我们的样本量相对较小，只有来自中国五个海洋牧场的9名参与者，他们在企业生态化转型方面具有丰富的行业实践经验。未来的研究可能会从更广泛的行业甚至国家招募更多的参与者。此外，本研究的受访者仅限于企业的管理者，在我们未来的研究中，将考虑更多的利益相关者，如政府和上下游企业。此外，本篇只描述了企业生态化转型实践的驱动力、创新性举措和绩效影响之间的一些关键因果关系，而企业的差异在此描述中并未详细分析。探讨不同情境背景下企业生态化转型实践的异同，提出更具普适性的生态化转型模式，将是我们今后的努力方向。

第五章　海洋牧场内部生态化转型的机制与路径

在第四章识别了海洋牧场的生态化转型模式之后,如何为各企业匹配最合适的模式是本章将要研究的关键问题。在解决这一关键问题之前,必须先明确海洋牧场的各类生态化转型状态的特征及判断方法,所以遵循"先内后外"的原则,本章将首先开展基于资源环境承载力容量的企业内部生态化转型路径与机制研究。

第一节　问题提出

海洋牧场的内部生态化转型状态是指企业在自身内部环境中通过运营和管理达到的生态化转型深度,它可以被理解为海洋牧场内部各要素之间的协调与整合关系,反映了企业在经营活动中通过平衡经济效益、生态环境和社会责任,以实现企业的可持续发展和整体生态平衡的能力。根据定义,相较于外部生态化转型状态对企业社会经济表现的侧重,海洋牧场内部生态化转型状态的内涵更强调资源利用和管理、生产过程和技术、环境保护和治理、员工和社会责任等生态方面的考虑(李欣宇等,2023;薛藤等,2022)。无独有偶,容量视角下的资源环境承载力从内生条件角度描述了海洋牧场系统实现健康成长、永续经营和可持续发展的能力,强调通过内部资源利用、生产方式调整、管理策略优化等来实现海洋牧场的生产经营与生态环境的良性互动,这与海洋牧场内部生态化转型状态的内涵不谋而合(Wang 和 Du,2023)。因此,基于资源环境承载力容量的评价结果来判断和分析海洋牧场的内部生态化转型状态是合理且有必要的。

随着区域资源环境承载力评价研究的深入,单要素和多要素模式在系统性方面的缺陷使得它们在承载力容量评价方面的表现不能尽如人意,因此动态整合模式逐渐成为区域资源环境承载力容量评价的主流。该模式的动态性反映在由静态评估向基于物质流分析和能值理论的动态评估的转变(Qin 等,

2022);整合性主要体现在机制分析过程中,即系统地考虑资源环境承载力与经济系统、社会系统和文化系统等多系统之间的耦合机理(Li 等,2022)。考虑到动态性和整合性的优势,将能值分析与生命周期评价进行集成,不失为在动态整合模式下评估区域资源环境承载力容量的一种有效方法。与基于供给者视角的能值分析不同,生命周期评价是一种基于消费者视角的方法,它考虑了系统本地状态以及前期和后期的自然资源消耗和污染物排放(Chen 等,2021),但通常将生态系统提供的免费服务和产品排除在外,而能值分析则恰好认为这一点很重要(Reza 等,2014)。其次,生命周期评价的边界是围绕人类主导的过程和系统划定的,这可以扩大能值分析的边界,以兼顾外购产品的生产影响(Raugei 等,2014);反之,能值分析也可以扩大生命周期评价的边界(Zadgaonkar 等,2020)。最后,生命周期评价是一种从摇篮到坟墓或从摇篮到门的方法,它考虑了产品的所有必要生命状态(Liu 等,2017)。对每个状态进行单独评估有助于划分资源和环境的消耗阶段,判断不同阶段的承载力盈余,从而实现评估结果向强可持续性理念的过渡(Alizadeh 等,2021)。总之,生命周期评价可以详细阐释人类活动的生态负荷,能值分析能够精确表达复杂系统的环境支持,这两种方法对彼此而言都是有价值的补充工具(Selicati 等,2021)。

综上,基于对已有研究成果的描述与分析,本章凝练出以下两个研究问题:第一,如何科学、全面地评价海洋牧场区域资源环境承载力的容量?第二,如何根据资源环境承载力容量评价结果判断和分析海洋牧场的内部生态化转型状态?为回答以上研究问题,本章将首先构建海洋牧场区域资源环境承载力的容量评价模型,然后基于承载力容量评价结果划分和分析海洋牧场的内部生态化转型状态,并最后以某国家级海洋牧场为例开展应用研究,以验证所提出的模型与方法的科学性与可行性,从而为后文的海洋牧场生态化转型模式匹配研究奠定基础,为海洋牧场实现永续经营和可持续发展目标提供方法支持和理论指导。

第二节　资源环境承载力容量评价

一、海洋牧场系统描述

本章所采用的调研对象位于山东省莱州湾东部(120°02′E,37°43′N)。海域面积 133.33 平方千米,陆地面积 0.2 平方千米,2016 年被批准为国家级海洋牧场示范区。该海洋牧场形成了包括育苗、养殖、加工、销售和技术服务在内的完整产业链。这是一个增殖型海洋牧场系统,年产半滑舌鳎、斑石鲷、云龙石斑鱼等鱼类苗种 2000 万尾,商品鱼 1000 吨。生态围栏的建设和其他配套设备的应用,使该海洋牧场系统实现了生态养鱼和休闲渔业的一体化发展。在本研究中,海洋牧场系统分为三个阶段,所有数据的单位为设计寿命(30年)内的 1 年。所有原始数据都是通过对海洋牧场系统管理人员和工作人员的正式调研获得。

二、生命周期评价

为了评估海洋牧场系统整个生命周期内的潜在环境影响和资源利用结构,我们将本研究中生命周期评价的范围规定为从摇篮到大门,即从所有资源材料的获取到海洋牧场产品的产出。在这种情况下,海洋牧场建设、运营和维护的生命周期评价边界和能值系统边界如图 5-1 所示。首先,海洋牧场的建设阶段是指为满足生产活动而进行的生境建设,包括建造人工鱼礁、海草床、海藻场、基础设施(State Administration for Market Regulation,2021)。其次,海洋牧场的运营阶段包括通过增殖放流和使用配套设施与装备开展的各种水产养殖活动(Zhou 等,2019)。最后,海洋牧场的维护阶段是指为确保运营的顺利进行而由专业技术人员利用配套设施与装备以及管理平台提供的管理服务(Du 和 Gao,2020)。

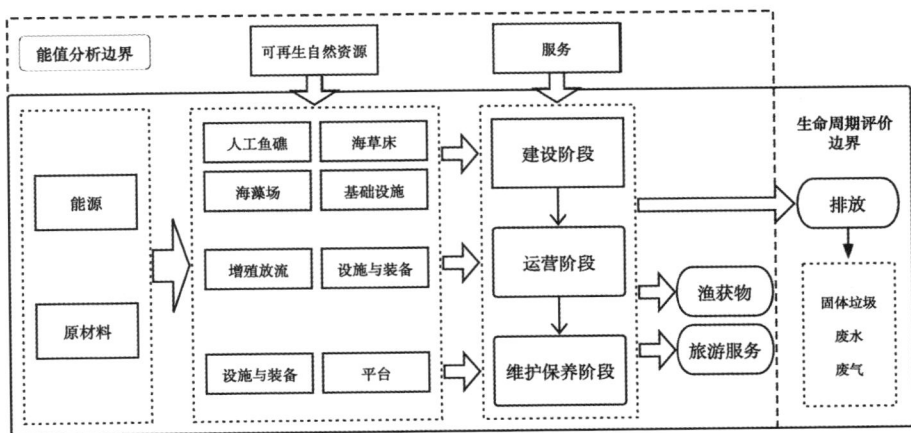

图 5-1　海洋牧场系统的生命周期评价及能值分析的边界

　　所有类型的能源和资源消耗都是从海洋牧场调查数据中获得的,环境排放量是从 Ecoinvent 数据库 3.5 版的背景数据中得到的。本研究使用 SimaPro 软件 9.0.0.48 版和 ReCiPe 2016 Midpoint(H)1.03 版方法进行环境影响评估。由于 ReCiPe 方法侧重于评估污染物排放和资源消耗对人类健康、生态破坏和资源枯竭造成的损害,因此非常适用于海洋牧场生态经济系统的资源环境承载力评估(Wang 等,2022)。该方法提供了表征因子,以量化整个过程对每个影响类别的贡献,并提供了归一化因子,以便进行类别间的比较(Santagata 等,2020)。表 5-1 列出了本研究中研究的生命周期评价影响类别。

表 5-1　基于 ReCiPe 2016 Midpoint(H)方法的影响类别

No.	影响类别	Label	Unit
1	细颗粒物形成潜势	PMFP	kg PM2.5 eq
2	化石资源枯竭潜势	FSP	kg oil eq
3	淡水生态毒性潜势	FETP	kg 1,4-DCB
4	淡水富营养化潜势	FEP	kg P eq
5	全球变暖潜势	GWP	kg CO_2 eq
6	人类致癌毒性潜势	HCTP	kg 1,4-DCB
7	人类非致癌毒性潜势	HNTP	kg 1,4-DCB
8	电离辐射潜势	IRP	kBq Co-60 eq
9	土地利用潜势	LUP	m2a crop eq
10	海洋生态毒性潜势	METP	kg 1,4-DCB
11	海洋富营养化潜势	MEP	kg N eq
12	海洋资源枯竭潜势	MSP	kg Cu eq
13	臭氧形成,人类健康潜势	OFHP	kg NOx eq
14	臭氧形成,陆地生态系统潜势	OFTP	kg NOx eq
15	臭氧损耗潜势	ODP	kg CFC11 eq
16	陆地酸化潜势	TAP	kg SO_2 eq
17	陆地生态毒性潜势	TETP	kg 1,4-DCB
18	水消耗潜势	WCP	m3

三、能值分析

（1）能值流图

海洋牧场是人类为了满足其经济和社会发展需要而在特定海域改造形成

的一个封闭的人工系统(Du 和 Wang,2021)。海洋牧场利用该地区的自然资源和输入的社会经济资源,可以通过建设、运营和维护等生产过程实现渔业产出的功能。然而,由人类主导的生产过程也是对当地资源和环境施加压力的过程。海洋牧场的产出是建立在对该地区资源和环境的持续消耗基础之上的(Qin 和 Sun,2021)。考虑到该地区的资源并非取之不尽,这种持续性的消耗终将破坏系统的平衡性与稳定性。此外,生产过程中会产生许多副产品(Du 等,2021),由于它们不能被小型系统完全消化,日积月累便成为威胁系统健康的废物。根据系统功能差异,海洋牧场能值系统可分为支持力子系统和压力子系统(如图 5-2 所示)。

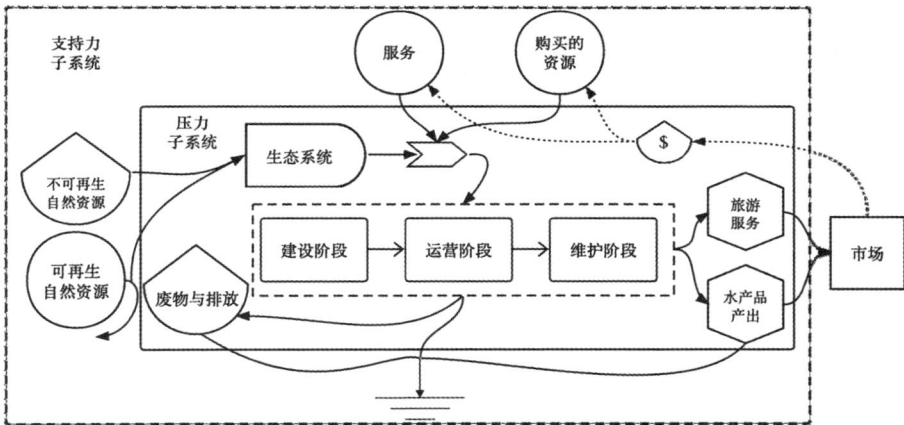

图 5-2　海洋牧场系统能值流图

自然资源、购买的资源和服务是满足海洋牧场生产活动消费需求的主要输入能量(Wan 等,2021)。海洋牧场能值系统的输出能量有两种:一种是旅游服务和水产品产出,另一种是废物和排放(Du 和 Sun,2020)。前者出售给市场,用于获取资金购买资源,以支持海洋牧场的持续生产活动,而后者被海洋牧场能值系统吸收和消化。显然,海洋牧场能值系统健康稳定的前提是压力子系统和支持力子系统之间的平衡,这也是海洋牧场资源环境承载力最理想的状态(Du 和 Wang,2021)。然而,在复杂的能值系统中实现并长期保持这种平衡并不容易(Lee 和 Zhang,2018;Seung 和 Kim,2018)。当过分追求经济产出,忽视资源和环境保护时,压力的作用超过了支持力就会使系统失衡;相反,过度控制生产规模以减少压力的影响则无法实现最大经济产出,造成资源浪费（Du 和 Cao，2022）。因此，跟踪海洋牧场能值系统中的能量流，有助于准确、全面地判断海洋牧场资源环境承载力的状态，引导其可持续发展。

（2）能值账户

能值理论以地球生物圈的能量运动为出发点，利用太阳能值来表示某种资源或产品在形成或生产过程中所消耗的能量（Campbell，2016）。支持海洋牧场系统所需的所有能量和物质流都根据单位能值转换率（UEV）转换为能值，该值是根据全球基线确定的，本研究中采用的全球能值基线为 1.20E+25 sej/yr（Campbell，2016）。根据海洋牧场系统的能值流图，构建能值账户（见表 5-2）。

表 5-2　海洋牧场系统能值账户指标

项目	指标	单位	UEV	参考文献	RNF	参考文献
支持力子系统（S）						
可再生自然资源（R）						
R1	太阳光	J	1.00E+00	Brown 和 Ulgiati（2016）	1.00	Brown 和 Ulgiati（2016）
R2	地球自转热能	J	4.90E+03	Brown 和 Ulgiati（2016）	1.00	Brown 和 Ulgiati（2016）
R3	潮汐动能	J	3.09E+04	Brown 和 Ulgiati（2016）	1.00	Brown 和 Ulgiati（2016）
R4	风动能	J	8.00E+02	Brown 和 Ulgiati（2016）	1.00	Brown 和 Ulgiati（2016）
R5	海浪动能	J	4.20E+03	Brown 和 Ulgiati（2016）	1.00	Brown 和 Ulgiati（2016）
R6	雨水化学势	J	7.00E+03	Brown 和 Ulgiati（2016）	1.00	Brown 和 Ulgiati（2016）
R7	径流化学势	J	1.28E+04	Brown 和 Ulgiati（2016）	1.00	Brown 和 Ulgiati（2016）
不可再生自然资源（N）						
N1	地下水	g	1.86E+05	Wang 等（2015）	0.00	Wang 等（2015）
N2	有机土壤流失	J	9.40E+04	Zhan 等（2020）	0.00	Chen 等（2021）
购买的资源（FS）						
FS1	鱼苗	g	1.26E+10	Du 等（2022）	0.20	Chen 等（2021）
FS2	增殖型人工鱼礁	g	7.73E+09	Du 等（2022）	0.00	Du 等（2022）

续表

项目	指标	单位	UEV	参考文献	RNF	参考文献
FS3	海草床	ha	5.47E+15	Buonocore 等（2020）	1.00	Chen 等（2021）
FS4	海藻场	ha	6.58E+11	Jorgensen 等（2004）	1.00	Chen 等（2021）
压力子系统（P）						
购买的资源（FP）						
FP1	养殖型人工鱼礁	g	4.61E+09	Du 等（2022）	0.00	Du 等（2022）
FP2	饲料	g	1.06E+09	Du 等（2022）	0.17	Wang 等（2015）
FP3	杀虫剂	g	1.27E+09	Wang 等（2015）	0.00	Wang（2015）
FP4	柴油	g	3.20E+09	Du 等（2022）	0.00	Chen 等（2021）
FP5	电力	kw·h	2.46E+12	Du 等（2022）	0.09	Chen 等（2021）
FP6	钢铁	g	3.13E+09	Cheng 等（2020）	0.00	Wang 等（2015）
FP7	混凝土	g	4.43E+08	Wang 等（2015）	0.00	Wang 等（2015）
FP8	玻璃	g	2.91E+07	Wang 等（2015）	0.00	Wang 等（2015）
FP9	塑料	g	2.31E+07	Zhang 等（2020）	0.00	Chen 等（2021）
FP10	沥青	g	3.42E+09	Bastianoni 等（2009）	0.00	Chen 等（2021）
FP11	砾石	g	1.86E+09	Zhao 等（2020）	0.00	Wang 等（2015）
FP12	木材	g	5.14E+08	Chen 等（2021）	1.00	Wang 等（2015）
Services（V）						
V1	劳动力	hour	6.51E+12	Du 等（2022）	0.60	Chen 等（2021）
V2	租金	¥	1.53E+12	Chen 等（2021）	0.20	Chen 等（2021）
Outputs（O）						
O1	水产品	¥				
O2	旅游服务	¥				
O3	废物和排放	g				

　　输入和输出是海洋牧场能值系统的两个组成部分，而前者分为支持力子系统和压力子系统（Du 和 Wang，2021）。支持力子系统包括可再生资源（R）、不可再生资源（N），以及为改善海洋牧场资源环境承载力而购买的产品（FS）；压力子系统由满足经济需求的采购产品（FP）和服务（S）组成（Wang

等,2015;Chen 等,2020)。水产品、旅游服务、废物和排放是产出的主要组成部分。来自太阳能、地热和潮汐资源的能量驱动着地球生物圈的生产过程,地球生物圈负责开发将转化为二次火用源的工作潜力,包括风能和雨水的化学势能以及三次资源,包括径流的化学势能和海浪的动能(Brown 和 Ulgiati,2016)。为了避免重复计算,我们将生物圈的太阳能当量流入相加,并再从二次和三次资源中选择最大的一个,海洋牧场系统可再生自然资源的能值输入就是这两个值的总和。此外,地下水和有机土壤流失被视为海洋牧场系统的不可再生自然资源(Cano Londoño 等,2019)。根据可再生系数(RNF),购买的资源和服务可分为可再生部分(FSr、FPr 和 Vr)和不可再生部分(FS、FPn、Vn)(Chen 等,2021a)。特别地,考虑到该地区的电力消耗以火电为主,约占总电力消耗的 90%,因此未进一步细分 FP5 电力的具体类别(National Bureau of Statistics of China,2022)。

四、集成的生命周期评价—能值分析方法

(1)废物与排放的计算

集成的生命周期评价—能值分析不仅可以分析如何最大限度地利用资源,还可以评估和减少有害副产品的影响(Rugani 和 Benetto,2012;Jing 等,2021)。理想情况下,支持力子系统和压力子系统之间的能量流使海洋牧场资源环境承载力处于动态平衡状态,这主要归功于生态系统的自我调节功能(Du 和 Wang,2021)。然而,面对各种废物和排放的持续增加,由于生态系统的容量有限,人工处理已成为另一种重要的辅助手段(Liu 等,2017)。因此,可以从社会经济损失和生态危害两个角度来量化固体废物以及空气污染物和水污染物排放的后果:前者通过为处理废弃物而造成的自然人力资本损失来衡量,后者则通过稀释排放所需的生态服务来计算(Reza 等,2014)。海洋牧场的固体废物由专业机构收集并运出系统进行处理,这主要导致人力资本损失(Chen 等,2021b)。相反,空气污染物和水污染物直接排入系统,并依赖系统的生态服务进行消除(Alizadeh 和 Avami,2021)。因此,我们计算了固体废物处理服务的能值(V3)和空气污染物与水污染物所需要的潜在生态服务(ES),以评估其对海洋牧场系统的影响。

稀释空气污染物和水污染物的生态服务可根据所需的空气或水的质量进行计算(Reza 等,2014;Cano Londoño 等,2019):

$$M = d \times (m/c)，\tag{5-1}$$

式中，M 是污染物稀释所需的空气或水的质量；d 表示空气或水的密度，分别等于 1.23kg/m^3 和 1kg/L；m 是给定排放量；c 是我国法规（GB3095-2012；GB3838-2002）规定的基本污染物项目的可接受或背景浓度（见表5-3）。这意味着如果排放量超过当地环境容量，则需要生态服务；否则，因为这些排放物对环境和人类健康不会造成不利影响，就不需要额外的生态服务。然后，根据能值计算则可确定所需的生态服务（ESair 和 ESwater）。

表 5-3　基本污染物项目的最大浓度

项目	污染物	最大浓度
空气污染物		
ES1	二氧化硫	0.02mg/m3
ES2	二氧化氮	0.04mg/m3
ES3	PM10	0.04mg/m3
ES4	PM2.5	0.0015mg/m3
水污染物		
ES5	磷	0.2mg/L
ES6	氮	1mg/L
ES7	砷	0.05mg/L
ES8	镉	0.005mg/L
ES9	铬	0.05mg/L
ES10	铜	1mg/L
ES11	锌	1mg/L
ES12	硒	0.01mg/L
ES13	汞	0.0001mg/L
ES14	铅	0.05mg/L

假设相同体积的空气和水可以同时稀释多种污染物，那么总生态服务 ES 是稀释空气污染物所需的最大空气量和稀释水污染物所需要的最大水量的总和：

$$ES = \max(ES_{air}) + \max(ES_{water})\tag{5-2}$$

（2）评价指标

通过对不同项目的能值计算，可以得到基于能值的指标来评价海洋牧场生命周期不同阶段的资源环境承载力表现。在以往的研究中,计算过程通常只考虑资源投入的能值,而忽略了副产品、废物和排放的能值流(Reza 等, 2014;Santagata 等,2020)。生命周期评价认为,所有生命周期阶段都会产生值得关注的环境影响(Liu 等,2017)。结合生命周期清单(LCI)数据库和 LCA框架计算能值,能够有效提高能值概念在海洋牧场资源环境承载力评估中的可靠性和适用性(Rugani 和 Benetto,2012)。在本研究中,为全面评估海洋牧场的资源环境承载力表现,设计的生命周期评价—能值指标同时考虑了上游和下游的能值流(见表 5-4)。

表 5-4　海洋牧场资源环境承载力评价的生命周期评价—能值指标

指标	计算	描述
支持力子系统的总能值流(S)	R + N + FS	可再生自然资源、不可再生自然资源和用于改善海洋牧场资源环境承载力的购买产品的能值流总和
压力子系统的总能值流(P)	FP + V + ES	用于满足经济需求的采购产品、服务和潜在生态服务的能值流总和
可再生资源的总能值流(Tir)	R + FSr + FPr + Vr + ES	可再生自然资源、购买资源的可再生部分、服务的可再生部分和生态服务的能值流总和
不可再生资源的总能值流(Tin)	N + FSn + FPn + Vn	不可再生自然资源、购买资源中不可再生部分、服务中不可再生的部分的能值流总和
总输入能值流(Ti)	Tir + Tin	输入的可再生资源和不可再生资源的能值流之和
输出产品的总能值流(To)	O1 + O2	按市场价值计算的水产品产出和旅游服务的能值总和
资源利用效率(RUE)	To / Ti	用于测量一单位能值输入产生的能值
环境负荷率(ELR)	Tin / Tir	用于衡量过程对环境的影响
能值产出率(EYR)	Ti /(FS + FP + V)	用于衡量过程通过投资外部资源来提供本地资源的能力
能值可持续性指标(ESI)	EYR / ELR	用于衡量系统的可持续性
系统承载率(SCR)	P / S	用于衡量海洋牧场系统的资源环境承载力状态

资源利用效率(RUE)代表海洋牧场生产系统的效率,当 $RUE > 1$ 时,认为系统是有效率的;当 $RUE \leqslant 1$ 时,认为系统的资源利用效率较低。环境负

荷率(ELR)衡量海洋牧场对环境的影响, $ELR < 2$ 表明该过程的环境影响较小, $ELR \geqslant 10$ 表明环境影响较大, $2 \leqslant ELR < 10$ 表明影响适中(Wang 等, 2015)。能值产出率(EYR)描述了为满足海洋牧场生产需求的资源分配情况, $2 \leqslant EYR < 5$ 表明在过程中使用了大量的外购加工型资源, $EYR < 2$ 表示本地自然资源的贡献极低, $EYR \geqslant 5$ 表示主要使用本地自然资源(Brown 等, 2012)。此外,能值可持续性指数(ESI)显示了海洋牧场系统的可持续性, $ESI < 1$ 被认为是长期不可持续的, $ESI > 5$ 被认为是中长期可持续的, $1 \leqslant ESI \leqslant 5$ 被认为是短期内可持续(Cano Londoño 等,2019)。RECC 状态可以通过系统承载比(SCR)来反映。当支持子系统的输入能值大于压力子系统的输出能值时, $SCR < 1$ 意味着海洋牧场资源环境承载力具有剩余容量和安全状态; $1 \leqslant SCR < 2$ 意味着资源环境承载力轻微超载,海洋牧场处于警告状态;最后,当压力子系统的输入能值是支持子系统的两倍以上时, $SCR \geqslant 2$ 意味着资源环境承载力严重过载,海洋牧场处于紧急状态(Du 和 Wang,2021)。

五、敏感性分析

考虑到不可避免的监测误差、随机误差和库存数据不足可能导致的结果不可靠性,引入了敏感性分析,以验证结果的稳健性和一致性(Zhang 等, 2020;Chen 等,2021a)。生命周期评价—能值指标(EYR、ELR、ESI 和 SCR)的敏感性可以通过假设重要变量能值的变化来测试,然后评估这种变化对最终结果的影响程度。人工鱼礁和饲料是海洋牧场系统的两个主要能量输入,一直被认为是水产养殖能值分析的重要不确定性来源(David 等,2021;Du 等, 2022)。电力和劳动力是海洋牧场的另两个重要能源投入,由于情景差异造成的不确定性,它们也是能值分析中许多争议的来源(Yi 等,2015; Jóhannesson 等,2019)。因此,本研究选择增殖型人工鱼礁、养殖型人工鱼礁、饲料、电力和劳动力作为敏感性分析的关键指标。

第三节　转型状态划分标准与特征

一、企业内部生态化转型状态划分标准

在海洋牧场内部生态化转型过程中,经济绩效、社会绩效和环境绩效是相互关联、相互依存的,它们共同构成了海洋牧场生态化转型的核心。实现经济绩效、社会绩效和环境绩效的平衡对于海洋牧场而言是个挑战,但也是其践行生态化转型的主旨要求。上文提出的海洋牧场资源环境承载力容量评价模型涵盖了企业生态化转型的经济、社会和环境三个维度,其中资源利用效率(RUE)代表了海洋牧场的绝对的生产经营活跃度,系统承载率(SCR)反映了在内部视角下海洋牧场的资源环境系统的绝对承载力容量盈余,而"资源利用率—系统承载率"耦合状态则反映了海洋牧场在内部发育视角下的生态化转型特征。因此,基于海洋牧场资源环境承载力容量评价结果,以"资源利用率—系统承载率"耦合状态作为标准,能够从内生视角准确全面地划分海洋牧场的内部生态化转型状态,为进一步提出海洋牧场所适配的最佳生态化转型模式方案奠定基础。基于以上标准得到的海洋牧场内部生态化转型状态划分结果如图5-3所示。

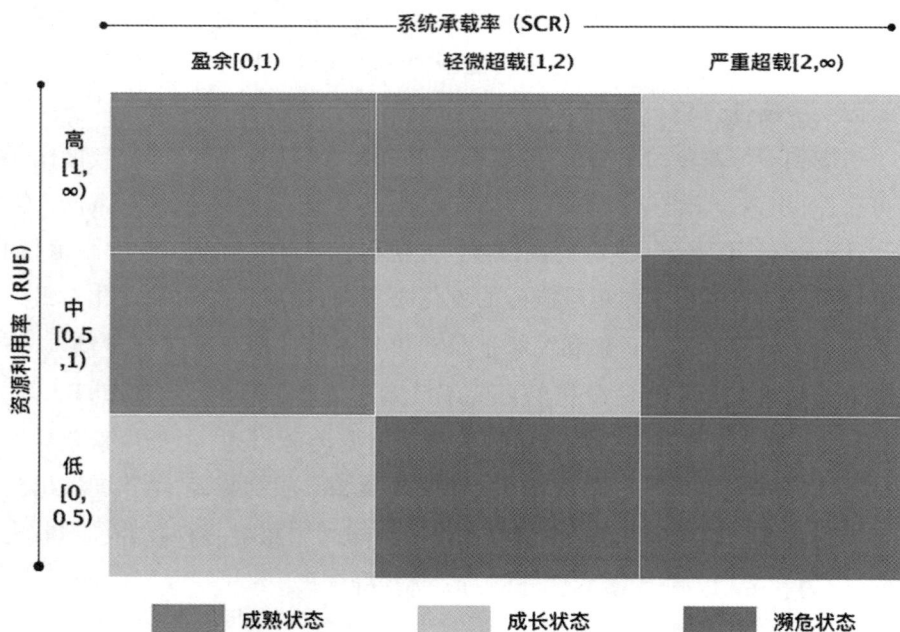

图5-3 基于承载力容量的海洋牧场内部生态化转型状态

首先,绿色区域的海洋牧场的资源利用率和系统承载率指数都比较高,这一耦合状态说明企业的生态化转型实践在该状态既具备成熟的发展规模,也拥有坚实的资源环境基础。该状态下的海洋牧场不仅已经具备较大的生产规模、领先的生产技术与完善的运营模式,同时其资源环境系统的健康状态也处于较高水平,因此属于成熟状态。成熟状态的海洋牧场在其经济绩效、社会绩效和环境绩效之间实现了较为理想的动态平衡,即企业的资源利用效率虽然少数情况下也会处于中等水平,但凭借坚实的资源环境基础,其资源利用效率能够得到有力提升;企业的资源环境承载力容量虽然少数情况下也会出现轻微超载,但凭借雄厚的技术资金支持,其承载力容量能够得到有效扩展。

其次,黄色区域的海洋牧场的资源利用率和系统承载率指数要么处于一般水平,即企业发展成熟度一般,资源环境基础也差强人意;要么关系严重失衡,即资源利用率高而系统承载率严重超载,或是资源利用率低而系统承载率存在容量盈余。该状态下的海洋牧场的生产运营规模与效益和资源环境禀赋与养护能力不是处于一般水平,就是处于严重不平衡状态,因此属于成长状态。成长状态的海洋牧场的经济绩效、社会绩效和环境绩效皆处于不稳定状态:对于绩效水平一般的企业,坚持社会、经济与环境效益协同提升的策略有助于其生态化转型状态的跃升,否则就会因绩效关系失衡陷入生态化转型水平退步的陷阱;对于绩效关系失衡的企业,及时调整发展重心有助于其逐渐回到社会经济绩效与环境绩效互相促进的良性循环,否则愈发严重的失衡关系会使企业离生态化转型目标的实现越来越远。

最后,红色区域的海洋牧场的资源利用率和系统承载率指数都比较低,这一耦合状态说明企业的生态化转型实践在该状态既未实现资源的有效利用,还面临着严峻的资源环境约束。该状态下的海洋牧场一方面尚不具备成熟的生产规模、技术工艺和运营模式等,无法实现资源的高效利用;另一方面还未实现与区域生态系统的良性共存,资源环境条件存在产生不可逆损害的风险,因此属于濒危状态。濒危状态的海洋牧场在其经济绩效、社会绩效和环境绩效方面皆未达到较为理想的水平,即企业的资源利用效率与资源环境承载力容量多数情况下同时处于较差状态,这意味着该状态的企业在社会经济绩效与环境绩效之间已经形成了恶性循环,既没有良好的资源环境基础去支撑企业的运营与生产,又缺少充足的资金和先进的技术去修复受损的生态。

二、企业内部生态化转型状态特征分析

根据海洋牧场内部生态化转型状态的划分结果可以看出,处于不同状态的企业在自身发展过程中的生态化转型特点与水平有所不同,在生态化转型进程中需要解决的关键问题以及需要确定的发展战略相应也存在差异。选择符合自身实际情况的生态化转型模式,对于海洋牧场而言不仅能够提升其资源环境系统的承载水平和稳定能力,还有助于其生产经营活跃度与资源环境条件的协同提升。所以,表5-5分析了海洋牧场各内部生态化转型状态的状态特征、发展需求和发展战略,以为其最佳生态化转型模式的确定奠定基础。

表5-5 海洋牧场内部生态化转型状态特征

企业状态	状态特征	发展需求	发展战略
成熟状态	生产经营活跃度较高,资源环境禀赋和支持能力较强	获取更多市场份额,保持企业竞争优势	增长与发展战略
成长状态	生产经营活跃度和资源环境禀赋及支持能力要么水平中等,要么关系失衡	弥补企业发展短板,保持企业盈利能力	维持或有选择发展战略
濒危状态	生产经营活跃度较低,资源环境禀赋和支持能力较弱	延长企业生命周期,维护多方合理利益	停止、转移和撤退战略

（1）成熟状态

该生态化转型状态的海洋牧场在其自身发展过程中处于成熟状态,企业同时具备较高的生产经营活跃度和较强的资源环境禀赋与支持能力,基本能够兼顾环境保护、资源养护和渔业持续产出等功能,具备较强的内生可持续发展能力。社会经济绩效方面,该状态的企业已经拥有了较大的生产规模、先进的技术工艺、稳定的产品结构和良好的财务绩效,且具备一定对上下游企业的行为的影响能力;环境绩效方面,该状态的企业具备强烈的资源养护和环境保护意识,有坚实的技术经济基础实施合理开发和生态修复,能够将区域资源环境系统维持在较为健康的状态。

海洋牧场在成熟状态应该采取增长与发展战略来获取更多市场份额,保持企业的竞争优势。整体而言,企业可以通过开发创新的绿色产品或服务来吸引客户,提升产品品牌价值,树立良好的企业形象;也可以通过加强管理来提高员工素质和能力,减少资源消耗与浪费,提高生产效率和效益,从而提高企业利润率和回报率;还可以通过强化绿色供应链管理来建立长期稳定的供需关系,培育企业应对市场变化和挑战的能力。特别地,承载力容量盈余而资源利用效率中等的企业需要尤其注重强化与上下游企业的合作以及企业内各部门的沟通,充分利用资源,扩大经营规模,促进企业及其所在供应链经济绩效的提高与环境影响的控制;资源利用效率较高而承载力容量轻微超载的企业则应该着重把生态环境管理纳入企业管理系统之中,使生态环境管理和生产经营管理紧密结合,引导企业生态与经济的协同发展。

（2）成长状态

该生态化转型状态的海洋牧场在其自身发展过程中处于成长状态,企业的生产经营活跃度和资源环境禀赋及支持能力要么水平中等,要么关系失衡。当企业的资源利用效率和承载力容量盈余都处于一般水平时,受制于有限的技术经济基础和脆弱的生态系统状态,企业后续发展面临着维持社会经济绩效与环境绩效平衡的压力。当企业的资源利用效率和承载力容量盈余关系失衡时,要么企业拥有优异的资源环境条件但经营生产能力极为有限;要么企业只具备成熟的生产经营规模而牺牲或忽视了生态保护,承载力的严重超载为其长期稳定发展埋下了隐患。

海洋牧场在成长状态应该采取维持或有选择发展战略来弥补企业发展短板并保持盈利。整体而言,企业首先要重新评估发展的目标和优先事项,促进资源的优化配置,尽快解决致命缺陷;其次,企业需采取成本节约措施和优化运营来提高生产效率并减轻财务压力,做好财务风险管理;最后,企业需要关注上下游合作伙伴的供需变化,灵活多变、勇于创新,通过产品的绿色设计和营销寻找新的市场机会和突破口。特别地,资源利用率低的企业应立足于优异的资源环境条件,在优先扩大生产规模和增强生产能力的同时兼顾环境污染的控制和资源利用的提效;而承载力容量严重超载的企业则应该借助于较强的技术经济基础,坚持生态修复工程的科学管理和持续投入,并采用先进的环保技术来保障修复的长期效益。

（3）濒危状态

该生态化转型状态的海洋牧场不仅没有活跃的生产经营活动表现,其生态系统也处于紧急状态,即企业的生产运营能力和资源环境基础都非常不理想,企业生存面临着严峻的考验。社会经济绩效方面,该状态的企业的生产规模、技术工艺、产品结构都较为落后,企业无法获得市场认可和实现商业价值;环境绩效方面,该状态的企业因长期忽视合理开发利用资源和及时修复受损生态而使得区域资源环境条件持续恶化,丧失了支撑企业生产经营的自然条件基础。更重要的是,濒危状态的海洋牧场已经陷入了多种绩效持续降低的恶性循环,缺少提升生态化转型水平的条件基础。

海洋牧场在濒危状态需要采取停止、转移和撤退战略来尽可能延长企业生命周期和维护多方利益。整体而言,首先为了减少财务亏损或减轻生态负担,企业应该暂时停止部分生产经营活动,通过开展专项治理来扭转颓势;其次,企业可以通过优化经营结构和模式来出售部分资产,获取现金流以便于解决关键问题或重组业务;最后,当无法应对持续恶化的经济绩效和生态条件时,企业应该制定详细的撤退计划,妥善处理与供应商和客户的关系,保障员工与社区的合理利益,减少对区域生态的进一步破坏。特别地,资源利用率低的企业需要通过实施资源能源消耗量低、最终污染物排放量少、废弃物可再生和再利用性强的生产方案,以改善企业的生态效率和经济效率;而承载力容量严重超载的企业则需要在生态系统分析和引导多方参与的基础上,通过开展人工鱼礁、海草床、海藻场建设和增殖放流等人工修复工程,尽早阻止生态系统的持续恶化。

第四节　案例分析结果

一、潜在环境影响和所需的潜在生态服务

表5-6列出了海洋牧场系统一年内潜在环境影响的特征化和标准化结果。根据特征化结果,TETP 和 GWP 是海洋牧场系统中的前两个潜在环境影响,其数量分别为 2.00E+07kg 1,4-DCB 和 1.34E+07 kgCO$_2$eq。考虑到归一化结果,METP、HCTP 和 FETP 是三项最大的潜在环境影响,数值分别为 4.78E+05、4.13E+05 和 2.90E+05。此外,除 LUP 和 MEP 外,建设阶段的每种潜在环境影响都大于运营阶段。除 HNTP、HCTP 和 MSP 外,维护阶段的所有其他潜在环境影响远低于其他两个阶段,这表明维护阶段是海洋牧场系统中排放量最少的阶段。

表5-6　潜在环境影响的特征化和标准化结果(每年)

影响类别	特征化结果				标准化结果			
	建设阶段	运营阶段	维护阶段	总过程	建设阶段	运营阶段	维护阶段	总过程
TETP	1.90E+07	5.59E+05	3.91E+05	2.00E+07	1.84E+04	5.40E+02	3.77E+02	1.93E+04

续表

影响类别	特征化结果				标准化结果			
	建设阶段	运营阶段	维护阶段	总过程	建设阶段	运营阶段	维护阶段	总过程
GWP	1.26E+07	7.03E+05	7.41E+04	1.34E+07	1.58E+03	8.80E+01	9.27E+00	1.68E+03
HNTP	8.70E+06	−1.65E+04	1.59E+05	8.84E+06	5.84E+04	−1.11E+02	1.07E+03	5.93E+04
FSP	3.28E+06	1.53E+05	1.45E+04	3.44E+06	3.34E+03	1.56E+02	1.47E+01	3.51E+03
IRP	1.23E+06	1.47E+04	3.29E+03	1.25E+06	2.57E+03	3.05E+01	6.85E+00	2.60E+03
HCTP	1.11E+06	7.56E+03	2.68E+04	1.14E+06	4.01E+05	2.73E+03	9.69E+03	4.13E+05
LUP	1.59E+05	6.71E+05	4.71E+03	8.35E+05	2.58E+01	1.09E+02	7.63E−01	1.35E+02
METP	4.74E+05	1.16E+04	7.51E+03	4.93E+05	4.60E+05	1.12E+04	7.28E+03	4.78E+05
FETP	3.42E+05	8.32E+03	5.30E+03	3.55E+05	2.79E+05	6.78E+03	4.32E+03	2.90E+05
PMFP	1.49E+05	1.14E+03	1.36E+02	1.51E+05	5.84E+03	4.46E+01	5.31E+00	5.89E+03
WCP	9.16E+04	2.85E+04	8.40E+02	1.21E+05	3.44E+02	1.07E+02	3.15E+00	4.53E+02
MSP	5.69E+04	1.13E+03	1.84E+03	5.99E+04	4.74E−01	9.42E−03	1.53E−02	4.99E−01
OFTP	5.02E+04	3.21E+03	2.22E+02	5.36E+04	2.82E+03	1.81E+02	1.25E+01	3.02E+03
OFHP	4.95E+04	3.17E+03	2.16E+02	5.29E+04	2.41E+03	1.54E+02	1.05E+01	2.57E+03
TAP	4.76E+04	3.98E+03	2.61E+02	5.19E+04	1.16E+03	9.71E+01	6.37E+00	1.27E+03
FEP	5.92E+03	1.65E+02	3.87E+01	6.13E+03	9.12E+01	2.54E+02	5.96E+01	9.44E+03
MEP	3.64E+02	7.53E+02	1.63E+00	1.12E+03	7.89E+01	1.63E+02	3.53E−01	2.43E+02
ODP	5.33E+00	3.68E+00	1.92E−02	9.03E+00	8.89E+01	6.15E+01	3.20E−01	1.51E+02

　　根据归一化结果,不同阶段前五大影响类别的贡献率(占总量的 95% 以上)如图 5-4 所示。不考虑重要性排序,METP、HCTP、FETP、HNTP 和 TETP 是总过程以及除运营阶段外的其他两个阶段中的前五大潜在环境影响。FEP 仅是运营阶段的主要环境影响之一,占 1.13%。此外,METP 在建设阶段、运营阶段和总过程中的贡献最大;其占比分别为 36.91%、49.63% 和 37.04%。HCTP 是维护阶段主要的潜在环境影响,占比为 42.37%,它在建设阶段为次要影响,在运营阶段为第三影响。FETP 是运营阶段的第二大影响类别,占比 30.00%,同时也是建设阶段和维护阶段的第三大影响类别。

　　表 5-7 显示了海洋牧场系统一年内的排放量和所需的潜在生态服务。PM2.5(1.36E+11mg/yr)的空气排放量最大,其次是二氧化硫(3.05E+10mg/yr)。因此,稀释 PM2.5 所需的潜在生态服务也是最大的。此外,建设

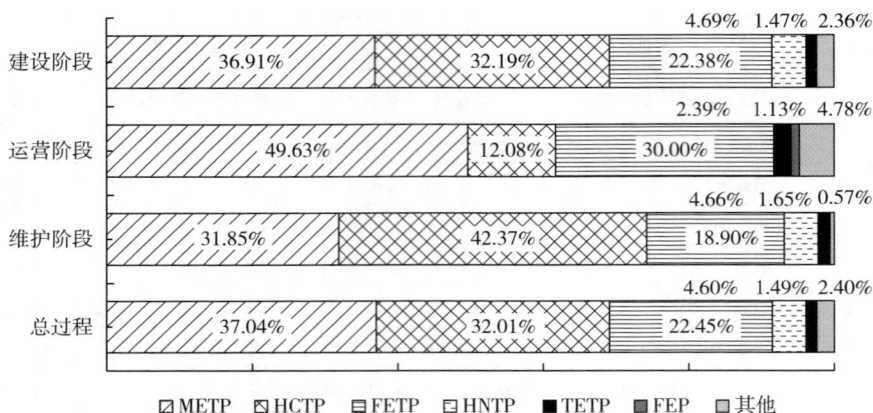

图 5-4 不同阶段前五大影响类别的贡献分析

阶段是二氧化硫和 PM2.5 的主要来源,而二氧化氮和 PM10 主要来自运营阶段。尽管锌(1.02E+09mg/yr)和铜(4.74E+08mg/yr)是主要的水污染物,但考虑最大可接受浓度后,需要潜在生态服务最多的项目是汞(8.01E+17sej/yr)、镉(1.53E+17se j/yer)和硒(1.46E+17sej/yar)。此外,建设阶段是除磷、氮和铬以外的所有水污染物的主要来源,磷、氮和铬则主要来自运营阶段。假设相同体积的空气和水可用于同时稀释多种污染物,稀释海洋牧场系统空气污染物和水污染物排放量所需的潜在生态服务分别为 6.31E+17sej/yr 和 8.01E+17se j/yr。

表 5-7 海洋牧场系统的排放量和所需的潜在生态服务(每年)

污染物	总排放量(mg/yr)				ES(sej/yr)			
	建设阶段	运营阶段	维护阶段	总过程	建设阶段	运营阶段	维护阶段	总过程
空气								
二氧化硫	2.92E+10	1.05E+09	1.73E+08	3.05E+10	1.02E+16	3.65E+14	6.02E+13	1.06E+16
二氧化氮	0.00E+00	3.35E+08	1.76E+04	3.35E+08	0.00E+00	5.83E+13	3.06E+09	5.83E+13
PM10	0.00E+00	3.95E+06	2.15E+02	3.95E+06	0.00E+00	6.87E+11	3.74E+07	6.87E+11
PM2.5	1.36E+11	2.44E+08	6.11E+07	1.36E+11	6.31E+17	1.13E+15	2.83E+14	6.31E+17
ESair					6.31E+17	1.13E+15	2.83E+14	6.31E+17
水								
磷	1.02E+06	8.62E+07	6.33E+04	8.73E+07	3.07E+14	2.59E+16	1.90E+13	2.63E+16

续表

污染物	总排放量(mg/yr)				ES(sej/yr)			
	建设阶段	运营阶段	维护阶段	总过程	建设阶段	运营阶段	维护阶段	总过程
氮	0.00E+00	5.24E+06	3.22E+02	5.24E+06	0.00E+00	3.15E+14	1.94E+10	3.15E+14
砷	4.86E+07	6.43E+05	5.96E+05	4.99E+07	5.85E+16	7.74E+14	7.17E+14	6.00E+16
镉	1.12E+07	2.81E+05	3.07E+05	1.27E+07	1.35E+17	3.38E+15	3.69E+15	1.53E+17
铬	6.67E+05	3.14E+06	4.43E+03	3.81E+06	8.03E+14	3.78E+15	5.33E+12	4.59E+15
铜	4.55E+08	1.52E+07	4.09E+06	4.74E+08	2.74E+16	9.15E+14	2.46E+14	2.85E+16
锌	9.75E+08	2.30E+07	1.78E+07	1.02E+09	5.87E+16	1.38E+15	1.25E+16	6.14E+16
硒	2.37E+07	2.66E+05	2.65E+05	2.42E+07	1.43E+17	1.60E+15	1.60E+15	1.46E+17
汞	1.31E+06	1.87E+04	5.27E+03	1.33E+06	7.89E+17	1.13E+16	3.17E+15	8.01E+17
铅	2.54E+07	1.07E+06	4.48E+05	2.69E+07	3.06E+16	1.29E+15	5.39E+14	3.24E+16
ESwater					7.89E+17	2.59E+16	3.69E+15	8.01E+17

二、能值结构

基于生命周期影响评估,我们计算了稀释空气污染物和水污染物排放所需的潜在生态服务,并在能值分析过程中进行考虑。每个阶段的能值特征和详细计算见附录 E。表5-8 展示了海洋牧场系统的能值总量与结构。

表5-8　海洋牧场系统的能值分析(每年)

项目	指标	单位	RNF	UEV	原始数据	可再生能值	不可再生能值	总能值
支持力子系统(S)								
可再生自然资源(R)								
R1	太阳光	J	1.00	1.00E+00	5.10E+17	5.10E+17	0.00E+00	5.10E+17
R2	地球自转热能	J	1.00	4.90E+03	2.03E+14	9.94E+17	0.00E+00	9.94E+17
R3	潮汐动能	J	1.00	3.09E+04	1.84E+14	5.69E+18	0.00E+00	5.69E+18
R6	雨水化学势	J	1.00	7.00E+03	2.70E+14	1.89E+18	0.00E+00	1.89E+18
不可再生自然资源(N)								
N1	地下水	g	0.00	1.86E+05	3.01E+07	0.00E+00	5.59E+12	5.59E+12
N2	有机土壤流失	J	0.00	9.40E+04	4.52E+09	0.00E+00	4.25E+14	4.25E+14
购买的资源(FS)								
FS1	鱼苗	g	0.20	1.26E+10	3.31E+06	8.34E+15	3.34E+16	4.17E+16

项目	指标	单位	RNF	UEV	原始数据	可再生能值	不可再生能值	总能值
FS2	增殖型人工鱼礁	g	0.00	7.73E+09	1.72E+10	0.00E+00	1.33E+20	1.33E+20
FS3	海草床	ha	1.00	5.47E+15	3.33E+00	1.82E+16	0.00E+00	1.82E+16
FS4	海藻场	ha	1.00	6.58E+11	5.00E+00	3.29E+12	0.00E+00	3.29E+12
小计							1.42E+20	
压力子系统（P）								
购买的资源（FP）								
FP1	养殖型人工鱼礁	g	0.00	4.61E+09	7.77E+09	0.00E+00	3.58E+19	3.58E+19
FP2	饲料	g	0.17	1.06E+09	5.95E+08	1.07E+17	5.24E+17	6.31E+17
FP3	杀虫剂	g	0.00	1.27E+09	3.00E+06	0.00E+00	3.81E+15	3.81E+15
FP4	柴油	g	0.00	3.20E+09	1.68E+05	0.00E+00	5.38E+14	5.38E+14
FP5	电力	kw·h	0.09	2.46E+12	1.66E+05	3.67E+16	3.71E+17	4.08E+17
FP6	钢铁	g	0.00	3.13E+09	2.96E+07	0.00E+00	9.27E+16	9.27E+16
FP7	混凝土	g	0.00	4.43E+08	5.76E+08	0.00E+00	2.56E+17	2.56E+17
FP8	玻璃	g	0.00	2.91E+07	9.96E+06	0.00E+00	2.90E+14	2.90E+14
FP9	塑料	g	0.00	2.31E+07	1.04E+05	0.00E+00	1.00E+12	1.00E+12
FP10	沥青	g	0.00	3.42E+09	2.17E+06	0.00E+00	7.42E+15	7.42E+15
FP11	砾石	g	0.00	1.86E+09	4.30E+06	0.00E+00	8.00E+15	8.00E+15
FP12	木材	g	1.00	5.14E+08	4.82E+06	2.48E+15	0.00E+00	2.48E+15
服务（V）								
V1	劳动力	hour	0.60	6.51E+12	1.32E+05	5.15E+17	3.44E+17	8.59E+17
V2	租金	¥	0.20	1.53E+12	4.83E+06	1.48E+18	5.91E+18	7.39E+18
V3	固体废物处理	¥	0.20	1.53E+12	1.20E+04	3.67E+15	1.47E+16	1.84E+16
潜在生态服务（ES）								
ESair	稀释PM2.5的风能	kg	1.00	8.00E+02	1.36E+11	6.31E+17	0.00E+00	6.32E+17
ESwater	稀释汞的水能	kg	1.00	1.28E+04	1.34E+06	8.07E+17	0.00E+00	8.18E+17
小计							4.69E+19	
输出（O）								
O1	水产品	¥		1.53E+12	1.60E+08			2.45E+20
O2	旅游服务	¥		1.53E+12	5.40E+05			8.26E+17

表5-9显示了一年中海洋牧场系统各阶段的分类能值流。按市场价值计算的产品总能值产出为2.46E+20sej/yr,高于总能值投入1.89E+20sej/yr。不可再生能源总投入占能源总投入的93.32%,远远高于可再生能源总输入的6.68%。此外,建设阶段、运营阶段和维护阶段的总能值输入分别为1.78E+20sej/yr、1.04E+19sej/yr和2.40E+17sej/yr,分别占总能值输出的93.29%、5.45%和1.26%。此外,建设阶段是不可再生自然资源、外购资源、服务和潜在生态服务能值投入的主要来源,可再生自然资源的能值投入主要来自运营阶段。维护阶段的每种能值流都是三个阶段中最小的。此外,运营阶段的压力子系统能值输入大于支持力子系统,而施工阶段和维护阶段的能值输入则相反。运营阶段的可再生能源总投入在总能源投入中占主导地位,占89.81%,而建设阶段和维护阶段的不可再生能源总输入占主导地位,分别占98.31%和94.58%。

表5-9　海洋牧场系统的能值流(每年)

能值流	建设阶段	运营阶段	维护阶段	总过程
R	3.14E+17	8.69E+18	0.00E+00	9.00E+18
N	4.25E+14	4.59E+12	9.30E+11	4.31E+14
FS	1.33E+20	4.17E+16	0.00E+00	1.33E+20
FP	3.62E+19	7.88E+17	2.12E+17	3.72E+19
V	7.42E+18	8.27E+17	2.43E+16	8.27E+18
ES	1.42E+18	2.70E+16	3.45E+15	1.45E+18
P	4.50E+19	1.64E+18	2.40E+17	4.69E+19
S	1.33E+20	8.73E+18	9.30E+11	1.42E+20
Tir	3.27E+18	9.34E+18	1.28E+16	1.26E+19
Tin	1.75E+20	1.03E+18	2.27E+17	1.76E+20
Ti	1.78E+20	1.04E+19	2.40E+17	1.89E+20
To	—	—	—	2.46E+20

三、海洋牧场资源环境承载力综合表现

从表5-10可以看出,海洋牧场系统的RUE为1.30,这表明,以市场价值计算的产品产出能值大于资源投入能值,系统是有效率的。ELR为3.97,EYR为1.06,表明海洋牧场系统整体过程中对环境的影响较大,本地自然资

源的贡献较小。相应地,ESI 为 0.08,说明海洋牧场系统的外购资源所主导的高环境影响模式在长期内不可持续。由于支持力子系统的能值输入大于压力子系统的能值输入,因此海洋牧场的 SCR 为 0.33,这表明海洋牧场系统的资源环境承载力有盈余,处于安全状态。

表 5-10　生命周期评价—能值分析的结果

项目	全过程		建设阶段		运营阶段		维护阶段	
	值	含义	值	含义	值	含义	值	含义
RUE	1.30	有效率的	—	—	—	—	—	—
ELR	3.97	高环境影响	53.57	高环境影响	0.11	低环境影响	17.67	高环境影响
EYR	1.06	外购资源主导	—	—	—	—	—	—
ESI	0.08	不可持续	—	—	—	—	—	—
SCR	0.33	承载力盈余	0.34	承载力盈余	0.19	承载力盈余	2.58E+05	严重超载

此外,海洋牧场系统的三个阶段在指标表现上有许多差异。运营阶段的 ELR 为 0.11,建设阶段和维护阶段 ELR 分别为 53.57 和 17.67。基于 0.34 和 0.19 的 SCR 值,建设阶段和运营阶段的资源环境承载力处于安全状态。然而,维护阶段的 SCR 高得惊人,为 2.58E+05,这主要是因为该阶段压力子系统的总能值流远大于支持力子系统,特别是满足经济需求的采购产品部分。维护阶段的 SCR 值异常表明其 RECC 严重过载,该阶段处于紧急状态。

四、敏感性分析

我们选择了五个在能值计算过程中不确定性争议较大的指标,以探讨这些能值输入对海洋牧场资源环境承载力评估的影响以及我们结果的稳健性。当 FS2(增殖型人工鱼礁)发生变化时,指标结果的变化最明显,其中 ELR 增加了 121%,EYR、ESI 和 SCR 分别减少了 5%、57% 和 64%。这表明,在海洋牧场资源环境承载力评估中,增殖型人工礁是获得稳健评估结果的最重要能值输入。FS2 之后,FP1(养殖型人工鱼礁)、V1(劳动力)、FP2(饲料)、FP5(电力)的变化也会导致指标结果的不同程度的变化。此外,SCR 是对能值输入变化反应最大的指标,在五项能值输入以±50%变化的情况下其平均变化为38%,其次是 ELR(30%)、ESI(16%)和 EYR(1%)。然而,当包括 FS2 在内的所有关键因素的能值输入变化±50%时,指标结果所揭示的资源环境承载力表现本质上没有发生变化,这表明本研究的结果是稳健的。

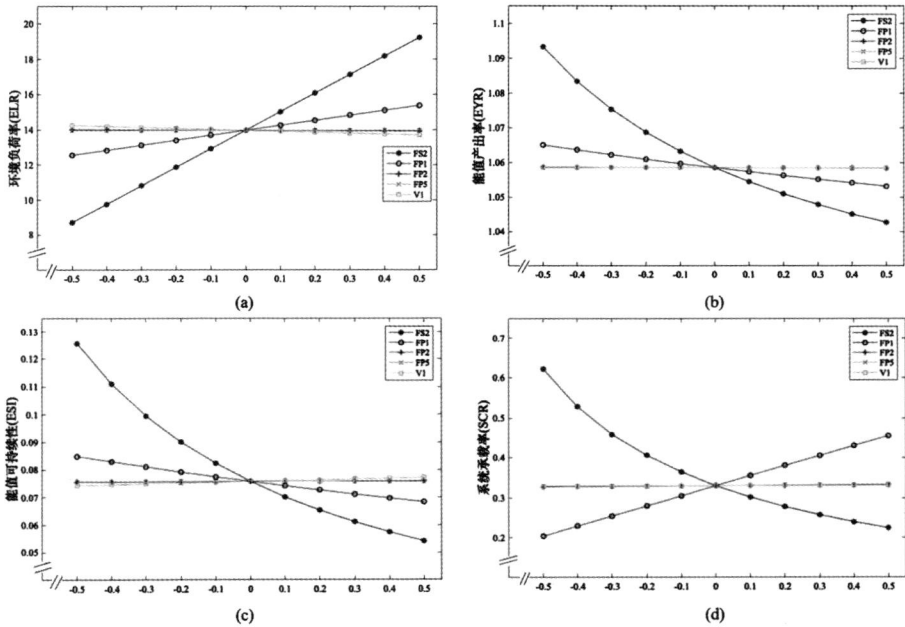

图 5-5　生命周期评价—能值分析指标的敏感性

第五节　讨　论

本研究中海洋牧场系统的 RUE 和 SCR 表现非常好,表明该系统实现了部分建设和发展目标,例如增加渔业产量和资源保护。不得不承认的是,经济效益是海洋牧场发展的关键驱动力,尤其是增殖型海洋牧场(Du 和 Wang,2021)。RUE 值高意味着海洋牧场拥有成熟有效的生产工艺,而低 SCR 代表了该系统存在资源环境承载力的盈余(Wang 等,2015;Chen 等,2021a)。这些因素为海洋牧场未来的发展奠定了理想的基础,它可以通过适当扩大生产规模,追求更高的资源利用效率和经济效益。

遗憾的是,本研究中海洋牧场系统的 ELR、EYR 和 ESI 指标的表现并不令人满意,这表明该海洋牧场的环保意识有待增强。首先,不可再生资源主导了海洋牧场系统的能值输入,这表明该系统尚未将绿色采购作为其长期发展的必要选择(Cano Londoño 等,2019)。其次,海洋牧场系统从外购资源中获得的能值投入远远大于本地资源,这表明它高度依赖系统外资源,系统内资源的开发利用不足(Santagata 等,2020)。再次,潜在的环境影响主要来自建设阶段,这表明海洋牧场的建设必须树立生态优先的意识,不应再将环境作为一种免费和取之不尽的资源而进行浪费(Wang 等,2022;Du 和 Li,2022)。最后,尽管对整个系统影响不大,但 RECC 在维护阶段的严重超载暴露了海洋牧场系统各个阶段发展不平衡和协调性差的问题(Chen 等,2020)。针对上述四大问题,本篇提出了四个系统性的解决方案,以引导海洋牧场系统的健康可持续发展。

实施主要原材料的绿色采购。受经济因素影响,海洋牧场通常不太关注原材料是否安全、健康、低碳和可回收(Kitada 等,2018)。海洋牧场系统从上游供应商处采购原材料,以满足其自身的生产需求,因此,该系统应对这些原材料的生产、使用和处置所造成的环境影响负责(Zadgaonkar 和 Mandavgane,2020)。作为一个开放系统,海洋牧场需要通过以下途径改善其绿色采购。首先,为海洋牧场管理人员提供绿色采购培训,改变他们的思维和工作方法。其次,从供应链的源头出发,选择合适的绿色供应商,并与他们建立稳定的战略伙伴关系。再次,及时、全面、准确地披露原材料的环境影响信息,在外部监督的帮助下,督促海洋牧场系统履行社会责任。最后,加强海洋牧场系统内各部门之间的合作和信息交流,确保产品设计、制造和生产流程、包装和运输方式、产品使用、使用后处理等流程能够满足绿色采购的要求。

提高本地资源的开发利用能力。虽然来自系统外的供应完全可以满足海洋牧场的生产需求,但增加本地资源的比例有助于进一步降低成本,提高绿色生产水平(Cano Londoño 等,2019;Santagata 等,2020)。为实现这一目标,首先,海洋牧场可以充分利用优越的自然条件,论证该地区太阳能发电和风力发电的可行性。例如,渔业资源增殖型风力发电机组基地的开发和应用,可以促进渔业资源增殖与风浪发电的有效结合,有助于缓解海洋牧场电力需求的压力。其次,将从系统外购买的资源转换为本地资源,例如海草床。与海草床相比,基于海草床培育形成的本地生态环境使物种得以生存繁衍,是一种更宝贵的资源(Buonocore 等,2020)。海洋牧场系统需要选择适合区域自然条件的海草品种,并进行科学培育,将其转化为可持续生长的区域资源。最后,通过提高管理水平和优化生产流程,提高各种资源的利用效率,缩小对外购资源的依赖及其与本地资源使用量的差距。

加强建设阶段的生态优先意识。在海洋牧场系统的建设过程中,主要目标是增殖具有高经济价值的水产品。生态恢复方面的努力很少,建设理念缺乏生态考虑(Du 等,2022)。然而,海洋是一个相对脆弱的生态系统,在建设过程中忽视生态优先原则,最终导致生态恶化和社会经济衰退的恶性循环(Du 和 Gao,2020)。因此,后续提高海洋牧场系统建设的生态绩效应考虑三点。首先,人工鱼礁是能值输入的主要来源,其材料不仅应考虑耐久性,还应满足生态安全的要求(Komyakova 等,2019)。其次,科学规划,确保海洋牧场的建设和保护同时进行,而不是以破坏原有生态环境为代价。最后,建立废物回收模式,以循环经济为基础,妥善处理建筑垃圾,既节约材料成本,又能够有效避免二次污染。

全过程推行清洁生产。海洋牧场系统是一个封闭系统,但其生产所需要的资源的生产是依赖于该资源所在地的,因此有必要将海洋牧场视作一个开放系统(Selicati 等,2021)。所以,清洁生产是海洋牧场履行其环境责任的要求。首先,将传统材料和能源的清洁利用与可再生材料和能源开发应用相结合,实现清洁原材料和能源的目标。其次,将中间产品的无害化处理与能源和材料的高效利用相结合,实现清洁生产过程的目标。再次,将产品生态设计与绿色包装相结合,实现清洁产品的目标。最后,优化每个流程中的资源分配和使用,以避免极端资源环境问题的出现。

第六节 本章小节

为了客观、准确地判定海洋牧场的内部生态化转型状态,本章构建了海洋牧场区域资源环境承载力的容量评价模型,进而基于这一模型的承载力容量评价结果分析了海洋牧场的内部生态化转型状态,并通过开展实例分析验证了模型的科学性和理论方法的合理性。具体地,评价模型构建方面,首先是基于生命周期评价和能值分析法的应用准则确定了海洋牧场系统的边界,把废弃物和排放、自然资源和生态服务同时纳入了分析框架;然后,开发了集成的生命周期评价—能值分析框架,使得海洋牧场的资源利用结构和效率、潜在环境影响以及资源环境承载力容量盈余得以直观呈现。其次,企业内部生态化转型状态分析方面,提出了基于承载力容量评价结果的海洋牧场内部生态化转型状态划分标准,并进而对各内部生态化转型状态的状态特征、发展需求和发展战略进行了分析;这为海洋牧场最佳生态化转型模式的匹配奠定了基础。最后,以某国家级海洋牧场为例,对提出的资源环境承载力容量评价模型及基于此的企业内部生态化转型状态判断与分析方法开展了应用研究,验证了其科学性、合理性和可行性。

然而,海洋牧场的生态化转型状态是由外部状态和内部状态共同决定的,单方面依靠内部生态化转型状态的判定结果来确定海洋牧场所适配的生态化转型模式显然都是有失客观性和全面性的。因此,本研究在下一章节将继续探索海洋牧场外部生态化转型状态的科学、客观的判定方法。

第六章　海洋牧场外部生态化转型的机制与路径

本章试图从资源环境承载力视角，解释海洋牧场外部生态化转型的路径与机制。我们从压力—支持力视角构建了海洋牧场资源环境承载力的评价指标体系。在利用概率语言偏好关系方法确定指标权重的基础上，提出了海洋牧场资源环境承载力指数的计算模型，并应用该模型对烟台市11家海洋牧场的资源环境承载力状况进行了研究。研究表明，海洋牧场整体的资源环境承载力水平处于严峻状态；国家级海洋牧场的资源环境承载力平均水平优于省级海洋牧场；烟台大部分海洋牧场的资源环境承载压力和支持力水平都比较低；海洋牧场资源环境承载力各子系统中都存在一些限制资源环境承载力水平的关键障碍指标。

第一节　理论内涵

科学地利用海洋资源、维护海洋环境是海洋牧场系统可持续发展的前提（Qin等，2020）。海洋牧场是一个人工生态系统，资源环境承载力是该系统实现健康和可持续发展的重要衡量标准（Meng等，2020）。因此，本章试图从系统层面说明海洋牧场生态化转型的组成部分及其内部关系（如图6-1所示）。

从本质上看，海洋牧场资源环境承载力系统健康稳定的前提是负荷与载体（即压力与支持力）之间的平衡（Zhang等，2019；Shen等，2020）。海洋牧场资源环境承载力系统的压力来源包括人类活动和自然条件。为了满足社会经济发展的需要，人类不得不从封闭系统中吸收资源、排放废弃物，给海洋牧场的资源和环境带来了压力（Kim等，2017）；恶劣的自然条件也会对封闭系统产生负面影响；二者共同构成了海洋牧场人工封闭系统的压力（Solovjova，2019）。压力可以被支持力处理，支持力来源包括内部支持力即海洋牧场的

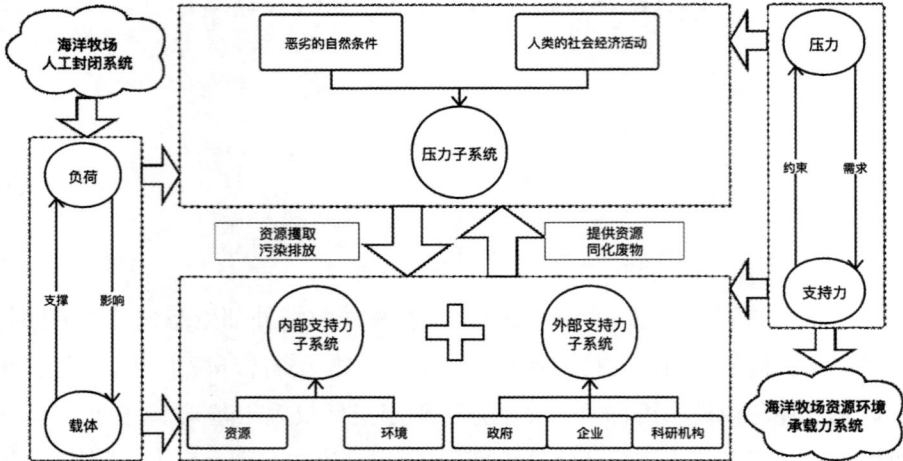

图 6-1 海洋牧场生态化转型理论图示

自然资源和环境与外部支持力即人类的保护措施（Chapman 和 Byron，2018；Taylor 等，2016；Komyakova 等，2019）。由此可见，海洋牧场资源环境承载力系统可被划分为三个子系统：压力子系统、内部支持力子系统、外部支持力子系统。

在子系统层面，压力子系统是指由恶劣环境或人类不当行为造成消极后果，包括自然威胁、人类经济和社会活动，前者是由于恶劣的自然条件造成的，后者源于人类不当的社会经济行为（Du 和 Gao，2020）；内部支持力子系统是指海域的自然条件，包括资源条件和环境条件（Tang 等，2020）；外部支持力子系统是指人类保护活动对海洋牧场资源环境承载力产生的积极作用，包括来自政府、企业和科研机构的支持（Pires 等，2017）。在主体层面，政府有责任对海洋牧场进行生态监管，以防止资源环境承载状态恶化；企业是海洋牧场的生产经营者，是影响资源环境承载力的首要和直接主体；科研机构能为海洋牧场实现清洁生产提供高效可行的技术方案，为完善资源环境承载力提供外部支持。

海洋牧场资源环境承载力系统的各组成部分之间存在互动关系。一方面，从负荷层面来看，压力子系统不仅对内部和外部支持子系统提出了承载需求，而且也对二者产生影响。以资源环境为约束的人类社会经济活动，有利于抵消自然灾害的攻击（Zhang 等，2018）。相反，社会经济活动的过度开发行为也会使系统状态变得更加脆弱（Kitada，2018）。另一方面，从载体层面来看，内部和外部支持子系统不仅共同支持压力子系统，而且也会限制压力子系统的规模（Peng 等，2016；Peng 和 Deng，2020）。为了满足人类活动的需要，内部支持子系统提供资源和环境，并对排放的废弃物进行同化；外部支持子系统提供技术和规范，以提高资源和环境的利用效率。然而，无论是资源还是环境都不是取之不尽、用之不竭的，科学技术在短时间内也无法快速突破以适应日益增长的资源环境需求（Zhou 等，2019），人类社会经济活动的规模受到内部和外部支持子系统能力的限制。总之，考虑到海洋牧场资源环境承载力系统各组成部分之间的作用关系，任何子系统出现问题都会对整个系统产生重要影响。

海洋牧场资源环境承载力系统健康运行有赖于使其功能保持在一个相对稳定的平衡状态。然而，该系统要想维持长期稳定平衡状态并非易事。若过分追求社会和经济效益而使人类活动规模过大，则会因过度负荷而打破系统平衡（Huang 等，2017；Lee 和 Zhang，2018）；若过于保守或担心超载而使人类活动规模过小，则又不利于实现社会和经济效益的最大化（Seung 和 Kim，2018）。显然，前者可能因过度开发而造成系统超载，而后者可能因功能闲置而造成资源浪费，两种情况都并非最优选择。海洋牧场资源环境承载力系统的理想平衡状态取决于内外部支持力承受压力的方式和程度。更进一步说，在不损害海洋牧场人工封闭系统可持续发展能力的条件下，满足人类生存和发展需要的状态才是海洋牧场资源环境承载力的最佳状态。基于这一理论前提，本章提出了海洋牧场资源环境承载力的评价方法。

第二节　模型构建

一、海洋牧场资源环境承载力评价指标体系

与其他评价指标体系构建方法相比，综合指数法具有全面具体等优点（Zhang 等，2018）。综合考虑海洋牧场资源环境承载力系统的各种因素，有助于更准确地测量其状态。结合海洋牧场资源环境承载力的理论内涵，从压力、内部支持力、外部支持力三个子系统层面构建评价指标体系。

压力子系统由人类经济社会活动和自然条件组成。经济活动带来的压力

主要包括海洋牧场人工封闭系统中的开发压力和生产压力(Wang 等,2019)。其中,开发压力可以表征为企业资产、年收入、已用海域面积、开发方式的绿色程度来体现;生产压力可以表征为生产模式的绿色度。社会压力主要来源于社会责任和风险(Wang 等,2018),主要体现在接纳或重新安置周边渔民数量、盗采频率、劳动力素质等方面。此外,自然条件是海洋牧场人工封闭系统的另一个压力源,主要体现在自然灾害的发生频率(Du 和 Sun,2020)。

内部支持子系统由资源和环境两部分组成。海域的自然资源和环境是海洋牧场发展的基础,脆弱的自然条件无法支撑海洋牧场的可持续发展。资源主要包括海洋空间和生物,可表征为可利用的海洋面积、生物多样性和增殖物种的生物量(Shi 等,2018)。由于海水和海洋沉积物在生物繁殖中具有重要作用,因此在环境支持中考虑了它们的质量(Song 等,2016)。

外部支持子系统由政府、企业和科研机构三部分组成。该子系统对海洋牧场生态环境影响最大、最直接。为了海洋牧场的健康发展,政府根据企业的经营绩效,提供不同的扶持政策和资金支持,其中,支持政策数量、专项资金和补贴数额是政府支持的主要措施(He 等,2018)。为了获取更多的经济效益或者承担更多的社会责任,企业会采取增殖放流、培育海藻和海草床、投放人工鱼礁、日常管理和维护等支持措施(Malekmohammadi 和 Jahanishakib,2017)。科学技术对海洋牧场资源环境承载力具有重要支持作用,故将科研机构支持表征为信息化水平和合作科研机构数量(Sun et al.,2016)。

遵循科学性、系统性、可操作性等原则,本章构建了海洋牧场资源环境承载力的评价指标体系,共包括 22 个评价指标,其中,压力指标 9 个,内部支持力指标 5 个,外部支持力指标 8 个(见表 6-1)。

表 6-1 海洋牧场资源环境承载力评价指标体系

项目	因素	指标	单位
压力	经济	P_1企业资产规模	万元
		P_2企业年收入	万元
		P_3已使用海域面积	公顷
		P_4开发方式的绿色度	得分
		P_5生产方式的绿色度	得分

续表

项目	因素	指标	单位
	社会	P_6 周边渔民被接纳或重新安置的数量	人
		P_7 盗采频率	次数/年
		P_8 劳动力质量	得分
	自然	P_9 自然灾害频率	次数/年
内部支持力	资源	IS_1 可用海域面积	公顷
		IS_2 生物多样性	水平
		IS_3 增殖物种的生物量	水平
	环境	IS_4 海水质量	水平
		IS_5 海洋沉积物质量	水平
外部支持力	政府	ES_1 支持政策的数量	项
		ES_2 专项资金和补贴额	万元
	企业	ES_3 日常管理和维护活动	得分
		ES_4 增殖放流数量	万尾
		ES_5 海藻和海草床面积	公顷
		ES_6 投放的人工鱼礁面积	公顷
	科研机构	ES_7 信息化水平	得分
		ES_8 合作科研机构的数量	所

二、基于概率语言偏好关系的指标权重确定

我国海洋牧场正处于建设阶段,对于其资源环境承载力的研究亦极其缺乏,这导致了在确定指标权重时缺少成功经验参考。虽然也可以依靠专家的经验帮助确定指标权重,但必须面对其经验知识不充分的问题。考虑到概率语言偏好关系方法能够在有效放映不充分决策信息的基础上进行决策分析(Zhang 等,2016),因此本章利用概率语言偏好关系方法确定压力子系统、内部支持力子系统、外部支持力子系统的指标权重。具体步骤如下:

步骤 1:确定专家 $d_k(k=1,2,\ldots,m)$ 和待评价指标 $x_i(i=1,2,\ldots,n)$。专家是高等院校、科研院所、政府部门、海洋牧场等从事相关研究的人员。

步骤 2:收集以概率语言偏好关系形式的决策信息。用矩阵 $H = (L_{ij}(p))_{n\times n} \subset x \times x$ 来表示指标集 x 的概率语言偏好关系,其中,$i,j = 1,2,\ldots,$

n。$L_{ij}(p)$ 表示 x_i 相对于 x_j 的偏好程度。$L_{ij} = \{L^{(k)}(p^{(k)}) \mid k = 1, 2, \dots, \#L_{ij}\}$ 表示与语言集 $S = \{s_0, s_1, \dots, s_{2\tau}\}$ 相对应的一组概率语言术语集,其中,$p_{ij,k} \geqslant 0$,$\sum_{k=1}^{\#L_{ij}(p)} p_{ij}^{(k)} = 1$,$i, j = 1, 2, \dots, n$,$\#L_{ij}(p)$ 表示语言集 $L_{ij}(p)$ 的数量。$L_{ij}^{(k)}$ 和 $p_{ij}^{(k)}$ 分别是 $L_{ij}(p)$ 中的第 k 个语言集及其发生概率。

为了便于专家对各子系统内的评价指标进行两两比较,将语言集定义为 $S = \{s_0, s_1, \dots, s_8\} = \{极不重要, 很不重要, 不重要, 比较不重要, 同样重要, 比较重要, 重要, 很重要, 极其重要\}$(Herrera 和 Martinez, 2000; Song, 2018)。当比较 x_i 相对于 x_j 的重要性时,专家可以选择 s_0 到 s_8 中最合适的一个语言标度表达其判断。当然,上述过程可以通过对问卷调查的方式实现。对收集好问卷数据进行统计分析,即可得到各子系统内评价指标的概率语言偏好关系矩阵。

步骤 3:用概率计算模型计算各子系统内评价指标的权重 $\omega = (\omega_1, \omega_2, \dots, \omega_n)^T$。基于语言偏好关系的乘法一致性和概率语言术语集的期望值(Xia 等, 2014; Song 和 Hu, 2019),Song 和 Hu(2019)利用概率语言偏好关系矩阵的期望乘法一致性建立了指标权重计算模型,如式(6-1)所示。

$$\min f = \sum_{i=1}^{n-1} \sum_{j=2, j>i}^{n} (d_{ij}^+ + d_{ij}^-)$$

$$s.t. \begin{cases} \left(\sum_{k=1}^{\#L_{ij}} I(L_{ij}^{(k)}) \times p_{ij}^{(k)} - 2\tau \right) \omega_i + \sum_{k=1}^{\#L_{ij}} I(L_{ij}^{(k)}) \times p_{ij}^{(k)} \omega_i - d_{ij}^+ + d_{ij}^- = 0 \\ d_{ij}^+, d_{ij}^- \geqslant 0 \\ \sum_{i=1}^{n} \omega_i = 1, \omega_i \geqslant 0 \\ i, j = 1, 2, \dots, n, i < j \end{cases}$$

$$(6-1)$$

其中,$k = 1, 2, \dots, \#L_{ij}$,$\#L_{ij}(p)$ 表示语言集 $L_{ij}(p)$ 的数量。d_{ij}^+ 和 d_{ij}^- 分别表示正偏差和负偏差。此外,$I(S_a)$ 表示下标函数,其反函数可以表示为 $I^{-1}(a)$。

$$I(S_a) = a, I^{-1}(a) = S_a \qquad (6-2)$$

显然,利用式(6-1)可以计算得到各子系统内指标的权重。需要注意的是,

当 $f = 0$ 时,概率语言偏好关系矩阵 H 具有完全一致性,但这种情况很少发生。

步骤 4:在满意的一致性水平上计算各系统内指标的最终权重。概率语言偏好关系矩阵 H 的期望一致性指标 ECI 定义为:

$$ECI(H) = 1 - \frac{\sum_{i=1}^{n-1} \sum_{j=2, j>i}^{n} (d_{ij}^{+} + d_{ij}^{-})}{\tau n(n-1)} \tag{6-3}$$

$ECI(H)$ 的值越大表明概率语言偏好关系矩阵 H 的一致性越高,当 $ECI(H) = 1$ 时,概率语言偏好关系矩阵 H 具备完全期望一致性。但是在实际决策环境中,基于专家判断很难得到完全一致的概率语言偏好关系矩阵。因此,为了得到满意的决策结果,期望的一致性水平需要至少不低于 0.95(Song 和 Hu,2019);若达不到这一标准,则需要对矩阵进行修正,最终在满足期望一致性水平的基础上计算得到海洋牧场资源环境承载力各子系统的评价指标权重。

三、海洋牧场资源环境承载力指数的计算

设一组待评价的海洋牧场 $G = \{g_i | i = 1, 2, \ldots, I\}$,企业 g_i 的资源环境承载力的各子系统的评价指标分别用 r_{ij}^{P},r_{ij}^{IS},r_{ij}^{ES} 表示,其中 $j = 1, 2, \ldots, n$。因此,海洋牧场资源环境承载力评价的三个决策矩阵分别可以表示为 $R^{P} = (r_{ij}^{P})_{I \times n}$,$R^{IS} = (r_{ij}^{IS})_{I \times n}$,$R^{ES} = (r_{ij}^{ES})_{I \times n}$。为了消除指标在维度和数量级上的差异,需要对矩阵进行归一化处理。归一化决策矩阵 $R' = (r'_{ij})_{I \times n}$ 可以通过以下计算得到:

$$r'_{ij} = \frac{r_{ij} - r_j^{\min}}{r_j^{\max} - r_j^{\min}} \tag{6-4}$$

其中 $r_j^{\min} = \min\{r_{1j}, r_{2j}, \ldots, r_{Ij}\}$,$r_j^{\max} = \max\{r_{1j}, r_{2j}, \ldots, r_{Ij}\}$,$i = 1, 2, \ldots, I$,$j = 1, 2, \ldots, n$。

基于归一化矩阵和相应的指标权重,通过线性加权法可以获得压力指数、内部支持力指数和外部支持力指数:

$$\begin{cases} P_i = \sum_{j=1}^{n} r'_{ij}{}^{P} \omega_i^{P} \\ IS_i = \sum_{j=1}^{n} r'_{ij}{}^{IS} \omega_i^{IS} \\ ES_i = \sum_{j=1}^{n} r'_{ij}{}^{ES} \omega_i^{ES} \end{cases} \tag{6-5}$$

因为 $r_{ij}, \omega_i \in [0,1]$，所以 $P_i, IS_i, ES_i \in [0,1]$。考虑到人类技术进步和组织管理水平对承载力的重要作用，我们设定内部支持力和外部支持力在海洋牧场资源环境系统中同样重要。因此，海洋牧场 g_i 的资源环境承载力指数 C_i 就等于压力指数和支持力指数的比值，计算如下：

$$C_i = \frac{P_i}{\frac{1}{2}(IS_i + ES_i)} = \frac{P_i}{S_i} \qquad (6-6)$$

海洋牧场资源环境承载力指数的取值范围可以被划分为三段：$C_i < 1$，$C_i = 1$，$C_i > 1$；它们分别对应海洋牧场资源环境承载力的盈余状态、平衡状态和超载状态。当支持力指数等于压力指数时，$C_i = 1$ 表示海洋牧场人工封闭系统中的资源环境承载力能够承受人类活动的压力。当支持力指数大于压力指数时，$C_i < 1$ 表示支持力子系统提供的支持力大于人类活动带来的压力，海洋牧场资源环境承载系统存在盈余的承载力。当支持力指数小于压力指数时，$C_i > 1$ 表示资源环境承载力无法承受人类活动的压力，海洋牧场资源环境系统处于超载状态。特别地，当承载力指数 $1 < C_i \leq 1.5$ 时，可以认为海洋牧场承载系统处于轻度超载状态；当 $C_i > 1.5$ 时，系统处于严重超载状态。

此外，海洋牧场资源环境承载力指数有四种耦合状态，如图 6-2 和表 6-2 所示。在图 6-2 中，状态"A"下的压力指数和支持力指数都较高，这表示海洋牧场的理想发展水平。为了维持这种理想的可持续发展状态，海洋牧场在继续建设发展的同时应注重提高内外部支持子系统的能力。"B"状态下的压力指数高而支持力指数低，说明海洋牧场的资源环境保护被忽视了，海洋牧场的发展将面临严重的资源环境制约。在这种情况下，海洋牧场虽然可以通过高强度的开发生产获得巨大的效益，但不利于可持续发展。与状态"A"相反，状态"C"的压力指数和支持力指数都较低。状态"C"表明海洋牧场的发展水平不甚理想。在这种情况下，海洋牧场的最佳选择是增强支持力子系统的能力，逐步向状态"D"过渡，并最终实现向状态"A"的进化。最后，状态"D"的压力指数低而支持力指数高，说明海洋牧场具有巨大的发展潜力。需要注意的是，低水平的压力指数可能会造成海洋牧场资源环境的浪费，未来的建设发展中需要着重解决资源环境的开发利用问题。

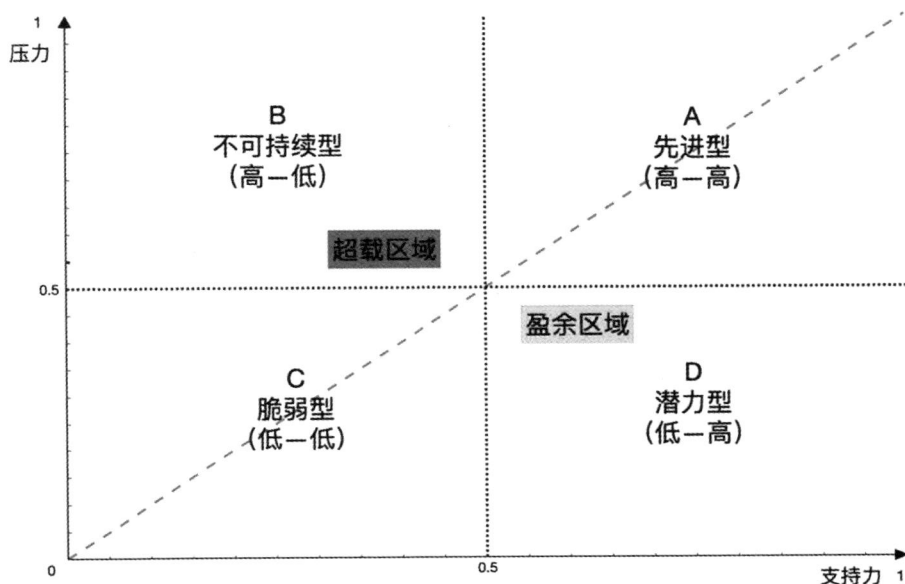

图6-2　海洋牧场资源环境承载力指数的四种耦合状态

表6-2　不同压力—支持力耦合状态下的海洋牧场类型

象限	A	B	C	D
耦合状态	高—高	高—低	低—低	低—高
类型	先进型	不可持续型	脆弱型	潜力型

四、障碍指标的识别

为了识别制约海洋牧场资源环境承载力的关键障碍因素,引入了两个指标:偏离度和障碍度。偏离度是指评价指标的实际值与期望值之间的差异;障碍度是指评价指标对海洋牧场资源环境承载力的制约程度。指标偏离度和障碍度分别由下式计算:

$$D_i = 1 - r'_i \tag{6-7}$$

$$O_i = \frac{\omega_i D_i}{\sum\limits_{i=1}^{n} \omega_i D_i} \times 100\% \tag{6-8}$$

其中r'_i是评价指标的标准值,D_i是指标的偏离度,ω_i是指标权重,O_i是指标的障碍度。显然,障碍度 O_i 的值越大,指标对海洋牧场资源环境承载力水平的制约作用也就越大。

第三节 案例分析

一、指标权重分析

海洋牧场资源环境承载力评价指标的权重由概率语言偏好关系方法计算得到。首先,设计问卷来对各子系统中指标的相对重要性进行两两判断。其次,邀请相关领域内 7 位合格的专家独立完成问卷调查,其中包括 4 名研究机构的学者和 3 名来自企业和政府的管理人员。再次,根据概率语言偏好关系方法的计算要求统计整理专家们的判断信息。最后,验证压力子系统、内部支持力子系统和外部支持力子系统的期望一致性指标的水平,分别为 98.12、95.81 和 98.51。最后,基于式(6-1),利用 MATLAB 软件计算了三个子系统的指标权重,得到的结果如图 6-3 所示。

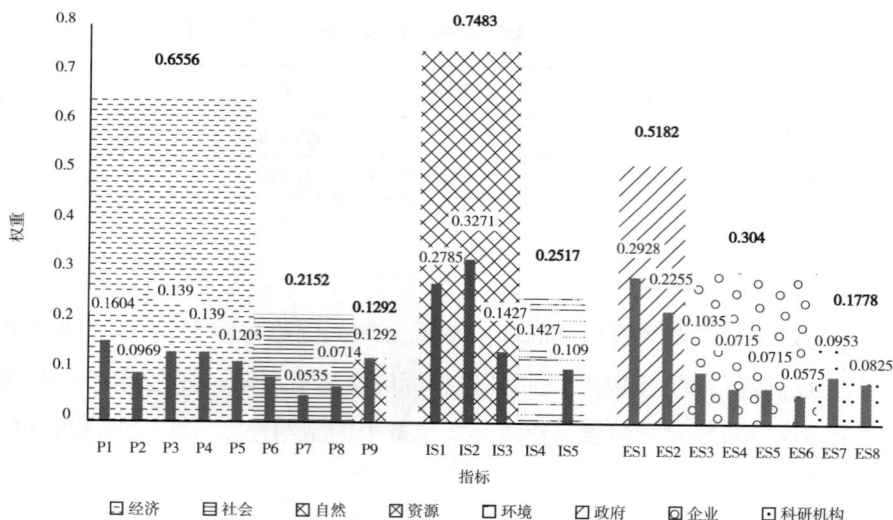

图 6-3 海洋牧场资源环境承载力评价指标的权重

指标权重描述了评价指标对海洋牧场资源环境承载力的重要性。权重越大,评价指标对海洋牧场资源环境承载力的作用就越重要;当权重较低时,评价指标的作用则相对较小。在压力子系统中,各因素的权重依次为:经济

（0.6556）>社会（0.2152）>自然（0.1292）。权重超过0.1的指标有4个：企业资产（0.1604）、已利用海域面积（0.139）、开发方式绿色度（0.139）、自然灾害频率（0.1292）。其他指标的权重在0.05—0.1之间，而且盗采频率的权重是最低的，只有0.0535。在内部支持力子系统中，资源因素的权重（0.7483）远大于环境因素的权重（0.2517）。可利用海域面积（0.2785）和生物多样性（0.3271）是权重最大的两个指标。海洋沉积物质量是权重最低的指标，权重仅为0.109。在外部支持力子系统中，各因素的权重依次为：政府（0.5182）>企业（0.304）>科研机构（0.1778）。支持政策个数（0.2928）和专项资金和补贴金额（0.2255）是权重在0.2以上的仅有的两个指标，表明其对海洋牧场资源环境承载力的支持作用明显。投放人工鱼礁的面积（0.0575）在海洋牧场评价资源环境承载力评价中被认为是重要性最低的外部支持力指标。

二、海洋牧场资源环境承载力分析

表6-3　代表性海洋牧场的资源环境承载力

	海洋牧场企业	压力指数	内部支持力指数	外部支持力指数	支持力指数	资源环境承载力指数
国家级海洋牧场	MR1	0.51	0.21	0.16	0.18	2.76
	MR2	0.35	0.17	0.03	0.1	3.56
	MR3	0.41	0.33	0.47	0.4	1.02
	MR4	0.53	0.15	0.3	0.23	2.34
	MR5	0.37	0.24	0.48	0.36	1.03
	MR6	0.26	0.35	0.12	0.23	1.1
	MR7	0.65	0.75	0.7	0.72	0.89
省级海洋牧场	MR8	0.2	0.22	0.08	0.15	1.33
	MR9	0.2	0.42	0.07	0.24	0.82
	MR10	0.35	0.07	0.06	0.07	5.15
	MR11	0.39	0.36	0.05	0.21	1.88
均值	国家级	0.44	0.31	0.32	0.32	1.81
	省级	0.29	0.27	0.07	0.17	2.3
	整体	0.38	0.3	0.23	0.26	1.99

如图6-4所示,烟台市大部分海洋牧场的"压力—支持力"耦合状态处于"低—低"状态,少数企业的"压力—支持力"耦合状态处于"高—低"状态和"高—高"状态,没有企业处于"低—高"状态。为具体分析烟台市海洋牧场的生态化转型特征,下面将根据上文提出的企业生态化转型状态划分标准,分别从国家级企业和省级企业两个角度来分析各海洋牧场的生态化转型状态与特征。

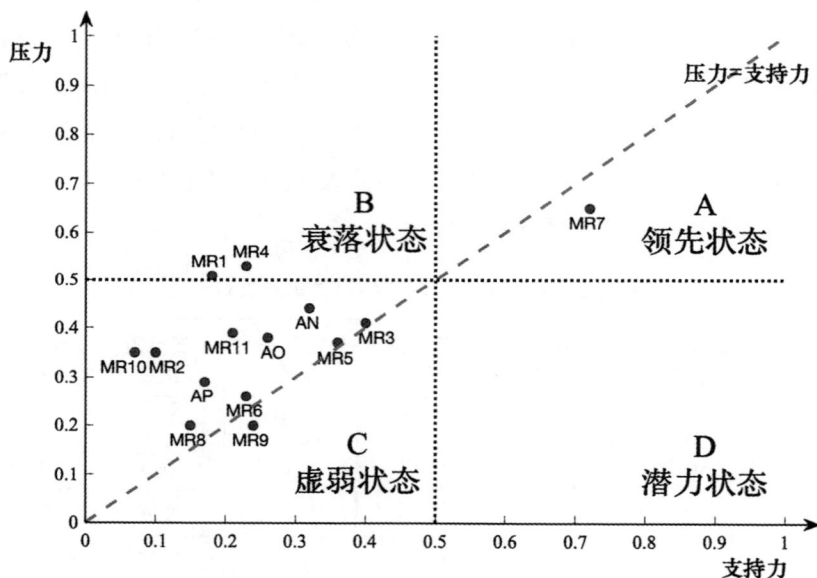

图6-4　烟台市11家海洋牧场的生态化转型状态

在7家国家级海洋牧场中,MR1和MR4的压力指数相对较大,而支持力指数相对较小,所以处于生态化转型的衰落状态。MR4的内部支持力指数只有0.15,是7家国家级海洋牧场中最低的;同时MR1的内外部支持力指数(0.21和0.16)也都处于较低水平,这种耦合状态证明这些海洋牧场对快速与大规模开发和生产带来的短期效益比较关注,而忽视了过度消耗资源和破坏环境产生的长期风险。MR2、MR3、MR5和MR6的压力指数和支持力指数均相对较小,处于生态化转型的虚弱状态。而且,这4家海洋牧场的压力指数均大于支持力指数,所以它们的后续生态化转型实践需要重点注意夯实生态基础和坚持环境保护。MR7的压力指数和支持力指数均相对较大,且压力指数小于支持力指数,是唯一一个处于生态化转型领先状态的海洋牧场,具备乐观的长期可持续发展前景。

4家省级海洋牧场均处于生态化转型的虚弱型状态。其中MR8、MR10和MR11的压力指数大于支持力指数,而MR9的压力指数则小于支持力指数。较低的外部支持力指数(0.08)是MR8处于资源环境承载力超载状态的主要原因。MR9的外部支持力指数(0.07)很低,这意味着实施恰当的人工资源环境修复工程将非常有助于其发展空间的拓展。较大的压力指数(0.35)和所有海洋牧场中最低的内部支持力指数(0.07)是MR10的资源环境承载力状态最差的两个主要原因。MR11的外部支持力指数(0.05)在4家省级海洋牧场中最低,而其压力指数(0.39)远大于支持力指数,这导致了其资源环境承载力的严重超载。

总之,烟台市11家海洋牧场主要处于生态化转型的虚弱状态,既不具备较大的社会经济活动强度,也尚未拥有较强的资源环境禀赋及养护能力,生态化转型情况并不乐观。有2家国家级海洋牧场处于生态化转型的衰落状态,即虽然已经具备了相对较大的社会经济活动强度,企业的生产规模、市场地位、盈利能力、财务资源、组织结构等社会经济绩效表现尚可,但尚未实现社会绩效、经济绩效与环境绩效之间的平衡。只有1家国家级海洋牧场处于生态化转型的领先状态,即同时具备了相对较大的社会经济活动强度和较强的资源环境禀赋及养护能力。优异的自然资源条件和强大的外部支持是国家级海洋牧场在生态化转型表现上优于省级海洋牧场的主要原因。一方面,由于政府的政策倾斜,国家级海洋牧场有更大概率获得丰富的可用海洋空间和建设资金;另一方面,高起点、规范的内部管理以及对科学开发和生产的支持,使得国家级海洋牧场赢得了规模经济优势。对于省级海洋牧场而言,则需要在以后的发展中主动采取一些积极的措施来减轻其承载力状态的压力,如加快现代化养殖技术的应用、争取政府在生态保护方面的金融支持、实施更加科学有效的人工生境修复工程等,以为其生态化转型目标的实现奠定坚实的资源环境基础。

表6-4　海洋牧场外部生态化转型状态特征

企业状态	状态特征	发展需求	发展战略
领先状态	社会经济活动强度大,资源环境禀赋和支持能力强	减少能源资源消耗和污染物排放,保持市场地位和竞争优势	稳定型战略
衰落状态	社会经济活动强度大,资源环境禀赋和支持能力弱	恢复和重建受损生境,遏制区域生态系统恶化趋势	紧缩型战略
虚弱状态	社会经济活动强度小,资源环境禀赋和支持能力弱	夯实生态基础,坚持环境保护,合理利用资源,提升生产能力	发展型战略
潜力状态	社会经济活动强度小,资源环境禀赋和支持能力强	资源利用高效化,环境影响最小化,经济效益最大化	进攻型战略

三、障碍因素分析

对障碍因素的分析有助于提出更具针对性的政策建议,为今后海洋牧场资源环境承载力水平的提升提供参考。根据前文介绍的识别海洋牧场资源环境承载力障碍因素的方法,在保证指标总障碍度在各企业的占比大于50%的基础上,分别选择了压力子系统的前三位、内部支持力子系统的前两位、外部支持力子系统的前三位作为主要障碍因素。11家海洋牧场资源环境承载力的主要障碍因素如图6-5所示。

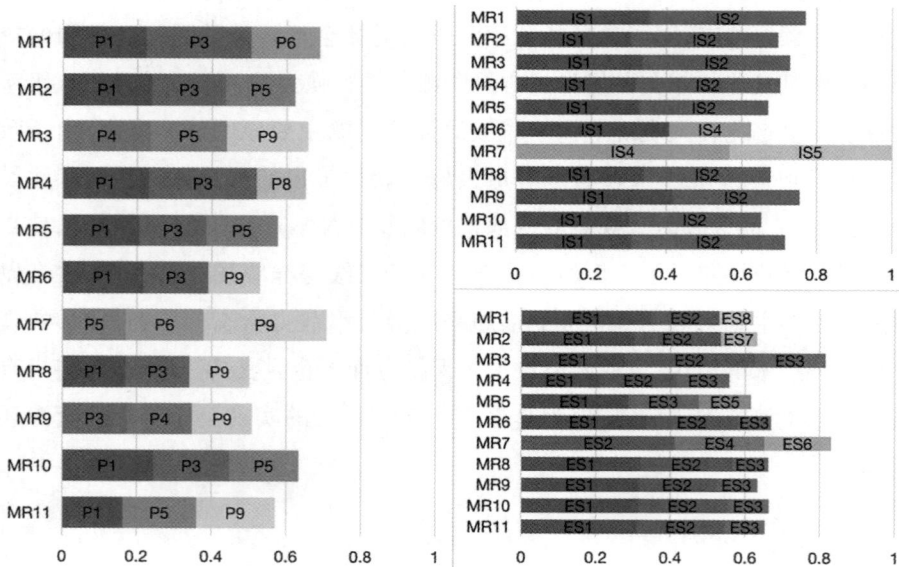

图6-5　烟台市11家海洋牧场资源环境承载力的主要障碍因素

在压力子系统中,企业资产规模(P1)、用海面积(P3)、生产方式绿色度(P5)和自然灾害频率(P9)是限制大多数海洋牧场资源环境承载力水平的关键因素。显然,海洋牧场经济利益驱动的活动是制约资源环境承载力水平的主要因素,但社会因素并没有对资源环境承载力产生太大的不利影响。此外,考虑到自然因素对资源环境承载力的危害,如何通过预警手段减少自然灾害的不利影响是一个值得思考的问题。

在内部支持力子系统中,可利用海域面积(IS1)和生物多样性(IS2)是制约大多数海洋牧场资源环境承载力水平的关键因素。相比环境污染,企业的生产运营对海洋牧场区域造成了更多的资源消耗。因此,在企业当前发展阶段,资源约束对海洋牧场资源环境承载力的作用明显强于环境约束。

在外部支持力子系统中,支持政策数量(ES1)、专项资金和补贴金额(ES2)、日常管理维护活动(ES3)是制约大多数企业海洋牧场资源环境承载力水平的关键因素。从外部支持力子系统的主要障碍指标来看,缺失的外部支持力主要来源于政府部门,其次是企业自身,最后是科研机构。毫无疑问,政府在未来一段时间内仍将在海洋牧场资源环境承载力的外部支持中扮演最重要的角色。但需要指出的是,海洋牧场经营活动的维护和管理的加强可以使其成为保障海洋牧场健康可持续发展的重要部分。虽然科研机构提供的外部支持力作用暂时还不明显,但可以预期的是它将随着海洋牧场的发展而在资源环境承载力水平提升中发挥越来越重要的作用。

第四节　讨　论

研究结果表明,烟台市11家海洋牧场的资源环境承载力水平总体上处于较为严峻的状态。从评价结果看,仅有2家海洋牧场处于盈余状态,4家海洋牧场轻度超载,5家海洋牧场严重超载。毫无疑问,造成这种超载状态的原因是海洋牧场的建设开发强度超过了对自然资源养护和环境保护的投入程度。然而,与Yu和Di(2020)在"海洋经济与海洋承载力协调研究"中给出的预期类似,本章对当前超载状态在未来的演变趋势持乐观态度。也就是说,当前海洋牧场的超载状态标志着其具备了一定的生产规模和经济实力,这为下一步的环境保护和资源养护提供了必要的物质基础。当然,政府部门应该制定相应的规章制度,正确引导企业,确保企业在追求经济利益的同时兼顾社会和生态利益。

研究结果显示国家级海洋牧场的资源环境承载力平均水平优于省级海洋牧场。虽然国家级海洋牧场的压力大于省级海洋牧场,但由于其支持力优势更为明显,因此国家级企业的整体资源环境承载力水平较好。国家级企业的支持力优势主要来源于两个方面:自然资源和外部环境(Darnall 等,2010;Du 和 Gao,2020)。首先,在政府的支持下,国有企业可以获得更多的可用海洋空间;其次,国家级海洋牧场规模较大,内部管理更加规范,能够采取更加科学的开发和生产方式。考虑到规模经济作用,这种情况在今后一段时间内仍将持续。但是,省级海洋牧场仍可以采取一些积极措施来减轻其资源环境承载力的压力。政府在生态保护方面可适当增加对中小海洋牧场的金融支持力度,促使省级企业不断提高内部管理水平,采用可持续发展模式。此外,为了充分调动企业生产经营的积极性和规范性,政府的财政支持应以奖励形式代替补贴形式,坚持以企业投入为主、政府奖励为辅的模式,建立企业先投入、政府奖励后发放的支持模式。

对压力与支持力耦合状态的分析表明,烟台市大部分海洋牧场的压力和支持力水平都相对较低。压力低表示企业发展水平低,支持力低表示自然条件和外部环境的支持有限(Zhang 等,2019;Shen 等,2020)。在这种支持力较小的状态下,一旦企业忽视了对资源和环境的保护,海洋牧场的资源环境承载力状态就会迅速恶化。因此,即使部分企业目前存在承载力盈余,但它们实际上处于非常脆弱的状态。按照可持续发展的原则,要实现企业发展与资源环境保护并举,海洋牧场必须要同时注重完善内外部支持。企业可以通过增殖放流、提高人工鱼礁质量、寻求政府支持、加强清洁生产技术的研究等措施,为今后的经济活动提供更好的资源环境条件。政府也需要对当前这种不尽如人意的耦合状态作出反应,积极推动现代养殖技术的应用,完善海洋牧场的交通、通讯等基础设施建设,推动海洋牧场建设与相关的旅游产业、海洋产业深度融合发展。

障碍指标分析结果表明,各子系统中均存在着限制海洋牧场资源环境承载力水平的主要障碍指标,部分关键指标严重限制了烟台 11 家海洋牧场的资源环境承载力水平。为了克服压力子系统中障碍因素的影响,企业应该通过实施立体养殖来减少海洋空间的浪费；同时，政府和科研机构应发挥辅助作用，帮助企业建立清洁生产体系和灾害预警监测体系（Yu 和 Zhang，2020）。为解决内部支持力子系统障碍因素的影响，企业还需要加强生物资源增殖与保护，提高海域的生物多样性水平（Shi 等，2018）。最后，要克服外部支持力子系统障碍因素的影响，政府需要为海洋牧场提供更合理的支持；企业则需要通过与政府的密切合作，加强内部管理，提高资源环境承载力水平（He 等，2018）。

第五节　本章小结

为了科学、准确地判定海洋牧场的外部生态化转型状态，本章构建了海洋牧场区域资源环境承载力的状态评价模型，进而基于这一模型的承载力状态评价结果分析了海洋牧场的外部生态化转型状态，并通过开展实例分析验证了模型的科学性和理论方法的合理性。具体地，评价模型构建方面，首先是基于"压力—支持力"这一理论视角构建了海洋牧场资源环境承载力状态的评价指标体系，再是基于概率语言偏好关系确定了每个子系统内评价指标的权重，最终提出了承载力状态指数的计算方式；构建的模型极大改进了以往海洋牧场资源环境承载力状态评价中的指标选取合理性、指标权重科学性、承载力指数直观性等问题。其次，企业外部生态化转型状态分析方面，提出了基于资源环境承载力状态评价结果的海洋牧场外部生态化转型状态划分标准，并进而对各外部生态化转型状态的状态特征、发展需求和发展战略进行了分析；这为海洋牧场最佳生态化转型模式的匹配奠定了基础。最后，以烟台市 11 家海洋牧场为例，对提出的资源环境承载力状态评价模型及基于此的企业外部生态化转型状态分析模式开展了应用研究，验证了其科学性、合理性和可行性。

然而，海洋牧场的生态化转型状态是由外部状态和内部状态共同决定的，单纯依靠外部生态化转型状态的判定结果来确定海洋牧场所适配的生态化转型模式显然是有失客观性和全面性的。因此，在下一章将继续探索海洋牧场整体生态化转型状态的划分标准、结果与特征，并进而提出基于资源环境承载力综合评价结果的海洋牧场生态化转型模式匹配方案。

第七章 海洋牧场生态化转型模式匹配

第一节 转型状态分析

一、海洋牧场生态化转型状态分析框架

海洋牧场的外部相对生态化转型水平是根据企业在市场上的相对资源环境承载力状态和社会经济活动强度判定的。作为资源环境的消费者，海洋牧场的日常生产经营活动不可避免地会对周边自然生态与居民社区造成一定的影响，而这种影响是决定企业生产成本、品牌形象、产品价值的重要因素。当企业具备较好的资源环境承载力状态时，就意味着企业的业务活动对周围的自然生态与居民社区影响较小，企业具备更高的社会认可度；也就意味着企业拥有较多可供利用的资源，拥有更好的市场地位。反之，当企业相对于其他竞争对手而言资源环境承载力状态较差时，企业及其产品的市场认可度也会较低，企业将面临生产经营困难的处境。同时，社会经济活动强度也会对企业生存与发展产生影响。当企业的社会经济活动强度较大时，就意味着企业能够获得更多的外部资源以支持发展需要，从而提高企业的市场竞争力和增强企业的行业地位。反之，企业则只能依靠自身的技术创新和管理优化来维持其竞争优势，这会使企业逐渐落后于市场环境和丧失行业地位。

海洋牧场的内部绝对生态化转型程度是根据企业内部的绝对资源环境承载力容量盈余和生产经营活跃度判定的。自然资源环境是海洋牧场生产经营的基础，也是企业可持续发展前景的体现。当企业内部的绝对资源环境承载力容量存在盈余时，说明该企业拥有较好的自然资源环境禀赋或是较强的资源养护与环境保护能力，这为企业生产能力的提升以及经营范围的扩张奠定了坚实的基础。反之，当企业内部的绝对资源环境承载力容量已经超载时，说明该企业的自然资源环境禀赋较差或是资源养护与环境保护能力较弱，这会

限制企业的正常业务活动开展和市场拓展,影响其未来的发展空间和潜力;也会影响企业的形象和声誉,失去消费者的信任和支持;甚至还会对周边自然生态与居民社区造成长期和不可逆的负面影响,受到政府部门的监管和处罚。同时,生产经营活跃度也会影响企业生态化转型目标的实现。当企业的生产经营活跃度较高时,既说明了企业的运营管理模式符合业务活动需求,也意味着企业更有能力通过技术创新和管理手段来降低对自然生态的负面影响。反之,企业不仅无法达到高效的生产规模和实现稳定的盈利水平,其发展还会受到资源环境限制越发严重的束缚。

海洋牧场只有在两个标准上都取得了较高的成绩时,才能认为企业在真正意义上实现了生态化转型目标。如果只关注企业在外部环境中的生态化转型情况,而忽略企业自身实际的资源利用效率和生态环境管理,则无法全面地判定海洋牧场的生态化转型水平与状态。反之亦然,如果只关注企业内部的生态化转型状态,而忽略其对外部系统的影响及在外部系统中的角色,就会造成最终企业生态化转型水平与状态的判断结果的片面性,进而无法为海洋牧场的生态化转型实践提供准确的意见指导。

二、海洋牧场生态化转型状态划分结果

前文分别基于海洋牧场区域资源环境承载力容量和状态评价的指标结果划分了企业的内外部生态化转型状态,依据这两个互相补充、彼此关联的标准,基于上述海洋牧场生态化转型状态的分析框架,海洋牧场的整体生态化转型状态最终被划分为最佳状态、出色状态、较好状态、较差状态、糟糕状态和最差状态六大类,其中又包括一马当先、逆势成长、蒸蒸日上、蓄势待发、不温不火、金玉其外、坐失良机、左支右绌、力不从心、步履维艰、不堪重负和生死一线十二类具体状态,结果如图 7-1 所示。

最佳状态、出色状态和较好状态代表的是海洋牧场正面的生态化转型状态。其中处于最佳状态(一马当先状态)的海洋牧场的内外部生态化转型水平皆达到了最理想状态,即企业在市场上的相对资源环境承载力状态和社会经济活动强度最好,且企业内部的绝对资源环境承载力容量盈余和生产经营活跃度表现最佳。处于出色状态(逆势成长和蒸蒸日上状态)的海洋牧场的内外部生态化转型水平尚存进步空间,此时企业或是在市场上尚未处于领先状态,或是内部的生态化转型水平尚未达到成熟状态。处于较好状态(蓄势

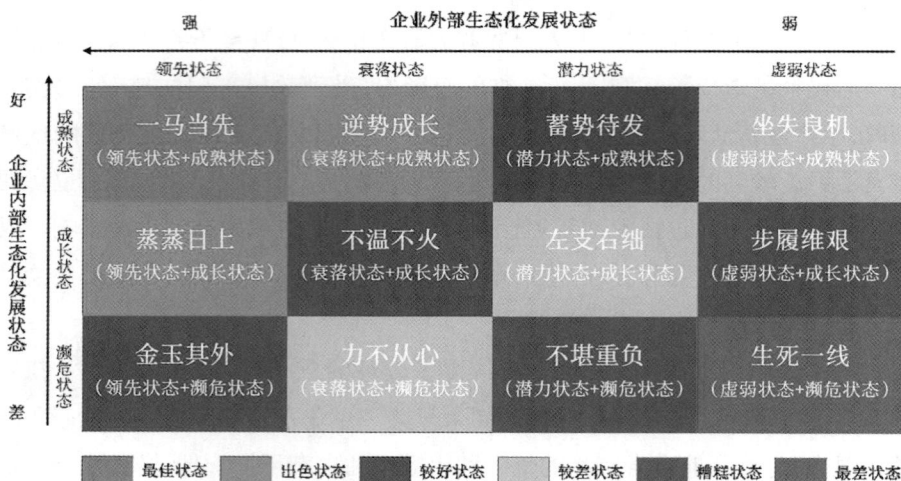

图 7-1　基于资源环境承载力的海洋牧场生态化转型状态矩阵

待发、不温不火和金玉其外状态）的海洋牧场的内外部生态化转型水平则存在较大的提升空间，即企业要么内外部的生态化转型水平均未达到最佳状态，要么其中一方面的生态化转型水平处于较弱或最差状态。

最差状态、糟糕状态和较差状态反映的是海洋牧场负面的生态化转型状态。其中处于最差状态（生死一线状态）的海洋牧场的内外部生态化转型水平皆为最不理想状态，即企业在市场上的相对资源环境承载力状态和社会经济活动强度最弱，且企业内部的绝对资源环境承载力容量盈余和生产经营活跃度表现最差。处于糟糕状态（步履维艰和不堪重负状态）的海洋牧场的内外部生态化转型水平尚未全部陷入最差状态，此时企业或是在市场上处于潜力状态，或是内部的生态化转型水平处于成长状态。处于较差状态（坐失良机、左支右绌和力不从心状态）的海洋牧场则存在改善与提升生态化转型水平的基础，即企业要么内外部的生态化转型水平均未处于最差状态，要么其中一方面的生态化转型水平处于较强或最好状态。

三、海洋牧场生态化转型状态特征分析

根据海洋牧场生态化转型状态的划分结果，处于不同状态的企业在市场环境和内部条件下的生态化转型特点与水平均有所不同，相应在生态化转型进程中需要解决的关键问题以及需要确定的发展战略也存在差异。分析海洋

牧场的状态特征,有助于更准确地评估和把握企业所处的发展环境、面临的问题和机遇,有助于根据企业的现状和目标选择最为适合的生态化转型模式,从而实现企业永续经营和可持续发展的目标。因此,表 7-1 展示了海洋牧场十二类生态化转型状态的状态特征、发展需求和发展战略,以为企业生态化转型模式的匹配奠定基础。

表 7-1　基于资源环境承载力的海洋牧场各生态化转型状态特征

企业状态		内外部生态化转型状态		发展需求	发展战略
大类	小类	外部	内部		
最佳状态	一马当先	领先状态	成熟状态	提高产品质量,强化盈利能力,扩大市场份额,保持竞争优势	稳健型战略
出色状态	逆势成长	衰落状态	成熟状态	调整经营策略,控制生产规模,提高生产效率,减少环境影响	拓展型战略
	蒸蒸日上	领先状态	成长状态	优化生产流程,高效利用资源,加强技术研发,注重人才培养	
较好状态	蓄势待发	潜力状态	成熟状态	扩大生产规模,优化产品结构,提高生产效率,扩大市场份额	扩张型战略
	不温不火	衰落状态	成长状态	改善品牌形象,加强市场营销,高效利用资源,整顿内部管理	
	金玉其外	领先状态	濒危状态	加强技术研发,优化产品设计,增加环保投入,高效利用资源	
较差状态	坐失良机	虚弱状态	成熟状态	提高生产能力,扩大生产规模,高效利用资源,强化盈利能力	维持型战略
	左支右绌	潜力状态	成长状态	提高产品质量,高效利用资源,夯实生态基础,加强市场营销	
	力不从心	衰落状态	濒危状态	优化产品设计,优化生产流程,加强技术研发,修复受损生境	

企业状态		内外部生态化转型状态		发展需求	发展战略
大类	小类	外部	内部		
糟糕状态	步履维艰	虚弱状态	成长状态	优化产品结构,提高生产效率,合理利用资源,维护生态稳定	调整型战略
	不堪重负	潜力状态	濒危状态	增加环保投入,修复受损生境,优化产品结构,优化生产流程	
最差状态	生死一线	虚弱状态	濒危状态	调整经营模式,转移战略方向,优化资源配置,重筑生态基础	生存型战略

(1)一马当先状态。该状态下的海洋牧场同时具备领先状态的外部生态化转型水平和成熟状态的内部生态化转型程度,属于生态化转型实践中的最佳状态。企业此时既具备较强的社会经济活动强度和生产经营活跃度,还拥有较好的资源环境承载力状态和容量盈余,应该采取稳健型战略来提高产品质量,强化盈利能力,扩大市场份额,保持竞争优势。具体而言,企业需要通过加大研发投资,积极引进节能高效的新技术、新设备和新工艺,提高产品的品质、营养价值和安全性;也需要整合上下游资源,与相关企业合作开展联合养殖、共享物流,通过优化核心业务流程来降低成本和环境影响,提高效率和盈利能力;还需要通过开发新产品,拓展新的客户群体,增加销售渠道和销售范围,提高品牌知名度和影响力。

(2)逆势成长状态。该状态下的海洋牧场具备成熟状态的内部生态化转型程度,但其外部生态化转型水平处于衰落状态,属于生态化转型实践中的出色状态。此时企业在内部具有较高的生产经营活跃度和盈余的资源环境承载力容量,但在市场竞争中却存在资源环境承载力状态相对超载的问题,所以需要采取拓展型战略来调整经营策略,控制生产规模,提高生产效率,减少环境影响。具体来说,企业一是需要重新进行局部的科学评估和规划,确定养殖密度、饲料配方和生产周期等参数,合理控制生产规模,避免过度开发和过度养殖而影响水域环境和资源的可持续利用;二是需要加强管理和技术支持,提高生产效率和产品质量;三是需要引入生态修复技术和污染治理技术,加强环保设施的建设和维护,控制废水排放和固体废物处理,探索构建循环经济模式。

(3)蒸蒸日上状态。该状态下的海洋牧场具备领先状态的外部生态化转型水平,但其内部生态化转型程度尚处于成长状态,也属于生态化转型实践中的出色状态。此时企业在市场上拥有相对较高的社会经济活动强度和良好的资源环境承载力状态,但其内部的生产经营活跃度与资源环境承载力容量却存在发展不充分与不平衡的问题,所以需要采取拓展型战略来优化生产流程,高效利用资源,加强技术研发,注重人才培养。具体地,企业首先需要开展数字化管理和智能化监控,通过生产流程的优化来提高生产效率和产品质量;其次需要实施节约型生产和资源综合利用策略,将废料、废弃物转化为有价值的资源和能源,实现降本增效;最后需要建立技术创新平台和联合研究机构,引进先进技术和优秀人才,注重员工的专业能力和创新意识培养,开展前沿生态化转型技术的研究和产业化应用。

(4)蓄势待发状态。该状态下的海洋牧场具备成熟状态的内部生态化转型程度,但其外部生态化转型水平尚处于潜力状态,属于生态化转型实践中的较好状态。企业此时内部的生产经营活跃度和资源环境承载力容量盈余的优势较为明显,但其在市场竞争中却存在社会经济活动强度不高的问题,所以需要采取扩张型战略来扩大生产规模,优化产品结构,提高生产效率,扩大市场份额。具体而言,企业一是要扩大养殖面积和提升养殖密度,逐步扩大生产规模;二是要根据市场需求优化产品结构,提高产品附加值和差异化水平;三是要加强管理和技术支持,提高生产效率和产品质量;四是要加强品牌建设,拓展销售渠道,提高品牌知名度和市场占有率。

(5)不温不火状态。该状态下的海洋牧场的外部生态化转型水平处于衰落状态,内部生态化转型程度处于成长状态,也属于生态化转型实践中的较好状态。此时企业的外部社会经济活动强度相对较高,但也面临在市场上资源环境承载力状态相对超载和在内部的生产经营活跃度与资源环境承载力容量发展不充分、不平衡的问题,所以需要采取扩张型战略来改善品牌形象,加强市场营销,高效利用资源,整顿内部管理。具体来说,企业首先需要注重品牌形象的打造,提高产品质量和服务水平,树立良好的企业形象;其次需要通过多种途径加强市场营销,如加大广告投放、开展促销活动、建立电商渠道等;再次需要实施节约型生产和资源综合利用策略,将废弃物转化为有价值的资源和能源;最后需要完善内部管理机制,提升企业管理水平和人员素质。

(6)金玉其外状态。该状态下的海洋牧场具备领先状态的外部生态化转型水平,但其内部生态化转型程度却处于濒危状态,也只属于生态化转型实践中的较好状态。企业此时外部的社会经济活动强度和资源环境承载力容量状态的相对优势较为明显,但在其内部却存在生产经营活跃度较低、资源环境禀赋和支持能力弱的问题,所以需要采取扩张型战略来加强技术研发,优化产品设计,增加环保投入,高效利用资源。具体来说,企业一方面需要加大技术研发投入,推进产品技术创新,开发适应性更强的产品,提高产品附加值,降低产品的环境影响;另一方面需要推广环保技术,加强废水处理,开展生态修复,提高资源利用效率和生产效率,减少环境污染,树立企业的社会责任感和践行节能减排的荣誉感。

(7)坐失良机状态。该状态下的海洋牧场具备成熟状态的内部生态化转型程度,但其外部生态化转型水平却处于虚弱状态,属于生态化转型实践中的较差状态。企业此时具有明显的内部生产经营活跃度和资源环境承载力容量盈余优势,但其在市场竞争中却存在社会经济活动强度不高和资源环境承载力状态超载的问题,所以需要采取维持型战略来提高生产能力,扩大生产规模,高效利用资源,强化盈利能力。具体地,企业首先需要加大投资、引进先进设备和技术,提高生产能力和水平,通过拓展销售渠道等方式来扩大生产规模,提高经济效益;同时需要凭靠优越的自然资源条件基础,推动海洋渔业同二三产业融合发展,让有限的资源在水产品增养殖、水产品精深加工、渔业装备制造、旅游业等多个产业之间实现充分利用;还需要加强财务管理和风险控制,通过提高产品附加值和控制成本等方式来提高企业盈利能力。

(8)左支右绌状态。该状态下的海洋牧场的外部生态化转型水平处于潜力状态,内部生态化转型程度处于成长状态,也属于生态化转型实践中的较差状态。企业此时的外部社会经济活动强度相对较低,还面临内部生产经营活跃度与资源环境承载力容量发展不充分、不平衡的问题,所以需要采取维持型战略来提高产品质量,高效利用资源,夯实生态基础,加强市场营销。具体来说,企业一是需要选择优质种苗,实施科学养殖方法,加强监管与质量检验,并同时完善旅游设施和配套服务,在提供高质量水产品和服务产品的同时实现区域内资源的高效利用;二是需要通过开展生态修复、推广生态种养殖等方式来保护和恢复生态环境,增强企业的社会责任感和形象;三是需要通过开展宣传推广、拓展销售渠道、优化客户服务等方式来加强市场营销,提高市场占有率和竞争力。

（9）力不从心状态。该状态下的海洋牧场的外部生态化转型水平处于衰落状态,但内部生态化转型程度却处于濒危状态,也是属于生态化转型实践中的较差状态。此时企业外部的相对资源环境承载力状态处于超载状态,且内部也存在生产经营活跃度较低、资源环境禀赋和支持能力弱的问题,所以需要采取维持型战略来优化产品设计,优化生产流程,加强技术研发,修复受损生境。具体来说,企业一是需要更新产品结构和提高产品使用寿命来优化产品设计,减少对资源的消耗;二是需要通过节能设备的引进、生产计划的合理安排、污染治理技术的应用等方式来实现生产流程的优化;三是开展新品种的繁育、科技创新成果的转化应用、技术支撑平台的建设等活动,以强化和完善海洋环境监测、生物多样性保护、生态系统修复等机制,进而实现区域生态环境的保护和修复。

（10）步履维艰状态。该状态下的海洋牧场的内部生态化转型程度尚处于成长状态,但外部生态化转型水平却处于虚弱状态,属于生态化转型实践中的糟糕状态。企业此时内部生产经营活跃度与资源环境承载力容量存在发展不充分、不平衡的问题,且在市场竞争中面临社会经济活动强度不高和资源环境承载力状态超载的问题,所以需要采取调整型战略来优化产品结构,提高生产效率,合理利用资源,维护生态稳定。具体地,企业首先需要开展新品种的繁育、新产品的开发等方式来优化产品结构,提高产品附加值,增加产品差异化,从而提高产品竞争力;其次需要通过引进先进设备、提高员工技术水平、改进生产流程等方式来提高生产效率,减少能源消耗和废弃物排放;最后需要加强环境保护和治理工作,在资源的合理开发利用与生态系统的修复上双管齐下,保障资源环境系统的可靠性和稳定性。

（11）不堪重负状态。该状态下的海洋牧场的外部生态化转型水平尚处于潜力状态,但内部生态化转型程度却处于濒危状态,也属于生态化转型实践中的糟糕状态。企业此时外部存在社会经济活动强度相对较低的问题,且内部面临生产经营活跃度较低、资源环境禀赋和支持能力弱的问题,所以需要采取调整型战略来增加环保投入,修复受损生境,优化产品结构,优化生产流程。

具体来说,企业一是需要增加人工鱼礁、海藻场、海草床等人工生境修复工程的实施,并建立和完善后续的监测、管理、维护机制,为区域生态系统提供外部支持;二是需要探索培育新鲜、营养丰富、口感好的新品种,采取严格的生产标准和管理措施,为市场提供高营养价值的健康产品;三是需要通过引进节能设备、合理安排生产计划、应用污染治理技术等方式来优化生产流程,实现资源有效利用、降低能耗、减少废弃物排放的目的,从而最大限度地提升企业的可持续商业前景。

(12)生死一线状态。该状态下的海洋牧场一方面外部生态化转型水平处于虚弱状态,另一方面内部生态化转型程度也处于濒危状态,属于生态化转型实践中的最差状态。此时企业不仅内外部的社会经济活动强度和生产经营活跃度较低,其相对资源环境承载力状态和绝对资源环境承载力容量都已经超载,所以应该尽快采取生存型战略来调整经营模式,转移战略方向,优化资源配置,重筑生态基础。具体而言,企业一是需要开展精细化管理、节约型生产等方式来调整原有经营模式;二是需要寻找新的市场机会,推动品牌建设和市场拓展;三是需要淘汰销售增长率和市场占有率均极低的产品,向其他产品生产或者生态修复等方面转移剩余资源;四是需要坚定不移地开展海洋环境监测、生物多样性保护、生态系统修复等基础工作来重筑生态基础,提高生态系统的稳定性和可持续性。

第二节　转型模式匹配

一、生态化转型模式匹配原则

(1)生态优先原则。海洋牧场的生产经营活动与其所在区域的资源环境系统密切相关,只有坚持生态优先原则匹配企业的生态化转型模式,才能为企业的长期可持续发展提供基本保障。相对于通常的经济优先原则,生态优先原则不再片面追求经济规模的无限扩张和经济利益的持续增长,而是将人类活动的生态合理性的优先级设定高于经济与技术的合理性。具体而言,对生态优先原则的理解可以从生态规律优先、生态资本优先、生态效益优先三个分解的方面来逐个进行。第一,海洋牧场生态化转型模式的匹配必须符合生态系统的平衡原则以及自然资源的再生循环规律;第二,企业生态化转型模式的匹配还需要考虑生态资本的保值增值，即着眼于生态系统的保护与修复，以及持续的自然优化与协调发展；第三，若在企业生态化转型模式匹配中出现了经济效益和生态效益之间无法协调的根本性矛盾冲突，那么必须要坚决保护更为基础和长期的生态效益，而果断放弃短期的经济利益。

（2）适宜可行原则。海洋牧场的生态化转型实践是一项复杂的系统性工程，只有坚持适宜可行原则匹配企业的生态化转型模式，才能让企业的生态化转型战略落到实处，达到事半功倍的效果。适宜可行原则要求海洋牧场在匹配生态化转型模式时需要考虑其是否符合企业自身特点和发展需求，同时也需要考虑其在实际操作中的可行性。外部环境中企业需关注政策法规和市场需求两个方面，它们分别要求企业在政策法规的约束下和市场需求的驱动下选择生态化转型模式，以确保模式既符合相关规定，又能够满足市场需求。内部条件中企业则应斟酌资源限制、技术水平和企业文化三个方面，它们分别要求在考虑企业的资源状况、技术的创新和应用水平、管理者与员工的诉求的基础上匹配生态化转型模式，以确保实施可持续的、有效的和高质量的生态化转型实践。

（3）成本效益原则。海洋牧场的生态化转型实践需要大量的人力、物力和财力投入，只有坚持成本效益原则匹配企业的生态化转型模式，才能够实现企业生态化转型效益的最大化。当然，在企业可承担成本投入的前提下，匹配模式的成本绝对数并非越低越好，关键要看一项成本的发生产生的效益是否大于该项成本支出，这里的效益既包括收入，也包括企业总成本的节省。对于海洋牧场的生态化转型实践而言，当某项生态化转型模式的投入成本大于效益时，该模式是不应该被采用的；当某项模式的投入成本小于其产生的效益时，该模式是可以被选择的。

（4）持续优化原则。海洋牧场的生态化转型实践是一个不断优化和改进的过程，只有坚持持续优化原则匹配企业的生态化转型模式，才能使企业适应环境变化和市场需求，保持企业竞争力。持续优化原则一方面要求企业在匹配生态化转型模式时要关注该模式能够为企业生态化转型带来的持续优化效应，另一方面要求企业在生态化转型实践中应适时、及时地调整所匹配的生态化转型模式。除了带来眼前效益的增长之外，匹配的生态化转型模式还应该在企业现有资源基础上推动企业产品设计、生产流程、技术创新能力、供应链管理、员工培训、管理体系等环节的优化，以实现可持续价值。此外，随着企业生态化转型状态的变化,海洋牧场所面临的新的外部环境和内部条件与原有生态化转型模式之间会出现匹配度下降的问题,所以企业需要实行模式转化以保障其生态化转型实践的有效性和连续性。

二、匹配度判断矩阵构建

结合自身实际情况与需求匹配最适合的模式是海洋牧场践行生态化转型的重要前提。基于承载力评价结果,各类生态化转型状态下的海洋牧场在市场中的竞争优势有所不同,内部建设发展条件也存在差异,这决定了他们需要结合自身亟待解决的问题和改进的方向选择最合适的生态化转型模式。为筛选出最符合企业需求的生态化转型模式,本研究用匹配度的概念来表示各类生态化转型状态下的海洋牧场与不同生态化转型模式之间的适配程度,即匹配度越高的生态化转型模式,越能够满足企业的生态化转型实践需要。

定量战略计划矩阵(QSPM)是战略决策阶段的重要分析工具,该分析工具能够以事先确认的外部及内部有关因素来客观地指出哪一种战略是最佳的。QSPM 具备两个优点:一是它能够相继地或同时地考察一组战略;二是它要求决策者在决策过程里将有关的外部以及内部因素结合起来考虑。自1986 年提出以来,QSPM 凭借其在战略决策中的独特优势,已经在经过适当修改后被成功地应用于多种类型组织的战略决策中,包括跨国公司、小型企业和非营利性组织等。为科学选择海洋牧场适配的生态化转型模式,本研究借鉴定量战略计划矩阵的构建逻辑和计算过程,构建了海洋牧场生态化转型模式的匹配度判断矩阵(见表7-2)。

表7-2 海洋牧场生态化转型模式的匹配度判断矩阵

关键因素			备选生态化转型模式*				
目标	准则	因素	权重	1	2	3	4	5
生态化转型	外部环境	相对社会经济活动强度						
		相对资源环境承载力状态						
	内部能力	绝对生产经营活跃强度						
		绝对资源环境承载力容量						

*1 代表生境修复模式,2 代表生态化生产模式,3 代表生态化运营模式,4 代表生态化管理模式,5 代表科技创新模式。

根据上文提出的生态化转型状态划分标准,影响海洋牧场生态化转型模式选择的关键因素包括外部环境和内部条件两个来源。其中外部环境的关键因素是指企业在市场上的相对社会经济活动强度和相对资源环境承载力状态,内部条件的关键因素则是指企业内部的绝对生产经营活跃强度和绝对资源环境承载力容量。12 种生态化转型状态拥有不同的因素特征描述,以左支右绌状态为例,其外部因素特征为相对社会经济活动强度小,相对资源环境承载力状态强;内部因素特征为绝对生产经营活跃强度和绝对资源环境承载力容量水平中等或关系失衡。此外,匹配度判断矩阵中的四个关键因素的权重不作事先统一规定,而是由每个专家根据其专业知识和经验给出,以充分反映专家的属性偏好。

矩阵右侧是可供海洋牧场选择的生态化转型模式,专家可以依据总结的生态化转型模式简介(包括模式的特征内涵、关键作用与适用情境),结合匹配度矩阵中具体的关键因素特征描述,判断不同生态化转型状态下各种模式在每个关键因素下的相对适配性。根据 QSPM 的计算过程,在专家用数值表示出各个备选战略的相对吸引力后(如 1＝没有吸引力,2＝有一些吸引力,3＝有相当吸引力,4＝很有吸引力),通过对这些数值的加权求和就直接得到各备选战略的总分数,进而得到最优的战略选择。然而,QSPM 计算过程中存在的两个重要问题在一定程度上影响了其计算结果的准确性:一是专家在给出语言判断信息时的语义问题,二是由知识背景和结构差异造成的专家权重问题。针对以上两个问题,下面将提出兼顾专家语义和权重的匹配度计算方法,以为海洋牧场生态化转型模式的科学精准匹配提供方法支持。

三、匹配度计算方法

专家经验决策是指专家经验决策者对专家经验决策对象的认识与分析,以及对专家经验决策方案的选择。当无法完全获得客观数据或模型数据准确性不足时,以专家经验作为补充有助于更合理地最终决策,所以其在管理决策过程中已经得到了广泛的关注与应用。我国海洋牧场的生态化转型实践尚处于起步和发展阶段,因此在海洋牧场生态化转型模式的匹配度判断中,暂时无法获得充分可用的客观数据。所以,通过收集相关领域专家对海洋牧场生态化转型的理论性理解和实践性认知,以专家经验作为匹配度的判断依据,进而指导海洋牧场的生态化转型实践,在现阶段是可行且合理的。

在实际群决策中,专家们通常更愿意使用语言术语来表达他们的评价。然而,考虑到专家们个人表达习惯的差异,他们的语言评价值显然也存在着个性化差异,而且这种差异的不恰当处理会在一定程度上导致决策偏差问题。针对词计算,Li 等提出了个性化个体语义的概念,其核心思想是不同的人对于相同的语言术语有不同的理解。例如,在学术论文质量评审中,有两位专家收到了同一份稿件,且都给出了"很好"的评价,然而填写相应的评分时,一位专家填写的分数是 90 分,而另一位专家填写的是 96 分。所以,在专家们对海洋牧场生态化转型模式的匹配度作出初步语言术语评价之后,一种科学精确的词计算方法对于获得精确的匹配度结果而言是非常必要的。此外,在实际决策过程中,专家的经验水平、知识背景和参与态度等都会对其判断信息的相对重要性和贡献产生影响,所以必须要引入一种兼顾专家可信度和群体共识度的专家权重确定方法,以提高匹配度计算结果的可靠性和准确性。因此,本节引入了一种兼顾专家个性化语义和差异化权重的匹配度计算方法(如图7-2 所示)。下面将按步骤具体分析该方法的运行过程。

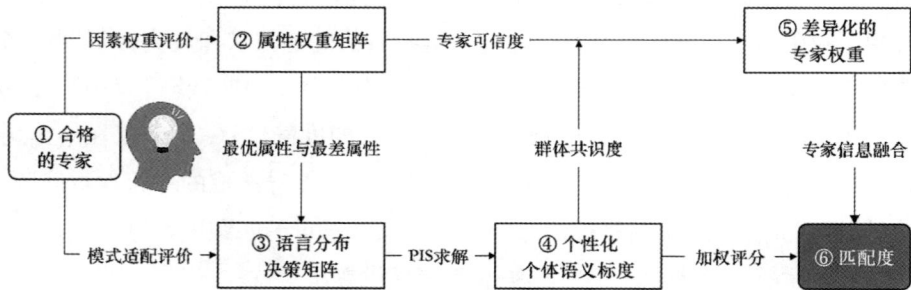

图 7-2　海洋牧场生态化转型模式的匹配度计算方法

步骤 1:选定合格的专家,并根据企业生态化转型状态给定因素特征描述。基于专业性、结构化和全面性的原则,邀请一组合格的专家 $E = \{e_1, e_2, \ldots, e_k, \ldots e_\iota\}$,$\iota \geq 2$,结合匹配度矩阵中事先依据待匹配企业状态所补充的因素特征描述,进行匹配度判断矩阵的填写。

设生态化转型模式集 $X = \{x_1, x_2, \ldots, x_i, \ldots x_n\}$,$n = 5$;属性(关键因素)集 $A = \{a_1, a_2, \ldots, a_j, \ldots a_m\}$,$m = 4$。专家的模式适配评价用语言分布的形式表达,设 $S = \{s_\alpha | \alpha = -\tau, \ldots, 1, 0, 1, \ldots, \tau\}$ 是一个事先定义的语言术语集,其语

言术语个数为奇数,且以零为对称中心,τ 为正整数。设 R 为实数集,将函数 $NS:S \rightarrow R$ 定义为语言术语集 S 上的标度函数,那么 $NS(s_i)$ 则是 s_i 的数值标度。设 $d = \{(s_t, p_t) \mid t = -\tau, \ldots, -1, 0, 1, \ldots, \tau\}$,其中,$s_t \in S$,$p_t \geqslant 0$ 且 $\sum_{t=-\tau}^{\tau} p_t = 1$;其中 p_t 为语言术语 s_t 的比例分配,将 d 称作 S 上的语言分布,认为

$$E(d) = \sum_{t=-\tau}^{\tau} NS(s_t) p_t = \sum_{t=-\tau}^{\tau} f(s_t) p_t \tag{7-1}$$

是 d 的期望函数。定义语言标度函数 $f: [s_{-\tau}, s_{\tau}] \rightarrow [0,1]$,$s_\alpha \rightarrow \varphi$,这里 $f(s_\alpha) = (\alpha + \tau)/2\tau = \varphi$。

步骤 2:根据匹配度判断矩阵,获得所有专家给出的语言分布决策矩阵 Z^k 和属性权重矩阵 W。$Z^k = (z_{ij}^k)_{n \times m}$,根据式(7-1),$z_{ij}^k$ 的期望值 Q_{ij}^k 的计算为:

$$Q_{ij}^k = \sum_{t=-\tau}^{\tau} NS(s_{ij,t}^k) p_{ij,t}^k \tag{7-2}$$

关键因素的权重 ω_j^k 由专家根据个人判断直接给出,且要求满足 $\sum_{j=1}^{m} \omega_j^k = 1$,$\omega_j^k \geqslant 0$,$j = 1, 2, \ldots, m$。用最优属性 a_B^k 和最差属性 a_W^k 分别表示专家个性化视角下的权重最大和最小的因素。其中,最优属性和其他属性的成对比较值向量可表示为 $A_B^k = (a_{B1}^k, a_{B2}^k, \ldots, a_{Bm}^k)$,其中 a_{Bj}^k 代表最优属性 a_B^k 和第 j 个属性 a_j^k 的偏好度,

$$a_{Bj}^k = \frac{1}{n} \sum_{i=1}^{n} h(Q_{iB}^k, Q_{ij}^k) \tag{7-3}$$

这里,$h(Q_{iB}^k, Q_{ij}^k)$ 表示效用值与乘性偏好关系的转换函数,具体地,可认为

$$h(Q_{iB}^k, Q_{ij}^k) = \begin{cases} \dfrac{Q_{iB}^k}{Q_{ij}^k}, & (Q_{iB}^k, Q_{ij}^k) \neq (0,0) \\ 1, & (Q_{iB}^k, Q_{ij}^k) = (0,0) \end{cases} \tag{7-4}$$

$A_W^k = (a_{1W}^k, a_{2W}^k, \ldots, a_{mW}^k)$ 是其他属性和最差属性的成对比较值向量,其中 a_{jW}^k 表示第 j 个属性 a_j^k 和最差属性 a_W^k 的偏好度,

$$a_{jW}^k = \frac{1}{n} \sum_{i=1}^{n} h(Q_{ij}^k, Q_{iW}^k) \tag{7-5}$$

$h(Q_{ij}^k, Q_{iW}^k)$ 是效用值和乘性偏好关系的转换函数,具体地,可取

$$h(Q_{ij}^k, Q_{iW}^k) = \begin{cases} \dfrac{Q_{ij}^k}{Q_{iW}^k}, & (Q_{ij}^k, Q_{iW}^k) \neq (0,0) \\ 1, & (Q_{ij}^k, Q_{iW}^k) = (0,0) \end{cases} \tag{7-6}$$

步骤3：利用优化模型计算每位专家的个性化个体语义标度。为计算每位专家的个性化个体语义，本研究特引用以下优化模型，其不仅考虑了专家的个性化属性权重，还利用了最优—最差模型中的一致性驱动思想：

$$\min \xi \tag{7-7}$$

$$s.t. \begin{cases} \left| \dfrac{\omega_B^k}{\omega_j^k} - a_{Bj}^k \right| \leqslant \xi, \left| \dfrac{\omega_j^k}{\omega_W^k} - a_{jW}^k \right| \leqslant \xi, j = 1,2,\ldots,m \\ Q_{ij}^k = \sum_{t=-\tau}^{\tau} NS(s_{ij,t}^k) p_{ij,t}, i = 1,2,\ldots,n; j = 1,2,\ldots,m \\ a_{Bj}^k = \dfrac{1}{n} \sum_{i=1}^{n} h(Q_{iB}^k, Q_{ij}^k), a_{jW}^k = \dfrac{1}{n} \sum_{i=1}^{n} h(Q_{ij}^k, Q_{iW}^k), j = 1,2,\ldots,m \\ NS^k(s_{t+1}) - NS^k(s_t) \geqslant \gamma, t = -\tau,\ldots,-1,0,1,\ldots,\tau-1, \\ NS^k(s_{-\tau}) = 0, NS^k(s_0) = 0.5, NS^k(s_\tau) = 1 \\ NS^k(s_t) \in \left[\dfrac{t+\tau-\Delta}{2\tau}, \dfrac{t+\tau+\Delta}{2\tau} \right], t = -\tau,\ldots,-1,0,1,\ldots,\tau-1 \end{cases}$$

其中参数 γ 的作用在于控制连续两个数值标度之间的判别程度，且 $\gamma \in [0, 1/\tau]$；参数 Δ 的作用则是扩大 $NS^k(s_t)$ 的范围，当 Δ 越大，$NS^k(s_t)$ 的范围也就越大，但要保证 $NS^k(s_t) \in [0,1]$。基于式（7-7）的计算结果，可得每位专家的个性化的标度函数，进而可得每位专家的 z_{ij}^k 的期望值 Q_{ij}^k。

步骤4：基于专家群体共识度和专家可信度确定差异化的专家权重。共识度计算方面，专家 e_k 和专家 e_h 关于备选生态化转型模式 x_i 的整体差异度 $d_G(z_i^k, z_i^h)$ 的计算为：

$$d_G(z_i^k, z_i^h) = \left| \sum_{j=1}^{m} \omega_j^k Q_{ij}^k - \sum_{j=1}^{m} \omega_j^h Q_{ij}^h \right| \tag{7-8}$$

部分差异度 $d_P(z_i^k, z_i^h)$ 的计算为：

$$d_P(z_i^k, z_i^h) = \frac{\sum_{j=1}^{m} |Q_{ij}^k - Q_{ij}^h|^{\sigma_j^{k,h}}}{m} \tag{7-9}$$

其中，$\sigma_j^{k,h} = 1 - |\omega_j^k - \omega_j^h|$ 表示专家 e_k 和专家 e_h 针对属性 a_j 重要性的个人观点的相似性的系数。将整体差异度和部分差异度相结合，即可得到专家 e_k 和专家 e_h 关于备选生态化转型模式 x_i 的综合差异度：

$$d_\alpha(z_i^k, z_i^h) = \alpha d_G(z_i^k, z_i^h) + (1 - \alpha) d_P(z_i^k, z_i^h) \tag{7-10}$$

其中，$\alpha = 0.5 + (\sum\limits_{j=1}^m |\omega_j^k - \omega_j^h|)/2m$。进而，专家 e_k 和专家 e_h 关于备选生态化转型模式 x_i 的共识度可以表示为 $CI_{k,h}(x_i) = 1 - d_\alpha(z_i^k, z_i^h)$。$CI_{k,h}(x_i) \in [0,1]$ 反映了两两专家之间观点的相似性，其值越大，共识度越大。从而，专家群体的共识度可以表示为：

$$GCI = \frac{1}{n} \sum_{k=1}^\iota \lambda_k \sum_{h=1}^\iota \lambda_h \sum_{i=1}^n CI_{k,h}(x_i) \tag{7-11}$$

其中，$\lambda = (\lambda_1, \lambda_2, \ldots, \lambda_k, \ldots \lambda_\iota)^T$ 是未知的专家权重向量，满足 $\sum\limits_{k=1}^\iota \lambda_k = 1$，$\lambda_k \geqslant 0$。

可信度计算方面，基于每位专家给出的属性权重值可得属性权重矩阵 $\omega_{\iota \times m}$，专家 e_k 和专家 e_h 关于属性权重值 ω_j 的非相似性为：

$$d_\omega^{k,h} = \sum_{j=1}^m |\omega_j^k - \omega_j^h| \tag{7-12}$$

利用属性权重矩阵可得属性排序矩阵 R，为使属性排序矩阵与属性权重矩阵同量纲化，将排序矩阵按行归一化可得规范化排序矩阵 R：

$$R = \begin{pmatrix} R^1 \\ R^2 \\ \vdots \\ R^\iota \end{pmatrix} = \begin{pmatrix} R_1^1 & \cdots & R_m^1 \\ \vdots & & \vdots \\ R_1^\iota & \cdots & R_m^\iota \end{pmatrix} \tag{7-13}$$

其中，$R^k = \bar{R}_j^k / \sum\limits_{j=1}^m \bar{R}_j^k$。进而，专家 e_k 和专家 e_h 关于个体属性排序的差异为：

$$d_R^{k,h} = \sum_{j=1}^m |R_j^k - R_j^h| \tag{7-14}$$

联立式(7-12)和式(7-14)，可得专家 e_k 对专家 e_h 可信度的非相似性测度为：

$$d_\beta^{k,h} = \beta d_\omega^{k,h} + (1 - \beta) d_R^{k,h} \tag{7-15}$$

其中,参数 β 是平衡系数,反映对这两种可信度测量方式的偏好,$\beta \in [0, 1]$。进而,专家 e_k 对专家 e_h 的可信度可以表示为 $GCD^{k,h} = 1 - d_\beta^{k,h}$,$GCD^{k,h} \in [0,1]$,且其值越大,可信度越大。从而,可得专家整体可信度:

$$GCD = \sum_{k=1}^\iota \lambda_k \sum_{h=1}^\iota \lambda_h GCD^{k,h} \tag{7-16}$$

综上,为计算每位专家的差异化权重,引入以下兼顾专家可信度和专家群体共识度的优化模型:

$$\max f \tag{7-17}$$

$$s.t. \begin{cases} GCD \geq f, \\ GCI \geq f, \\ \sum_{k=1}^\iota \lambda_k = 1, \\ \lambda_k \geq 0, k = 1, 2, \ldots, \iota \end{cases}$$

基于式(7-17)的计算结果,可得差异化的专家权重 λ_k。

步骤5:通过专家综合评价值的计算获得每种生态化转型模式的匹配度。首先,基于步骤3计算得到的专家 e_k 的个性化标度函数,可得专家 e_k 关于备选生态化转型模式 x_i 的匹配度值 r_i^k:

$$r_i^k = \sum_{j=1}^m \omega_j^k Q_{ij}^k \tag{7-18}$$

然后,基于步骤4计算得到的差异化的专家权重 λ_k,可得专家群体关于备选生态化转型模式 x_i 的匹配度值 r_i^G:

$$r_i^G = \sum_{k=1}^\iota \lambda_k r_i^k = \sum_{k=1}^\iota \lambda_k \sum_{j=1}^m \omega_j^k Q_{ij}^k \tag{7-19}$$

其中,匹配度值 r_i^G 越大,表示生态化转型模式 x_i 与该生态化转型状态的适配性越强。

第三节 匹配结果分析

一、生态化转型模式匹配度判断结果

我们以调查问卷的形式邀请了五位相关领域的专家进行匹配度判断(见

附录 F)。首先,请专家独立给出对于匹配度判断矩阵中的四个关键因素的权重的判断,结果如表 7-3 所示。

表 7-3 每位专家视角下的属性权重

专家	a_1	a_2	a_3	a_4
e_1	0.1	0.4	0.2	0.3
e_2	0.2	0.3	0.2	0.3
e_3	0.1	0.3	0.2	0.4
e_4	0.1	0.35	0.2	0.35
e_5	0.25	0.35	0.15	0.25

然后,根据每类企业状态的因素特征描述,由五位专家使用基本语言术语集 $S = \{ s_{-3} = $'完全不适配',$s_{-2} = $'很不适配',$s_{-1} = $'比较不适配',$s_0 = $'一般',$s_1 = $'比较适配',$s_2 = $'很适配',$s_3 = $'完全适配'$\}$ 独立完成匹配度判断。因篇幅限制,各类状态的专家决策矩阵不再一一列出,此处仅以左支右绌状态为例,五位专家给出的语言分布决策矩阵 Z 如表 7-4 至 7-8 所示。

表 7-4 专家 e_1 给出的语言分布决策矩阵(左支右绌状态)

Z^1	a_1	a_2	a_3	a_4
x_1	$\{(s_2,0.8),(s_3,0.2)\}$	$\{(s_{-1},0.9),(s_0,0.1)\}$	$\{(s_0,0.1),(s_1,0.9)\}$	$\{(s_1,0.4),(s_2,0.6)\}$
x_2	$\{(s_{-1},0.4),(s_0,0.3),(s_1,0.3)\}$	$\{(s_1,0.4),(s_2,0.6)\}$	$\{(s_0,0.1),(s_1,0.5),(s_2,0.4)\}$	$\{(s_{-1},0.1),(s_0,0.9)\}$
x_3	$\{(s_{-1},0.8),(s_0,0.2)\}$	$\{(s_2,1)\}$	$\{(s_0,1)\}$	$\{(s_0,0.3),(s_1,0.7)\}$
x_4	$\{(s_0,1)\}$	$\{(s_2,0.5),(s_3,0.5)\}$	$\{(s_{-1},0.2),(s_0,0.8)\}$	$\{(s_0,0.2),(s_1,0.8)\}$
x_5	$\{(s_{-3},0.5),(s_{-2},0.5)\}$	$\{(s_0,0.3),(s_1,0.7)\}$	$\{(s_{-2},0.7),(s_{-1},0.3)\}$	$\{(s_0,0.2),(s_1,0.8)\}$

表 7-5　专家 e_2 给出的语言分布决策矩阵（左支右绌状态）

Z^2	a_1	a_2	a_3	a_4
x_1	$\{(s_2,0.1),$ $(s_3,0.9)\}$	$\{(s_{-3},0.4),(s_{-2},$ $0.4),(s_{-1},0.2)\}$	$\{(s_0,1)\}$	$\{(s_{-2},0.8),$ $(s_{-1},0.2)\}$
x_2	$\{(s_2,1)\}$	$\{(s_0,0.5),$ $(s_1,0.5)\}$	$\{(s_1,1)\}$	$\{(s_0,0.5),$ $(s_1,0.5)\}$
x_3	$\{(s_2,1)\}$	$\{(s_{-2},0.3),(s_{-1},$ $0.3),(s_0,0.4)\}$	$\{(s_1,1)\}$	$\{(s_0,0.5),$ $(s_1,0.5)\}$
x_4	$\{(s_2,1)\}$	$\{(s_{-2},0.3),$ $(s_{-1},0.7)\}$	$\{(s_0,1)\}$	$\{(s_{-1},0.2),$ $(s_0,0.8)\}$
x_5	$\{(s_0,0.5),$ $(s_1,0.5)\}$	$\{(s_0,0.7),$ $(s_1,0.3)\}$	$\{(s_1,0.5),$ $(s_2,0.5)\}$	$\{(s_2,1)\}$

表 7-6　专家 e_3 给出的语言分布决策矩阵（左支右绌状态）

Z^3	a_1	a_2	a_3	a_4
x_1	$\{(s_{-2},0.4),$ $(s_{-1},0.6)\}$	$\{(s_{-3},0.7),$ $(s_{-2},0.3)\}$	$\{(s_0,0.3),$ $(s_1,0.7)\}$	$\{(s_1,0.2),(s_2,$ $0.3),(s_3,0.5)\}$
x_2	$\{(s_0,0.7),$ $(s_1,0.3)\}$	$\{(s_1,0.7),$ $(s_2,0.3)\}$	$\{(s_0,0.2),(s_1,$ $0.4),(s_2,0.4)\}$	$\{(s_0,0.6),$ $(s_1,0.4)\}$
x_3	$\{(s_{-2},0.6),(s_{-1},$ $0.2),(s_0,0.2)\}$	$\{(s_{-2},0.6),$ $(s_{-1},0.4)\}$	$\{(s_0,0.5),$ $(s_1,0.5)\}$	$\{(s_0,0.8),$ $(s_1,0.2)\}$
x_4	$\{(s_0,0.5),$ $(s_1,0.5)\}$	$\{(s_{-1},0.6),$ $(s_0,0.4)\}$	$\{(s_0,0.6),$ $(s_1,0.4)\}$	$\{(s_0,0.5),$ $(s_1,0.5)\}$
x_5	$\{(s_0,0.3),$ $(s_1,0.7)\}$	$\{(s_0,0.5),$ $(s_1,0.5)\}$	$\{(s_0,0.5),(s_1,$ $0.3),(s_2,0.2)\}$	$\{(s_1,0.2),(s_2,$ $0.4),(s_3,0.4)\}$

表 7-7　专家 e_4 给出的语言分布决策矩阵（左支右绌状态）

Z^4	a_1	a_2	a_3	a_4
x_1	$\{(s_1,0.2),$ $(s_2,0.8)\}$	$\{(s_{-3},0.5),$ $(s_{-2},0.5)\}$	$\{(s_{-2},0.4),(s_{-1},$ $0.4),(s_0,0.2)\}$	$\{(s_{-3},0.8),$ $(s_{-2},0.2)\}$
x_2	$\{(s_0,0.2),(s_1,$ $0.3),(s_2,0.5)\}$	$\{(s_{-1},0.4),(s_0,$ $0.4),(s_1,0.2)\}$	$\{(s_{-2},0.3),(s_{-1},$ $0.4),(s_0,0.3)\}$	$\{(s_{-2},0.6),(s_{-1},$ $0.3),(s_0,0.1)\}$

续表

Z^4	a_1	a_2	a_3	a_4
x_3	$\{(s_0,0.4),(s_1,$ $0.4),(s_2,0.2)\}$	$\{(s_{-1},0.2),(s_0,$ $0.4),(s_1,0.4)\}$	$\{(s_0,0.2),(s_1,$ $0.4),(s_2,0.4)\}$	$\{(s_1,0.2),(s_2,$ $0.2),(s_3,0.6)\}$
x_4	$\{(s_{-1},0.5),$ $(s_0,0.5)\}$	$\{(s_1,0.2),(s_2,$ $0.4),(s_3,0.4)\}$	$\{(s_{-1},0.2),(s_0,$ $0.2),(s_1,0.6)\}$	$\{(s_{-1},0.2),(s_0,$ $0.4),(s_1,0.4)\}$
x_5	$\{(s_{-2},0.4),(s_{-1},$ $0.4),(s_0,0.2)\}$	$\{(s_0,0.2),$ $(s_1,0.8)\}$	$\{(s_1,0.6),$ $(s_2,0.4)\}$	$\{(s_1,0.6),$ $(s_2,0.4)\}$

表 7-8　专家 e_5 给出的语言分布决策矩阵（左支右绌状态）

Z^5	a_1	a_2	a_3	a_4
x_1	$\{(s_{-3},0.2),$ $(s_{-2},0.8)\}$	$\{(s_{-3},0.2),$ $(s_{-2},0.8)\}$	$\{(s_3,1)\}$	$\{(s_2,0.8),$ $(s_3,0.2)\}$
x_2	$\{(s_{-1},0.5),$ $(s_0,0.5)\}$	$\{(s_0,0.3),$ $(s_1,0.7)\}$	$\{(s_1,0.5),$ $(s_2,0.5)\}$	$\{(s_1,0.2),$ $(s_2,0.8)\}$
x_3	$\{(s_0,0.3),$ $(s_1,0.7)\}$	$\{(s_1,0.5),$ $(s_2,0.5)\}$	$\{(s_1,0.3),$ $(s_2,0.7)\}$	$\{(s_3,1)\}$
x_4	$\{(s_0,0.5),$ $(s_1,0.5)\}$	$\{(s_1,0.4),$ $(s_2,0.6)\}$	$\{(s_0,0.8),$ $(s_1,0.2)\}$	$\{(s_{-1},0.3),$ $(s_0,0.7)\}$
x_5	$\{(s_{-2},0.3),$ $(s_{-1},0.7)\}$	$\{(s_0,0.5),$ $(s_1,0.5)\}$	$\{(s_2,0.8),$ $(s_3,0.2)\}$	$\{(s_2,0.5),$ $(s_3,0.5)\}$

根据式(7-7)，计算每位专家的个性化个体语义 $NS^k(s_i)$，参数分别取 $\Delta = 1$，$Y = 0.05$。以左支右绌状态为例，每位专家的个性化个体语义如表 7-9 所示。

表 7-9　每位专家的个性化个体语义（左支右绌状态）

专家	s_{-3}	s_{-2}	s_{-1}	s_0	s_1	s_2	s_3
e_1	0	0.092	0.167	0.5	0.55	0.95	1
e_2	0	0.333	0.45	0.5	0.617	0.667	1
e_3	0	0.244	0.294	0.5	0.55	0.95	1
e_4	0	0.05	0.167	0.5	0.833	0.95	1
e_5	0	0.333	0.383	0.5	0.833	0.883	1

基于所有专家的个性化个体语义计算结果,根据式(7-17),计算每位专家的权重 λ_k,结果如表7-10所示。

表7-10　每位专家的权重(左支右绌状态)

E	e_1	e_2	e_3	e_4	e_5
λ_k	0.281	0.184	0.131	0.288	0.116

最后,依据式(7-18),可得每位专家 e^k 关于备选生态化转型模式 x_i 的匹配度值 r_i^k,以左支右绌状态为例,每位专家关于五种生态化转型模式的匹配度值如表7-11所示。

表7-11　每位专家关于五种生态化转型模式的匹配度值(左支右绌状态)

模式	e_1	e_2	e_3	e_4	e_5
x_1	0.522	0.467	0.514	0.142	0.536
x_2	0.635	0.592	0.601	0.326	0.714
x_3	0.664	0.555	0.419	0.768	0.864
x_4	0.689	0.505	0.479	0.67	0.67
x_5	0.404	0.601	0.688	0.771	0.697

依据式(7-19)将所有专家的判断信息进行融合,便可得到专家群体关于备选生态化转型模式 x_i 的匹配度值 r_i^G,如表7-12所示。结合海洋牧场的生态化转型实践,定义匹配度值最高的两种模式为各类生态化转型状态适配的模式组合。

表7-12　专家群体关于五种生态化转型模式的匹配度值

状态	生境修复模式	生态化生产模式	生态化运营模式	生态化管理模式	科技创新模式
一马当先	0.254	0.66	0.681	0.761	0.674
逆势成长	0.461	0.671	0.634	0.652	0.642
蒸蒸日上	0.4	0.556	0.666	0.639	0.648

续表

状态	生境修复模式	生态化生产模式	生态化运营模式	生态化管理模式	科技创新模式
蓄势待发	0.269	0.647	0.639	0.73	0.606
不温不火	0.589	0.588	0.644	0.558	0.596
金玉其外	0.585	0.653	0.613	0.603	0.579
坐失良机	0.482	0.665	0.638	0.659	0.583
左支右绌	0.403	0.543	0.665	0.626	0.617
力不从心	0.803	0.734	0.638	0.565	0.556
步履维艰	0.669	0.63	0.649	0.566	0.563
不堪重负	0.597	0.638	0.572	0.57	0.505
生死一线	0.809	0.708	0.597	0.54	0.502

需要注意的是,特定状态下的企业适配的模式组合虽然是固定的,但考虑到各企业内外部生态化转型状态组合的差异,本研究进一步对组合中生态化转型模式的优先性进行了区分。遵循两优取其重的原则,将海洋牧场适配的生态化转型模式组合具体拆分为首要模式和辅助模式。其中,匹配度值较高的为首要模式,它是指企业为尽快摆脱当前发展困境或突破当前发展瓶颈而应该实施的生态化转型模式;匹配度值较低的为辅助模式,它则是指企业为配合首要模式实施和巩固首要模式实施效果而需要实施的生态化转型模式。

二、生态化转型模式匹配方案分析

结合自身实际情况与需求匹配最适合的模式是海洋牧场践行生态化转型的重要前提。各类海洋牧场在市场中的竞争优势有所不同,内部建设发展条件也存在差异,这决定了他们亟待解决的问题和需要改进的方向也要区别分析。依据上文的海洋牧场生态化转型模式匹配度计算结果,表7-13给出了基于资源环境承载力的海洋牧场生态化转型模式的具体匹配方案。本节将重点分析各状态下的海洋牧场在相应模式作用下的阶段性发展目标,以及运用相应模式实现这些目标的关键路径。

表 7-13　基于资源环境承载力的海洋牧场生态化转型模式匹配方案

企业状态		匹配模式		阶段性主要发展目标
大类	小类	首要模式	辅助模式	
最佳状态	一马当先	生态化管理模式	生态化运营模式	推动生产降本增效,提高企业市场地位,落实稳健型发展战略
出色状态	逆势成长	生态化生产模式	生态化管理模式	提升市场环境表现,改善企业品牌形象,落实拓展型发展战略
	蒸蒸日上	生态化运营模式	科技创新模式	活跃内部经营生产,强化生态养护能力,落实拓展型发展战略
较好状态	蓄势待发	生态化管理模式	生态化生产模式	增加优质产品供应,提高企业市场地位,落实扩张型发展战略
	不温不火	生态化运营模式	科技创新模式	降低生产环境影响,提升产品生态价值,落实扩张型发展战略
	金玉其外	生态化生产模式	生态化运营模式	改善区域生态条件,控制源头环境影响,落实扩张型发展战略
较差状态	坐失良机	生态化生产模式	生态化管理模式	完善生产产品结构,扩大企业市场份额,落实维持型发展战略
	左支右绌	生态化运营模式	生态化管理模式	维护生态系统稳定,增强产品市场认可,落实维持型发展战略
	力不从心	生境修复模式	生态化生产模式	强化资源环境基础,完善生产经营模式,落实维持型发展战略
糟糕状态	步履维艰	生境修复模式	生态化运营模式	遏制生态恶化趋势,增加优质产品供应,落实调整型发展战略
	不堪重负	生态化生产模式	生境修复模式	修复受损生态环境,减少生产二次破坏,落实调整型发展战略
最差状态	生死一线	生境修复模式	生态化生产模式	延长企业生命周期,维护多方合理利益,落实生存型发展战略

（1）一马当先状态的海洋牧场匹配生态化管理模式和生态化运营模式。对于已经具备领先的市场地位和成熟的资源环境养护能力的海洋牧场而言,如何通过推动生产降本增效和提高企业市场地位来落实稳健型发展战略,是践行生态化转型的关键一步。一马当先状态的企业首先要以生态化管理模式的实施来整顿内部管理,把生态环境管理纳入企业管理系统之中,使生态环境管理和生产经营管理紧密结合,形成生态与经济协调互促的现代企业管理系统。企业要动员全体职工,进而有效地影响供应商和销售商,通过对产品设计、原料采购、加工生产、运输销售、消费及消费后的废物处理这一全过程的废

弃物、毒害物的产生与排放的数量及质量的控制,最大限度地削减产品生产消费对人类自身及环境的不利影响。同时,企业还应辅之以生态化运营模式,利用其自身在产业链和供应链上的强大影响力,处理好与供应商、消费者、社区等利益相关者的协同合作关系,带动利益相关者参与到企业的生态化转型实践中来。

(2)逆势成长状态的海洋牧场匹配生态化生产模式和生态化管理模式。对于在市场竞争中存在资源环境承载力状态相对超载问题的海洋牧场而言,如何通过提升市场环境表现和改善企业品牌形象来落实拓展型发展战略,是践行生态化转型的重点方向。逆势成长状态的企业首先要通过实施生态化生产模式扩大优质产品的供应,即遵循减量化、资源化、再利用和无害化原则,通过产品全生命周期设计、生产管理水平提升、先进技术设备研发应用、废弃物再利用和再循环安排等手段,实行源头污染削减和生产全过程控制,在减少对区域环境的影响的同时提高产品品质。具体来说,企业实施生态化生产应该包括以下三个基本方面:一是常规材料与能源的清洁利用和可再生材料与能源的开发利用,二是中间产物的无害化处理和能源与物料的高效利用,三是产品的绿色设计与绿色包装。此外,企业也要辅之以生态化管理模式,在生态化转型思想指导下对企业的相关人员、部门、活动和过程提出系统性和普适性的管理要求,维持优秀的生产和运营表现,保障经济效益与生态效益的协调发展。

(3)蒸蒸日上状态的海洋牧场匹配生态化运营模式和科技创新模式。对于内部生产经营活跃度与资源环境承载力容量存在发展不充分与不平衡问题的海洋牧场而言,如何通过活跃内部经营生产和强化生态养护能力来落实拓展型发展战略,是践行生态化转型的当务之需。蒸蒸日上状态的企业首先要实施生态化运营模式,一方面通过与当地居民建立紧密联系来共同提高生态化养殖水平,另一方面通过延伸企业的产业链长度,构建从种业、养殖、装备到精深加工的现代化海洋牧场产业全链条,让资源得到充分的流动和利用,激发企业生产和经营的活力。同时应依托良好的财务状态辅助实施科技创新模式,提高企业生产效率,强化生态养护能力。如通过引入物联网、大数据等技术,实现养殖信息的实时监控、预警和调整,提高养殖效率和产品品质;应用人工智能、数据分析等技术,制定个性化营销策略,开发多元化产品,从而提高市场竞争力;应用生态滤池、植物净化等技术,做好企业生产的末端治理工作,维护海洋生态系统的稳定性;研发改进人工鱼礁等生境修复工程的制作、投放和维护技术,为区域生态系统提供更多外部支持。

(4)蓄势待发状态的海洋牧场匹配生态化管理模式和生态化生产模式。对于在市场竞争中存在社会经济活动强度不高问题的海洋牧场而言,如何通过增加优质产品供应和提高企业市场地位来落实稳健型发展战略,是践行生态化转型的制胜一招。蓄势待发状态的企业首先应该实施生态化管理模式,通过建立环境监控机制、推广科技创新、加强社会责任等方式,提高生产效率、产品质量和企业社会形象,从而在市场上赢得更多消费者的信任和支持,进一步增加优质产品的供应量和提高企业的市场地位。此外,企业还应辅之以生态化生产模式,一是要通过对现有生产和服务过程进行调查和诊断,提出减少有毒有害物料的使用、产生,降低能耗、物耗以及废物产生的解决方案;二是要提高养殖技术水平、改进养殖方式、优化养殖结构,以减少生产过程对自然环境的影响,提高养殖效率及产品质量。

(5)不温不火状态的海洋牧场匹配生态化运营模式和科技创新模式。对于在市场上资源环境承载力状态相对超载和在内部生产经营活跃度与资源环境承载力容量发展不充分、不平衡的海洋牧场而言,如何通过降低生产环境影响和提升产品生态价值来落实稳健型发展战略,是践行生态化转型的主要方向。不温不火状态的企业首先要依托其成熟的供应链管理能力实施生态化运营,即通过对供应商、制造商、销售商、消费者、回收商等全链条的绿色管理,控制产品的物料获取、加工、包装、存储、运输、销售、使用、回收及最终处置的全生命周期过程,并最终实现资源利用高效化和环境影响最小化。具体而言,企业向上要把关于企业社会责任的各种决定传导到供应商处,通过对不符合要求的供应商采取终止订单的方式,向其表明执行企业绿色标准的重要性;向下要将绿色形象纳入销售商考核标准,要求销售商实施绿色包装设计,减少包装材料,考虑包装材料的回收、处理和循环使用。同时,企业还要辅之以科技创新模式,通过智能化渔业、环保技术应用等方式来提高企业生产效率和产品品质,从而在市场上赢得更多消费者的信任和支持。

(6)金玉其外状态的海洋牧场匹配生态化生产模式和生态化运营模式。对于内部存在生产经营活跃度较低、资源环境禀赋和支持能力弱问题的海洋牧场而言,如何通过改善区域生态条件和控制源头环境影响落实稳健型发展战略,是践行生态化转型的燃眉之急。金玉其外状态的企业首先应以生态化生产模式的实施推进资源节约和环境友好的生产规模扩张,即在扩大企业生产规模和增强生产能力的同时兼顾环境污染的控制和资源利用的提效,以改善其在行业和市场中的劣势地位。一方面,企业可以引入物联网技术来对养殖场实行智能化管理,通过对饲料、水质、养殖密度等养殖过程中的重要参数进行实时监测,提高对资源的精准控制,从而实现能源和物料的节约;另一方面,企业可以通过收集废弃生物质生产有机肥料、提取藻类油制作生物柴油等,以多产品系统的开发使多条生产路线的中间产物得到循环利用。同时,企业还要辅之以生态化运营模式,通过加强绿色供应链管理,将链上的上下游企业都纳入生态化转型战略规划,实施绿色采购、绿色生产、绿色营销与运输和绿色处置,提升供应链整体的资源利用效率和环境表现,以高质量的产品和优质的品牌形象赢取可持续商业价值。

(7)坐失良机状态的海洋牧场匹配生态化生产模式和生态化管理模式。对于在市场竞争中存在社会经济活动强度不高和资源环境承载力状态超载问题的海洋牧场而言,如何通过完善生产产品结构和扩大企业市场份额来落实维持型发展战略,是践行生态化转型的要紧之处。坐失良机状态的企业首先要以生态化生产模式生产更受市场追捧的产品,如采用绿色养殖、循环养殖等方式提供独特的绿色产品;如利用不同种类生物之间的相互作用关系实施混合养殖模式,以提高养殖效益并降低养殖环境压力;再比如通过探索新型海洋生物资源开发具有营养保健功能、适应消费者需求的多元化产品,推出环保、高端的产品,满足消费者的品质和环保需求,增加产品附加值以提高产品的市场竞争力。与此同时,企业还要辅之以生态化管理模式,制定规范化的管理流程,明确各项管理责任,实行生态化的研发管理、采购管理、生产管理、营销管理、物流管理和回收管理,不断完善环境管理制度,严格执行环保标准,减少对环境的负面影响,切实维护生态平衡,提高企业的社会认可度和形象。

(8)左支右绌状态的海洋牧场匹配生态化运营模式和生态化管理模式。对于外部社会经济活动强度相对较低、内部生产经营活跃度与资源环境承载力容量发展不充分和不平衡的海洋牧场而言,如何通过维护生态系统稳定和增强产品市场认可来落实维持型发展战略,是践行生态化转型的重要一环。

左支右绌状态的企业首先要实施生态化运营模式,一方面要采用科学方法来确定捕捞或养殖的可持续水平,并监测资源状况以及生态系统的变化,避免过度捕捞或养殖,争取生态友好型认证。另一方面要通过与利益相关者和消费者建立积极的沟通渠道,解释企业的生态化运营实践,开展与当地社区的合作,提供就业机会,支持教育和社会项目,以建立积极的社会声誉,增强公众对企业产品的认可度。此外,企业要以生态化管理模式为辅助模式来规范内部生产,通过设立环保管理部门和制定生态保护制度等方式,提高产品品质和企业社会形象,进而以绿色健康产品获取市场认可。

(9)力不从心状态的海洋牧场匹配生境修复模式和生态化生产模式。对于外部相对资源环境承载力状态处于超载状态,内部也存在生产经营活跃度较低、资源环境禀赋和支持能力弱等问题的海洋牧场而言,如何通过强化资源环境基础和完善生产经营模式来落实维持型发展战略,是践行生态化转型的着眼之处。力不从心状态的企业首先要实施生境修复模式以拯救破碎的生态系统,即采用自然恢复和人工建设相结合的方式对受损生境进行恢复与重建。一方面,通过限制养殖密度、减少化学药品使用等措施,能够有效协助生态系统进行自我修复;另一方面,在以人工鱼礁等人类工程实施生境修复时,应选择合适的建筑材料,确定合理的建设位置和密度,进而提高人工结构物的稳定性和寿命,同时避免对周围生境环境的负面影响。此外,企业还要辅之以生态化生产模式,通过开展全面的资源评估,建立生态系统监测体系,推广和采用环保和高效的生产技术,实施废物减少和污染防治措施等,保护海洋生态系统的健康,促进企业实现可持续发展。

(10)步履维艰状态的海洋牧场匹配生境修复模式和生态化运营模式。对于内部生产经营活跃度与资源环境承载力容量存在发展不充分、不平衡问题,在市场竞争中还面临社会经济活动强度不高和资源环境承载力状态超载等问题的海洋牧场而言,如何通过遏制生态恶化趋势和增加优质产品供应来落实调整型发展战略,是践行生态化转型的首要任务。步履维艰状态的企业首先应针对薄弱的资源环境条件实施生境修复模式,改善区域的自然生态条件。具体而言,企业一是要通过对区域环境的调查和分析,确定区域生态系统的类型、结构、功能和生态问题,并明确生态系统的受损原因和影响因素;二是要根据分析结果,在考虑地形地貌、水质情况、气候因素、资源禀赋等多种条件的基础上筛选出符合修复目标的修复技术方案；三是要在实施修复工程过程中进行科学管理和优化协调，确保修复效果的实现和可持续性；四是要对整个修复过程进行系统评估，以确认修复效果是否达到预期。此外，企业还要以生态化运营为辅助模式，通过开展社区合作、产业投资等方式，促进海洋牧场与当地社会的互动，推动海洋牧场与相关产业进行融合形成产业联盟，以商业模式的创新塑造良好的企业形象。

（11）不堪重负状态的海洋牧场匹配生态化生产模式和生境修复模式。对于外部存在社会经济活动强度相对较低，内部面临生产经营活跃度较低、资源环境禀赋和支持能力弱等问题的海洋牧场而言，如何通过修复受损生态环境和减少生产二次破坏来落实调整型发展战略，是践行生态化转型的当务之急。不堪重负状态的企业首先要在资源环境消耗一端实施生态化生产模式，来减少生产经营活动对生态系统的重复破坏，养护结合，打造经济增长与生态改善的良性循环，从而为企业的长期可持续性发展提供保障。同时，企业也要通过实施生境修复模式对受损的生境进行恢复与重建，使区域生态的恶化趋势尽快得到遏制和扭转，恢复企业发展的资源环境基础。为保障修复效果，企业应该积极争取和参与政府牵头的环境保护工作，并引导周边养殖企业、农户和生态保护组织等多方参与到生态修复工作中，通过多部门、多利益相关方协同合作共同维护区域生态环境的健康稳定。

（12）生死一线状态的海洋牧场匹配生境修复模式和生态化生产模式。对于内外部社会经济活动强度和生产经营活跃度较低，且相对资源环境承载力状态和绝对资源环境承载力容量都已经超载的海洋牧场而言，如何通过延长企业生命周期和维护多方合理利益来落实生存型发展战略，是践行生态化转型的优先考虑。生死一线状态的企业已经基本丧失了支持其可持续发展的资源环境基础，所以当务之急应该是修复破碎的生态和减少资源环境消耗。具体而言，海洋牧场要以生境修复为首要模式，在生态系统分析的基础上，引导多方参与以获取资金支持，通过开展人工鱼礁、海草床、海藻场建设和增殖放流等人工修复工程，尽早阻止生态系统的持续恶化；通过人工修复与自然恢复相结合的方式，为企业摆脱生存危机奠定一定的生态基础。同时企业要以生态化生产为辅助模式，即需要遵循预防原理，在生产环节之初选择资源能源消耗量低、最终污染物排放量少、废弃物可再生和再利用性强的生产方案，进而改善企业的生态效率和经济效率;重视生产过程中的物料循环和废弃物综合利用,在提高资源综合利用率的同时,消除或减少污染对生态系统的危害。

第四节　本章小结

本章在第四章海洋牧场生态化转型模式识别和第五章与第六章海洋牧场内外部生态化转型状态判定的基础上,提出了基于资源环境承载力的海洋牧场生态化转型模式匹配方案。具体而言,先是将海洋牧场的内外部生态化转型状态共同作为企业生态化转型状态的判断标准,进而划定了海洋牧场六大类、十二小类的生态化转型状态,并具体分析了每类状态的特征。然后,基于生态化转型模式的匹配原则分析,构建了海洋牧场生态化转型模式的匹配模型。最后,基于提出的匹配模型计算得到了海洋牧场的生态化转型模式匹配结果,并具体分析了各类生态化转型状态所适配模式组合的实施内容。

然而,本章仅是根据海洋牧场的生态化转型状态为其匹配了最佳的生态化转型模式选择,但对于模式在动态、复杂、长期的实施过程中的运行控制问题并未做过多研究。因此,本书在下一章节将继续探索海洋牧场在生态化转型状态演化策略的异质性下,如何控制生态化转型模式的运行,以保障企业生态化转型实践的顺利推进和生态化转型目标的如期实现。

第八章 海洋牧场生态化转型的实现方案

第一节 问题提出

在第七章得到生态化转型模式匹配结果之后,海洋牧场如何充分发挥相应模式实施的作用效果是本章将重点研究的内容。承接第五章和第六章的内部与外部生态化转型状态分析视角,本章将分析资源环境约束下的海洋牧场生态化转型模式运行控制问题。

静态资源基础理论强调企业资源的积累和稀缺性,而动态能力理论则更注重企业的学习和适应能力,认为企业在不确定和动态的环境中持续创新和适应是其在变化环境中取得竞争优势的关键。海洋牧场生态化转型状态的演化是指企业在实现生态化转型目标的过程中,从起始状态向下一更优目标状态的发展变化过程。这个过程涉及海洋牧场在生境修复、资源利用、产品创新、环境保护、组织调整、技术研发等方面的不断改进和提升,要求企业具备全面的问题分析能力、风险管理能力和协调合作能力,是一项复杂的决策过程。在资源环境约束下,企业对生态化转型状态的演化策略的选择主要受两方面因素的影响,一方面是成本、技术、资金、市场、利润、风险、知识、法规、政策等客观因素,另一方面是领导者期望、管理层偏好、社会价值观、企业文化传统等主观因素。基于前者考虑所形成的企业状态演化方案可被称为理论最优策略,这种策略是在理性决策的前提下,根据科学分析和计算得出的最佳行动方案;基于后者考虑所形成的企业状态演化方案则可被称为意愿偏好策略,它更多地考虑了企业内外部的非理性因素,强调企业对自身角色和使命的理解。理论最优策略和意愿偏好策略共同塑造了海洋牧场的生态化转型状态演化策略,形成了不同企业之间状态演化策略的异质性,从而使企业在生态化转型实践中呈现出了多样的发展轨迹和特征。

同时,海洋牧场生态化转型状态演化策略的异质性也给生态化转型模式的运行带来了挑战。异质性的状态演化策略会导致不同海洋牧场在生态化转型的战略方向、关键问题、进度需求和风险管理等方面存在差异,而生态化转型模式统一的、固定的、僵化的运行方案显然无法满足企业的生态化转型要求,甚至可能会限制企业的生态化转型潜力和创新能力,导致发展困境。因此,为了应对异质性状态演化策略带来的挑战,需要对生态化转型模式的运行实施控制,为海洋牧场提供灵活的、个性化的、可调整的生态化转型模式运行方案,以更好地满足不同企业的需求,释放潜力,促进创新,并有效管理风险,在整体上实现生态化转型模式运行的最佳效果。此外,生态化转型模式的运行控制涉及多个维度的因素,涵盖了企业的内外部环境、战略规划、资源配置、风险管理等多个方面,是一个复杂且长期的过程。所以,为了使海洋牧场有效实施生态化转型模式的运行控制,为其提供一系列综合性、系统性的保障措施同样是非常有必要的。

综上,本章凝练出以下三个研究问题:第一,面对各类生态化转型状态,不同的海洋牧场有哪些状态演化策略选择? 第二,在生态化转型状态演化策略的异质性条件下,海洋牧场需要如何控制生态化转型模式的运行,以保障企业生态化转型实践的顺利推进? 第三,为确保生态化转型模式运行控制的有效和可持续性,海洋牧场需要为控制活动的开展提供哪些保障? 为回答以上研究问题,本章将首先分析资源环境约束下海洋牧场生态化转型状态演化策略的异质性,其次提出和分析海洋牧场生态化转型模式的运行控制框架与内容,最后给出海洋牧场生态化转型模式运行控制的实施保障措施建议,从而为复杂情境下海洋牧场生态化转型模式的运行提供具体的方法支持和理论指导,助力企业生态化转型实践的顺利推进和生态化转型目标的如期实现。

第二节　企业状态演化的异质性策略

一、异质性策略的形成机理

在资源环境约束下,海洋牧场的生态化转型状态演化策略的异质性主要由内外部因素共同作用形成。外部因素如市场需求、政策法规、社会舆论和竞争环境等,塑造了企业在生态化转型中的外部条件,影响企业在市场定位、合规成本、品牌形象和竞争策略上的选择;内部因素如领导者的战略意图、企业文化、组织结构、管理制度、企业规模和资源禀赋等,则决定了企业的内部决策和实施方式,影响企业在目标设定、执行力、管理效率和资源利用上的差异。这些内外部因素通过信息反馈机制、创新驱动和风险管理等动态调整机制相互影响和交织,使企业在生态化转型过程中不断优化和调整其策略,最终形成了各企业在生态化转型中的多样化发展轨迹和特征。

整体而言,企业的状态演化可划分为内部生态化转型状态优先改善、外部生态化转型状态优先改善和内外部生态化转型状态协同改善三种不同的策略。海洋牧场生态化转型状态演化策略的异质性又可以表现为企业在起始状态、环境条件和目标状态上的差异,及其形成的生态化转型状态变化过程的差异性和多样性。如表8-1所示,起始状态方面,有的企业可能已经具备了一定的生态化转型能力和经验,而有的企业则可能刚刚处于生态化转型实践的起步阶段;环境条件方面,有的企业可能拥有雄厚的技术资金能力和完善的管理组织结构,而有的企业则可能在资源、资金、人员和技术等方面的基础较为薄弱;目标状态方面,有的企业倾向于较为激进的跨越式发展,而有的企业则更赞同较为保守的渐进式发展。

表8-1　海洋牧场生态化转型状态演化的异质性策略

策略	起始状态	环境条件	目标状态
内部优先改善策略	能力经验不足,内部状态弱于外部状态	资源基础较弱	渐进式发展
外部优先改善策略	能力经验不足,内部状态优于外部状态	资源基础较弱	渐进式发展
内外部协同改善策略	具备一定能力和经验,内外部状态均衡	资源基础较强	跨越式发展

二、内部生态化转型状态优先改善策略

海洋牧场的内部生态化转型状态优先改善策略是指企业在实现生态化转型目标的过程中,遵循内部生态化转型状态改善优先的原则,形成的由起始状态到下一更优目标状态的演化策略(如图8-1所示)。具体而言,除了一马当先、逆势成长、蓄势待发和坐失良机四类已处于最优内部生态化转型状态的企业之外,处于其他八类状态的企业都存在选择内部状态优先改善策略的可能,

尤其是那些生态化转型状态内劣外优的海洋牧场,如金玉其外、力不从心、蒸蒸日上和不温不火四类状态。

海洋牧场选择内部生态化转型状态优先改善策略的主要目的在于实现成本节约和效率提升,产生内外联动效应,建立长期生态化转型基础。首先,通过优化养殖规模和布局、改进养殖设备和技术、实施废物分类和资源回收、加强员工环保意识的培训和参与等措施,能够使得海洋牧场有效减少资源浪费、提高资源利用效率,并优化生产过程,从而降低生产成本和提高经营效率。其次,通过内部改进,有助于海洋牧场培育形成良好的员工意识、技术能力和管理体系,进而对包括上下游企业、消费者、政府部门、科研机构和非政府组织等在内的外部利益相关者产生积极影响,对区域和行业产生积极的示范效应,推动更广泛范围的生态化转型实践,从而为企业自身的生态化转型状态改善营造优良的外部环境。最后,内部生态化转型状态的改善对企业的持续性生态化转型实践具有重要意义,它有助于减少资源短缺和环境风险对企业业务的影响,增强企业的抗风险能力,建立更加稳固和可持续的经营基础,支撑企业的长期生态化转型实践。

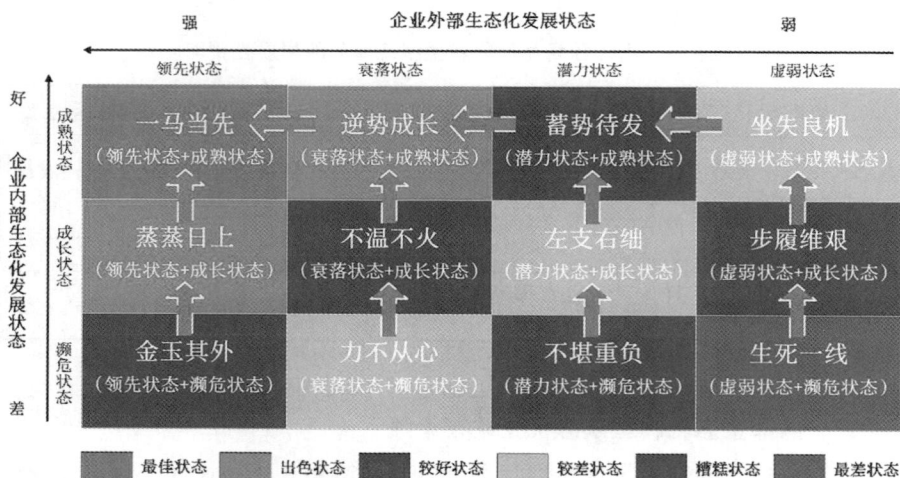

图 8-1　海洋牧场的内部生态化转型状态优先改善策略

三、外部生态化转型状态优先改善策略

海洋牧场的外部生态化转型状态优先改善策略是指企业在实现生态化转型目标的过程中,遵循外部生态化转型状态改善优先的原则,形成的由起始状

态到下一更优目标状态的演化策略(如图 8-2 所示)。具体而言,除了一马当先、蒸蒸日上和金玉其外三类已处于最优外部生态化转型状态的企业之外,处于其他九类状态的企业都存在选择外部状态优先改善策略的可能,尤其是那些生态化转型状态内优外劣的海洋牧场,如坐失良机和蓄势待发状态。

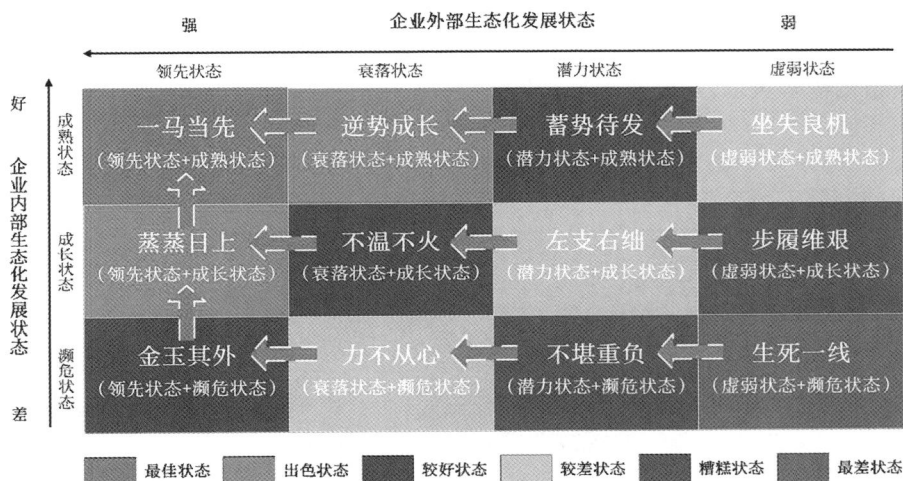

图 8-2　海洋牧场的外部生态化转型状态优先改善策略

　　海洋牧场选择外部生态化转型状态优先改善策略的主要目的在于满足利益相关者需求,增强市场竞争优势,提升社会影响力和合作伙伴关系。首先,上下游企业、政府、消费者、非政府组织等利益相关者较为关注企业的外部相对生态化转型水平,所以优先改善外部生态化转型状态能够使得海洋牧场满足利益相关者的期望并与其建立良好的关系,减轻外部压力。其次,随着大众对环境保护和绿色发展的关注度不断提升,现代消费者对具有良好环保形象的产品和服务的消费倾向愈发明显,因而外部生态化转型状态的改善能够使得海洋牧场树立良好的企业声誉和品牌形象,进而使其市场份额得到有效增加,市场地位和竞争优势得到有效提升。最后,优先改善外部生态化转型状态可以起到示范和引领作用,带动整个供应链和行业范围内的积极变革,不仅有助于海洋牧场与其利益相关者解决共同面临的环境挑战,还能够建立起良好的合作伙伴关系,增强企业的社会资本和可持续发展的外部支持力量。

四、内外部生态化转型状态协同改善策略

　　海洋牧场的内外部生态化转型状态协同改善策略不仅强调演化过程中内

外部生态化转型状态的平衡,还更注重通过内外部的协同改善实现更高效、更综合的生态化转型。它是指企业在实现生态化转型目标的过程中,遵循内外部生态化转型状态协同改善的原则,形成的由起始状态到下一更优目标状态的演化策略(如图 8-3 所示)。具体地,在环境条件允许的情况下,处于生死一线、不堪重负、力不从心、步履维艰、左支右绌和不温不火状态的六类海洋牧场都可以选择协同改善策略,以实现企业的内外部协同改进,高效改善企业的生态化转型状态,推进企业的生态化转型实践进程。

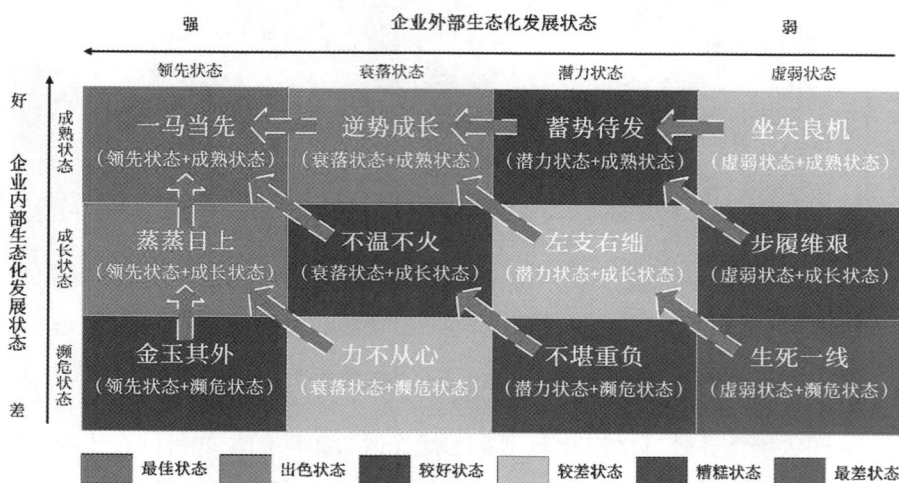

图 8-3 海洋牧场的内外部生态化转型状态协同改善策略

面对利益相关者的期望和合作机会、内外部状态高度相互依赖、整体生态化转型战略一致性较强等情况,海洋牧场往往会选择内外部生态化转型状态协同改善策略。第一,当利益相关者对企业的内外部生态化转型状态的协同改善提出了明确的期望,并提供了合作机会和资源支持时,选择协同改善策略能够为企业带来形象的改善和影响力的提升,加速企业的生态化转型进程。第二,若企业的内外部生态化转型状态存在显著的相互依赖关系,即一个方面的改善有赖于另一个方面的支持,海洋牧场选择协同改善策略能够保证资源的充分利用,并获得最佳的状态演化结果。第三,如果海洋牧场将内外部生态化转型状态的同步提升作为整体生态化转型战略的核心,并将其视为关系长期生态化转型的关键要素,那么企业将会把内外部状态作为不可分割的整体,通过协同改善以实现更高效、更综合的生态化转型。同时,内外部生态化转型状态协同改善策略也对海洋牧场自身的能力有一定要求,包括综合规划和管理能力、环境风险监测与评估能力、生态治理和修复能力、创新和技术能力、合作与利益相关者管理能力等。

第三节　海洋牧场生态化转型的运行控制

一、生态化转型模式的运行控制框架

（一）运行控制框架设计依据

（1）适应动态变化的模式运行环境。一方面,海洋牧场所处的外部环境是不断变化的,包括自然环境、法规政策、市场需求、技术创新和竞争态势等,这些外部环境变化无疑会影响生态化转型模式运行的稳定性;另一方面,生态化转型模式的运行本身也存在不确定性,即海洋牧场在实行生态化转型模式的过程中无法完全预测和控制所有的因素和变量,包括管理决策的效果、组织结构的适应性、技术和创新的实施等,这些企业内部的不确定因素无疑会影响生态化转型模式实施的有效性。因此,企业需要在认识到外部环境的动态性和内部因素的不确定性的基础上,时刻把握企业实施生态化转型模式的发展方向和目标,灵活调整企业策略和行动,使模式运行的整体趋势与内外部环境因素的变化相匹配,从而确保生态化转型模式运行的稳定性和有效性。

（2）满足异质多样的模式运行需求。为实现最终的企业永续经营和可持续发展的生态化转型目标,不同状态下的海洋牧场对生态化转型模式的实施自然也具有特定需求和要求。这些异质多样的模式运行需求包括生态系统恢复和保护、生产效率和资源利用、运营优化和管理升级、创新技术和科学研究、社会责任和公众参与等多个方面。例如,某些状态下的企业面临严峻的生态安全问题,那么其生态化转型模式实施的重点就在于恢复和保护受损的海洋生态系统;某些状态下的企业的生产效率低下,那么其生态化转型模式的实施就需要着重关注生产效率的提高和资源利用的优化;某些状态下的企业运营管理混乱,那么其实施生态化转型模式需要重点优化运营流程和提升管理水平;某些状态下的企业面临"卡脖子"的技术难题,那么其生态化转型模式的实施要着重关注创新技术和科学研究能力的提升。总之,海洋牧场必须关注

和控制整个模式运行过程中那些对模式的成功实施和目标的达成具有决定性的影响的关键要素、关键环节和关键决策,通过控制关键点来确保模式运行的有效性、稳定性和可控性。

(3)保证模式运行流程的协调有序。在海洋牧场的生态化转型实践中,通常会涉及生境修复、生态化生产、生态化运营、生态化管理和科技创新等方面的多个模式的串联或并行运行。这种复杂的流程对海洋牧场的生态化转型模式运行控制能力提出了挑战,若企业无法保证模式运行流程的协调有序,就可能会导致资源浪费、信息断裂、决策偏差、协同效应缺失、问题解决困难和无法适应动态变化等一系列问题,从而影响企业生态化转型目标的实现。因此,这就要求企业确保各个模式之间的流程衔接和衔接点的顺畅,让不同模式之间的输入、输出、数据、信息和决策都要能够无缝衔接;恰当地安排不同模式之间的时间序列和优先级,确保模式的运行具有逻辑性和高效性;考虑到数据和信息的流通方式和共享机制,确保各个模式能够获得必要的数据和信息支持;协调不同模式的工作安排、资源调配和决策协商,以确保各个模式之间的协同作用和协调运行。

(4)增强模式运行风险的有效控制。对于海洋牧场及其所在区域而言,生态化转型模式的实施和运行是一项关联甚广的系统工程,不可避免地会带来一系列风险和挑战。例如,企业生态化转型模式的运行涉及对海洋环境的利用和管理,因此可能带来污染物排放增加、生物入侵、生态系统破坏等生态环境风险;企业生态化转型模式的运行有赖于区域资源的配置和供给,因此可能面临资源供给不稳定和资源竞争加剧等风险;企业生态化转型模式的运行受到政策法规的约束和监管,因此可能面临政策变化和政策执行不确定性等风险;企业生态化转型模式的运行通常涉及技术创新和应用,因此可能面临技术可行性、成熟度和转化能力等方面的技术创新风险;企业生态化转型模式的运行需要获得市场和社会的认可和支持,因此可能面临市场的消极态度、利益相关者的反对、社会负面舆论等市场和社会认可风险。这些风险若得不到及时有效的控制,将可能带来生态破坏、经济损失、声誉损害、长期竞争力削弱、法律风险等一系列问题,对企业的可持续发展和社会责任造成严重的负面影响。所以,海洋牧场必须对生态化转型模式的运行进行风险识别、评估和管理,并采取相应的控制措施,以确保企业生态化转型模式运行的安全、稳定和可持续。

（二）运行控制框架设计

基于海洋牧场生态化转型状态演化策略异质性的考虑，遵循海洋牧场生态化转型模式运行控制框架的设计依据，提出的海洋牧场生态化转型模式运行控制框架如图8-4所示。

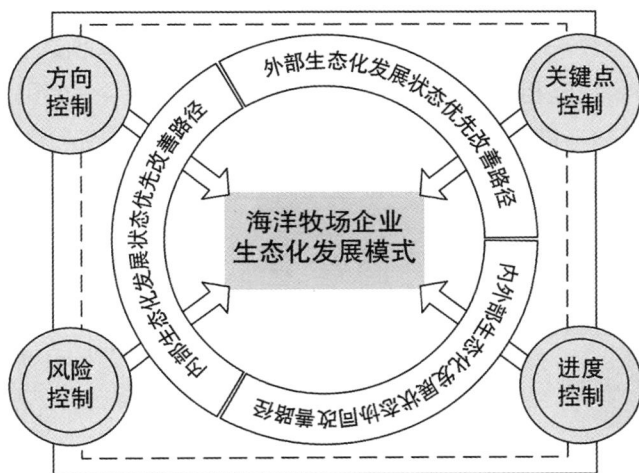

图8-4　海洋牧场生态化转型模式的运行控制框架

方向控制、关键点控制、进度控制和风险控制构成了海洋牧场生态化转型模式运行控制框架的核心要素。其中，方向控制是指确定和设定海洋牧场生态化转型模式的整体方向和具体目标，确保模式运行方向与企业发展方向的一致性；关键点控制是指关注和管理生态化转型模式运行中的关键环节和关键要素，确保所运行的生态化转型模式的核心要素得到有效实施；进度控制是指对生态化转型模式的运行过程进行监控和管理，确保各模式按照预定的时间表和阶段性目标高效推进；风险控制是指识别、评估和管理生态化转型模式运行中的各种风险和不确定性因素，以减少潜在的风险对模式实施效果的影响，保障企业生态化转型实践的顺利开展。这个框架提供了一种系统化和综合化的方法，帮助企业确立发展方向、关注关键要素、管理进度和规避风险，四个方面相互关联、相互支持，保障生态化转型模式的有效平稳运行和生态化转型目标的如期顺利实现。

二、生态化转型模式运行的方向控制

为实现生态化转型目标,海洋牧场需要根据内部外部的生态化转型状态和动态环境变化,结合企业状态演化策略来确定相应的优先改善方向,控制生态化转型模式的运行重心和实施重点,从而确保生态化转型模式运行的稳定性和有效性。如图8-5所示,首要模式运行方向控制的重点在于根据优先改善方向优化资源配置和生产运营,使企业快速摆脱当前发展困境或突破当前发展瓶颈;辅助模式运行方向控制的重点则在于配合首要模式实施以巩固实施效果,与首要模式相互支持来确保整体生态化转型成果的稳固。为指导海洋牧场生态化转型模式的有效运行和生态化转型实践的顺利推进,下面将对企业状态演化策略异质性下五种生态化转型模式运行的方向控制进行具体分析。

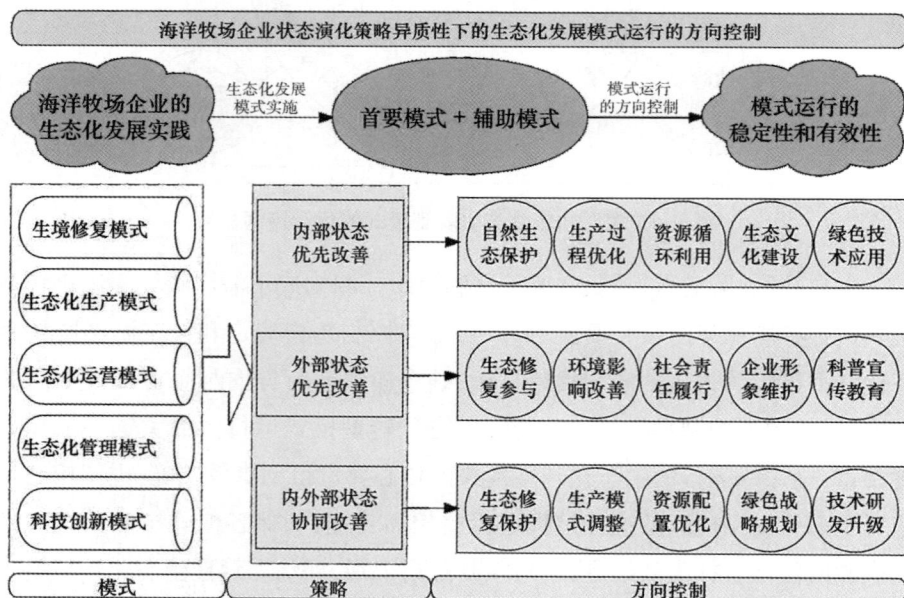

图8-5 海洋牧场状态演化策略异质性下生态化转型模式运行的方向控制

（1）内部状态优先改善下的模式运行方向控制

内部生态化转型状态优先改善策略下,海洋牧场需要引导控制生态化转型模式的运行关注企业内部的绝对资源环境承载力容量盈余和生产经营活跃度,聚焦于企业内部的自然生态保护、生产过程优化、资源循环利用、生态文化

建设、绿色技术应用等,以优化内部生态化转型状态为主要方向。

具体到每种生态化转型模式的运行方向上,生境修复模式的运行方向重在保护和维护区域自然生态系统,恢复受损的生态环境,增强生物栖息地保护等。生态化生产模式的运行方向重在探索如何在生产过程中降低资源消耗、减少排放物和废弃物的产生,采用更环保、高效的生产技术、方法和模式,以降低企业自身的环境负担。生态化运营模式的运行方向重在研究如何在运营过程中最大限度地回收、再利用和循环利用资源,降低资源的浪费和消耗,降低对外部购买资源和自然资源的依赖,实现企业的资源节约型发展。生态化管理模式的运行方向重在塑造和弘扬企业内部的生态文化,鼓励员工树立环保意识,提高环保素养,培养生态价值观,促进员工积极参与环保活动,推动企业内部生态意识的建设和融入企业的日常管理和决策过程。科技创新模式的运行方向重在探索和应用企业在生产、经营和管理过程中的环保、节约、低碳、清洁等先进技术和方法,以实现保护环境、节约资源和降低排放等目标。

(2)外部状态优先改善下的模式运行方向控制

外部生态化转型状态优先改善策略下,海洋牧场需要引导控制生态化转型模式的运行关注企业在市场上的相对资源环境承载力状态和社会经济活动强度,聚焦于企业外部的生态修复参与、环境影响改善、社会责任履行、企业形象维护、科普宣传教育等,以优化外部生态化转型状态为主要方向。

具体到每种生态化转型模式的运行方向上,生境修复模式的运行方向重在关注与社会各界的合作,响应政府的环保政策,积极参与区域自然生态修复活动,改善区域生产条件和社区居住环境。生态化生产模式则应更加关注生产过程对外部环境的影响,其运行方向重在采取措施减少对周边生态系统的负面影响,改善企业与社区和自然环境之间的关系,响应社会的可持续发展要求并积极参与环境保护活动。生态化运营模式的运行方向重在与供应商、消费者、社区群众等利益相关者建立良好的生态合作关系,主动承担企业社会责任,促进企业的环境友好型发展。生态化管理模式的运行方向重在树立企业的环保形象和社会责任形象,通过参与环保和社会公益活动来传递企业的环保理念和价值观,增强公众对企业及产品生态价值的认知和认可。科技创新模式的运行方向重在加强对公众和社会的科普宣传教育,引导公众选择环保和可持续的消费方式,激发公众参与保护海洋生态和环境的积极性。

（3）内外部状态协同改善下的模式运行方向控制

内外部生态化转型状态协同改善策略下，海洋牧场需要引导控制生态化转型模式的运行兼顾企业内部绝对生态化转型程度和外部相对生态化转型水平的提升，聚焦于企业内部和外部的生态修复保护、生产模式调整、资源配置优化、绿色战略规划、技术研发升级等，以内外部生态化转型状态的协同改善为主要方向。

维持内外部生态化转型状态的关系平衡是协同改善策略下模式运行方向控制的核心，即各生态化转型模式的运行要以维稳为大方向。具体来说，生境修复模式的运行不仅要确保生态修复方案的科学可行，避免因不恰当的修复措施引发次生生态问题；还要强化修复后的监测与评估，及时了解生态修复效果，不断优化改进修复方案。生态化生产模式的运行一方面要制定详细的生产模式调整计划，确保调整过程顺利、有序进行；另一方面要留意生产模式调整过程中可能出现的风险和挑战，做好风险管理和应对准备。生态化运营模式的运行既要进行内部资源评估，充分了解企业内外资源供给与需求的匹配情况；也要加强与合作伙伴的沟通与合作，优化资源共享与协同。生态化管理模式的运行一是要制定具体的绿色战略规划目标，明确责任分工和实施计划；二是要定期评估绿色战略的实施效果，及时调整和优化战略方向。科技创新模式的运行一方面要培养和吸引高水平的研发人才，提高企业内部技术研发团队的创新能力；另一方面要加强与科研机构和高等院校的合作，促进技术创新成果的转化与应用。

三、生态化转型模式运行的关键点控制

海洋牧场生态化转型模式的运行涉及一系列关键点，它们是指为实现生态化转型目标，企业在生态化转型模式运行过程中需要着重考虑和控制的一系列基本要素。这些基本要素涵盖了海洋牧场内部和外部的各个方面，主要包括经济、社会、环境三个维度（如图8-6所示）。关键点强调在不同情境下部分基本要素的显著作用，它们是海洋牧场生态化转型模式运行的重要组成部分，通过综合控制和协同管理，可以帮助企业及时、全面地把握自身的优势和不足，做出科学决策，优化经营管理，确保生态化转型模式运行的有效性、稳定性和可控性。

首先，海洋牧场生态化转型模式运行的基本经济要素包括资源管理与优

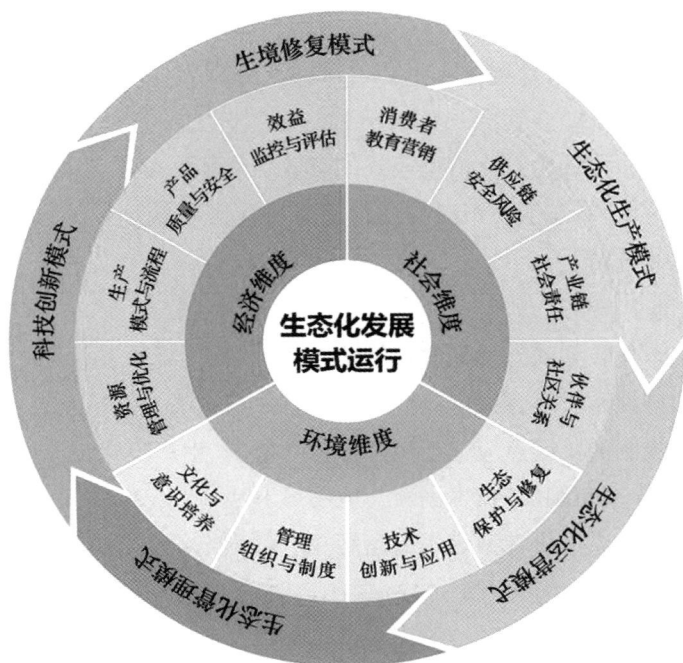

图 8-6　海洋牧场生态化转型模式运行的基本要素

化、生产模式与流程、产品质量与安全、效益监控与评估四个方面。具体而言，生态化转型模式的运行一是需要充分利用和管理有限的资源来减轻资源约束，二是需要调整生产模式和流程以保障生产效率和产品质量，三是需要以高质量和安全性的产品赢得市场竞争力，四是需要对模式的运行效果进行监控和评估以便后续调整和改进。其次，海洋牧场生态化转型模式运行的基本社会要素包括消费者教育营销、供应链安全风险、产业链社会责任、伙伴与社区关系四个方面。具体地，生态化转型模式的运行一是需要向消费者传递生态化理念和价值观以获取其认可和支持，二是需要确保供应链的安全和稳定以提高企业的信誉和声誉，三是需要关注并改善产业链上的社会和环境问题来树立良好的社会形象，四是需要与各种合作伙伴以及社区建立良好的合作关系来促进互利共赢。最后，海洋牧场生态化转型模式运行的基本环境要素包括生态保护与修复、技术创新与应用、管理组织与制度、文化与意识培养四个方面。具体来说，生态化转型模式的运行一是需要实施生态修复和保护项目来确保区域生态系统的健康和稳定，二是需要通过技术创新与应用来降低环境风险,三是需要建立严格的环保管理制度和流程以确保各项环保措施得到有效执行,四是需要建设环保意识和可持续发展理念以培养企业员工的责任感和创新能力。

为指导海洋牧场生态化转型模式的有效运行和生态化转型实践的顺利推进,下面将对企业状态演化策略异质性下五种生态化转型模式运行的关键点控制进行具体分析。

(1)内部状态优先改善下的模式运行关键点控制

内部生态化转型状态优先改善策略下,海洋牧场需要重点关注内部效率,注重员工的培训和教育,设定内部生态化指标。所以,该策略下企业生态化转型模式运行控制的关键点应包括生态保护与修复、生产模式与流程、资源管理与优化、管理组织与制度、技术创新与应用等。

具体到每种生态化转型模式的运行中,生境修复模式运行的关键点在于生态保护与修复,其运行控制一方面要制定明确的生态保护计划和修复方案,确保企业生产过程对生态环境的损害最小化以及修复方案对生态环境作用的最大化;另一方面要引入生态学专家和科研团队,对区域生态系统进行科学评估和监测,建立及时发现并解决生态问题的有效机制。生态化生产模式运行的关键点在于生产模式与流程,对其控制首先要评估生产模式与流程的环境影响,识别潜在的环境风险和问题;其次要推广应用清洁生产技术,减少废物和排放物的产生;再次要建立废弃物管理制度,分类收集、处理和利用废弃物;最后要建立生产流程控制措施和操作规范,确保生产过程中的环保要求得到落实。生态化运营模式运行的关键点在于资源管理与优化,对其控制一是要制定资源利用指导方针,明确资源管理的具体目标和措施;二是要引入节能、资源循环利用等绿色技术,降低资源消耗;三是要优化供应链管理,以确保资源的可持续供应。生态化管理模式运行的关键点在于管理组织与制度,对其控制一是要制定适应生态化转型模式的管理制度,明确责任和权限,保障生态目标的落实;二是要培训和提升员工的环保意识和责任感,建立生态化转型意识,形成全员参与的生态管理机制。科技创新模式运行的关键点在于技术创新与应用,其控制一方面要加大科技研发投入,推动技术创新,提高生态化转型模式的效率和可持续性;另一方面要积极采用环保和节能的技术,在生产和经营过程中减少对环境的影响。

（2）外部状态优先改善下的模式运行关键点控制

外部生态化转型状态优先改善策略下,海洋牧场需要重点关注合作伙伴关系,注重企业社会责任的履行,设定外部生态化指标。所以,该策略下企业生态化转型模式运行控制的关键点应包括消费者教育营销、伙伴与社区关系、效益监控与评估等。

具体到每种生态化转型模式的运行中,生境修复模式和生态化生产模式运行的关键点在于消费者教育营销,其控制一是要举办环保宣传活动,提高消费者的环保意识;二是要加强与消费者的沟通,倾听消费者的环保需求和意见;三是要推广环保产品和服务,满足消费者的环保需求,引导消费者的绿色消费行为。生态化运营模式运行的关键点在于伙伴与社区关系,其控制一是要听取社区居民的意见和建议,尊重当地文化和传统,与社区共同制定发展规划,保障社区的基本利益;二是要积极参与社会公益活动,关注社区的公共事务,为社区提供有益的服务和支持;三是要建立应急机制,妥善处理与社区之间的纠纷和矛盾,防止不利局面扩大化。生态化管理模式和科技创新模式运行的关键点在于效益监控与评估,其控制首先要建立精确的效益监控体系,及时掌握企业运行状况;其次要定期对生态化转型模式进行科学评估,发现问题并及时调整策略;最后要设立激励机制,激发员工参与企业生态化转型实践的热情。

（3）内外部状态协同改善下的模式运行关键点控制

内外部生态化转型状态协同改善策略下,海洋牧场需要重点关注综合性控制,重视全员参与和协同改进,设定内外部综合性指标。所以,该策略下企业生态化转型模式运行控制的关键点应包括产品质量与安全、供应链安全风险、产业链社会责任、文化与意识培养等。

生境修复模式运行的关键点在于产品质量与安全,其控制一是要加强生产环境质量监控和风险评估,确保产品符合相关标准和法规;二是要设立质量管理团队,负责产地生态质量的控制和改进;三是要建立产品质量追溯体系,保障产品产地信息的可追溯与透明化。生态化生产模式运行的关键点在于供应链安全风险,其控制一是要与链上企业约定定期互相监督与检查,确保彼此符合约定的合规、安全和环保标准;二是要建立供应链应急预案,针对供应链中断或紧急情况制定对应的措施;三是要加强对供应链信息的保护,预防信息泄露和数据安全问题。生态化运营模式和生态化管理模式运行的关键点在于产业链社会责任,其控制一方面要求海洋牧场主动承担产业链"链长"角色,带头在环境保护和乡村振兴等方面持续为社区、社会和国家作出贡献;另一方面要求海洋牧场与其他企业、组织和政府建立合作关系,共同推进产业链社会责任的落实。科技创新模式运行的关键点在于文化与意识培养,其控制一方面要塑造企业的生态文化,倡导绿色发展理念,将环保意识融入企业文化和价值观中;另一方面也要通过各种渠道向社会宣传企业的生态化转型理念和实践成果,增强公众对企业的认同和支持。

四、生态化转型模式运行的进度控制

海洋牧场对生态化转型模式运行实施进度控制是确保企业生态化转型实践按计划推进,实现预期目标,及时发现和应对问题,优化资源利用,提高效率和效果的关键步骤(如图 8-7 所示)。

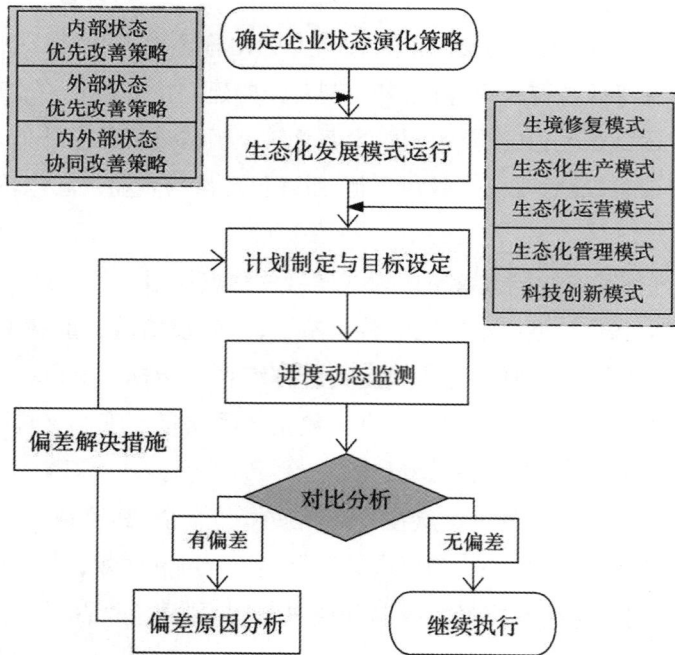

图 8-7 海洋牧场生态化转型模式运行的进度控制流程

海洋牧场生态化转型模式运行的进度控制流程的第一步是确定企业的状态演化策略,即明确生态化转型模式运行的大方向;第二步是选定需要实施进

度控制的生态化转型模式,即将进度控制具体到企业每个状态的演化过程;第三步是计划制定与目标设定,即明确特定情境下生态化转型模式运行的主要任务和时间节点,同时设定具体、可衡量的目标,以便后续的监测和评估;第四步是通过数据收集、指标分析等手段对模式运行的进度实施动态监测;第五步是将现实进度与预期进度进行对比,若无偏差则可按原计划继续执行,若有偏差则需要进行原因分析并提出相应的解决措施,以确保生态化转型模式按照预定的时间表和阶段性目标高效运行。

偏差原因的分析和解决措施的提出既是落实进度控制效果的重点,也是实际操作中的难点。因此,针对这两部分内容,下面将对企业状态演化策略异质性下各种生态化转型模式运行的进度控制进行具体分析,以指导海洋牧场生态化转型模式的有效运行和生态化转型实践的顺利推进。

(1)内部状态优先改善下的模式运行进度控制

当企业把内部生态化转型状态的改善作为优先考虑时,生态化转型模式运行的进度主要受到企业内部管理因素的影响。因此,该策略下出现模式运行进度偏差的原因主要有以下几方面:一是规划不足,即计划制定与目标设定环节不够详细和全面,未能准确预估模式运行的任务时间和资源需求;该问题主要会影响生境修复模式的运行进度。二是人员问题,包括团队领导风格、人员结构、意识文化等与模式运行需求不适配,导致了任务执行的效率低下;该问题对生态化运营模式和生态化管理模式的运行进度都有影响。三是团队合作问题,即团队内部及团队之间合作不协调,沟通不畅,进而影响模式运行进度;该问题同样会影响生态化运营模式和生态化管理模式的运行进度。四是资源分配不当,即人力、资金、设备等资源分配不足或不合理,影响了各项工作的落实与推进;该问题对五种生态化转型模式的运行都有影响,且对生态化生产模式运行进度的影响最为显著。五是技术难题,当采用的技术已经滞后时,需要进行技术升级或转型,而技术研发难度往往较大,周期往往较长,势必会影响模式的运行进度;该问题对科技创新模式运行进度的影响尤为明显。

面对以上进度偏差的原因,海洋牧场需要采取一系列解决措施,以实现对模式运行进度的控制。一是规划改进,即确保制定的计划和目标具体、详细,包括明确的时间表和资源分配计划,同时在规划阶段进行风险评估,识别潜在的问题和障碍,制定相应的风险缓解计划,并建立目标管理机制,定期跟踪和评估目标的达成情况。二是人员问题解决,一方面要提供员工培训,以适应生态化转型模式的需求,包括环保、可持续性和新技术的培训;另一方面领导层应通过示范积极的生态化价值观和领导风格来引导团队,激发员工的积极性和创造性。三是团队合作优化,包括建立开放的沟通渠道,使用协作工具和技术,组织团队建设活动等,以确保信息在团队内外自由流动,团队之间协同效率的提升,以及成员之间的互信和团队凝聚力的加强。四是资源合理分配,一方面要评估各项任务所需的人力、资金和设备等资源,确保初次分配的合理化;另一方面要建立资源管理和监控机制,定期审查资源的使用情况,随时根据需要进行二次分配。五是克服技术难题,当出现技术滞后时,企业应制定技术升级计划,优先解决关键技术问题,并同时加强技术研发管理,确保项目按时交付,缩短技术更新周期。

(2)外部状态优先改善下的模式运行进度控制

当企业把外部生态化转型状态的改善作为优先考虑时,生态化转型模式运行的进度主要受到企业外部环境因素的影响。因此,该策略下出现模式运行进度偏差的原因主要有以下几方面:一是政策法规变化,政府出台新的环保政策和渔业管理规定等,可能要求企业调整生产流程、采用新技术,从而导致模式运行的进度偏差;该问题对生境修复和生态化生产模式运行进度的影响较大。二是市场需求变化,消费者偏好、市场趋势等的变化可能导致企业需要调整产品线、开发新产品,进而干扰模式运行的计划和进度;该问题对生态化生产模式运行进度的影响最为显著。三是供应链问题,供应商问题、原材料短缺、物流延误等可能导致生产运营受阻,影响模式的推进与运行;该问题对生态化生产模式和生态化运营模式运行进度的影响较大。四是竞争压力,行业竞争加剧、新竞争对手进入市场等可能导致企业需要调整战略、推迟计划,进而影响模式运行进度;该问题主要影响生态化管理模式的运行进度。五是技术合作问题,若与其他企业或科研机构合作进行技术创新,合作方的技术进度、合作意愿等也可能影响模式的运行进度;该问题对科技创新模式运行进度的影响最为明显。

面对以上进度偏差的原因,海洋牧场需要采取一系列解决措施,以实现对模式运行进度的控制。一是政策法规应对,企业一方面要建立政策法规监测机制,密切关注环保政策、渔业管理规定等方面的变化,确保及时了解并适应新政策;另一方面要与政府部门建立良好的沟通渠道,积极参与政策制定过程,确保企业的经营活动合规。二是市场需求适应,企业要定期进行市场研究,了解消费者需求和趋势,以便调整产品线和开发新产品,同时采用敏捷生产方法,可以更灵活地应对市场需求变化,快速调整生产计划。三是供应链优化,企业应建立多元化供应商关系,减少单一供应商风险,确保原材料供应的稳定性,同时实施供应链风险管理,预防潜在问题的发生,如物流延误等。四是竞争战略调整,企业一方面要进行竞争对手分析,了解市场格局,根据竞争情况灵活调整战略,提前应对潜在竞争压力;另一方面应通过产品创新、差异化战略来保持竞争优势,满足市场需求。五是技术合作管理,企业要明确技术合作的目标、时间表和责任,确保合作方能按计划提供所需技术支持,同时选择多元化的技术合作伙伴,降低合作方风险,保障技术合作的持续性。

(3)内外部状态协同改善下的模式运行进度控制

当企业把内外部生态化转型状态的协同改善作为优先考虑时,相较而言模式运行的程序更为复杂,涉及的因素也更为繁多,所以生态化转型模式运行的进度还要受到不确定性与不可控因素的影响。因此,该策略下出现模式运行进度偏差的原因除了内部管理因素和外部环境因素之外,还包括以下几方面:首先是自然灾害和气候变化,自然灾害如风暴、海啸、地震等,以及高温、洪涝等极端气候问题势必会影响海洋牧场的正常运营,可能导致模式运行进度的中断或调整;该问题主要影响生境修复模式和生态化生产模式的运行进度。其次是健康和安全问题,突发的健康和安全问题如疫情暴发、安全事故等,可能导致人员短缺或生产中断,进而影响模式运行进度;该问题对生态化生产模式、生态化运营模式和生态化管理模式的影响最大。再次是经济环境波动,经济环境变化、资金供给不稳定等金融市场波动可能影响企业的投资和资金计划,甚至汇率的非正常波动还会影响跨国经营的海洋牧场的成本与收入,进而影响模式的运行进度;该问题对资金需求较大的生境修复模式和科技创新模式的运行进度影响较大。最后是变更需求,在模式运行过程中,由于内外部环境变化、利益相关者要求或其他因素,可能需要对原有计划进行调整或修改,这会带来资源重新分配、技术适应、沟通协调、风险评估管理等一系列任务需求,进而影响模式的运行进度;该问题主要影响生态化生产模式和科技创新模式的运行进度。

内部管理因素、外部环境因素以及不确定性与不可控因素的综合影响,往往会导致模式运行偏离最初设定的进度计划,造成企业资源的不必要损失,干扰企业的生态化转型实践进程。因此,在内外部状态协同改善策略下,海洋牧场需要充分认识和理解这些因素,并在进度偏差发生前和发生后采取不同的预防和应对措施,以降低进度偏差的风险,保障企业生态化转型目标的顺利实现。

在进度偏差发生之前,海洋牧场应该将生态化转型模式运行的进度偏差应对措施的重点放在预防上。具体而言,一是要在模式运行启动阶段制定详尽的规划,明确每个阶段的任务、时间表和资源需求,尽可能全面地为各种可能的问题和风险制定相应的应对策略。二是要组建高效的团队,确保团队成员具备必要的技能和知识,并进行定期的培训和团队建设活动,提升团队的协作和问题解决能力。三是要提前规划项目所需的人力、物力、资金等资源,合理分配资源,避免资源的短缺和浪费。四是要持续关注行业的技术发展趋势,及时进行技术升级或创新,确保企业具备适应未来需求的技术能力。五是要加强与内外部利益相关者的沟通和合作,及早了解可能的变化和需求,以便及时调整计划。六是要建立监控和反馈机制,定期对模式运行进展和规划进行评估和总结,发现问题并及时进行改进,以确保整个过程保持在预期的轨道上。

在进度偏差发生之后,海洋牧场应该将生态化转型模式运行的进度偏差应对措施的重点放在调整上。具体来说,一是要分析偏差的根本原因,找出问题所在,并采取解决措施,总结经验教训,实施持续改进,以避免类似问题的再次发生。二是要根据偏差的原因及时调整模式运行计划和时间表,重新评估资源需求,重新规划任务分配和资源调配,确保后续工作能够按时进行。三是要确定影响最大的关键任务,并对其进行优先处理,以最大程度地减少偏差对整体进度的影响。四是要采取预先准备的应急预案来应对突发状况,并寻找灵活的解决方案,采用创新的方法来克服偏差带来的问题,以最小化进度偏差的影响。五是要与团队成员、合作伙伴和利益相关者加强沟通,积极沟通解释,减少信息不对称带来的不利影响,共同讨论解决方案,协调各方的行动,以便快速有效地应对进度偏差。六是要建立持续监控机制,随时关注项目进展情况,及时发现问题和偏差,进行适当的调整和纠正。

五、生态化转型模式运行的风险控制

海洋牧场生态化转型模式运行的风险因素是指那些可能对企业生态化转型模式的有效实施和生态化转型目标的实现产生负面影响的潜在或实际的不利因素,其中既有源自企业内部的因素,也有来源外部环境的因素(如图8-8所示)。在生态化转型模式运行过程中,企业若不能对这些风险因素实施及时有效的控制,则可能会引起经济损失、生态破坏、声誉受损、金融压力、法律风险等一系列问题,不仅无法保证生态化转型模式运行的安全、稳定和可持续,更会影响企业生态化转型实践的推进以及生态化转型目标的实现。

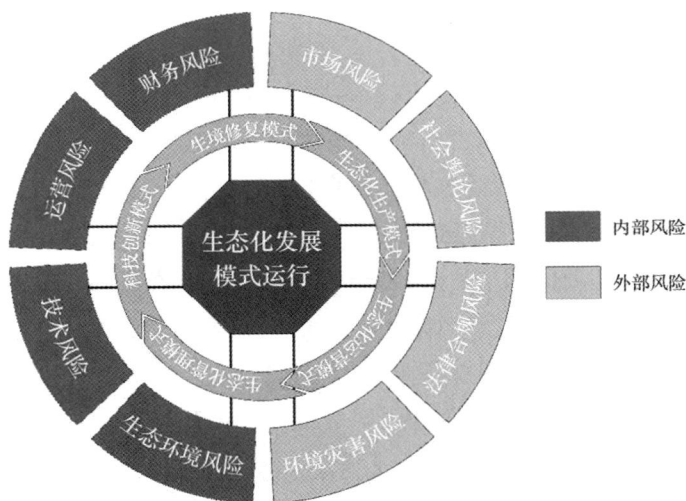

图8-8　海洋牧场生态化转型模式运行的风险因素

一方面,海洋牧场生态化转型模式运行的内部风险因素主要包括财务风险、运营风险、技术风险和生态环境风险。首先,经营亏损、资金短缺、负债累积等财务风险可能会影响企业生态化转型的投资能力和运营稳定性;其次,生产事故、供应链问题、管理失误等运营风险可能会影响企业的生产效率和产品质量;再次,技术滞后、科研产出不足、技术转型难题等技术风险可能会使企业无法适应行业的生态化转型需求;最后,海洋污染、生态系统退化、物种灭绝等生态环境风险可能导致企业面临资源环境约束趋紧、环境监管和社会舆论等压力。另一方面,海洋牧场生态化转型模式运行的外部风险因素主要包括市

场风险、社会舆论风险、法律合规风险和环境灾害风险。首先,产品价格波动、市场份额变化、竞争对手战略调整等市场风险可能会影响企业的销售收入和市场地位;其次,社会公众对企业行为和产品的负面舆论带来的社会舆论风险可能会对企业的声誉和形象产生负面影响;再次,违反环保法规和不符合产品安全标准等法律合规风险可能会使企业面临道德谴责、罚款、行政处罚等问题;最后,自然灾害和气候变化等带来的环境灾害风险可能会影响区域生态系统的健康和企业的生产运营。

为指导海洋牧场生态化转型模式的有效运行和生态化转型实践的顺利推进,下面将对企业状态演化策略异质性下各种生态化转型模式运行的风险控制进行具体分析。

(1)内部状态优先改善下的模式运行风险控制

在内部生态化转型状态优先改善策略下,海洋牧场生态化转型模式的运行所面临的主要风险主要来自于企业内部的问题和挑战,即财务风险、运营风险、技术风险和生态环境风险。具体而言,首先,生境修复模式的运行要求稳定的生态系统状态,且海洋生态修复通常需要大量资金,因此生态环境风险和财务风险可能是主要问题。其次,由于生态化生产模式强调环保生产方法的采用和生产效率的提高,技术风险是最主要的问题。再次,生态化运营模式的运行需要调整运营流程以适应企业的生态化转型要求,因此其主要风险可能来自运营风险。复次,生态化管理模式强调企业内部管理的生态化和可持续性,需要改进管理流程,并确保资源的有效分配,因此财务风险可能是主要问题。最后,科技创新模式注重技术创新和研发,其运行需要投入大量资金和资源,因此面临的主要风险包括技术风险和财务风险。

在内部风险因素控制方面,对财务风险的控制一方面要建立健全预算制度,合理规划资金需求和支出;另一方面要多样化融资渠道,降低企业的资金压力。对运营风险的控制一是要加强员工培训,提高员工对操作流程和规范的遵守;二是要定期进行风险评估和应急演练,做好应对突发事件的准备;三是要加强供应链管理,确保原材料供应的稳定性。对技术风险的控制首先要加强科研与技术创新投入,提高企业的科技水平;其次要建立技术创新管理体系,提高技术转型的能力;最后还要建立知识产权保护机制,防止技术泄露和侵权。对生态环境风险的控制一是要严格遵守环境法规和标准,确保企业在生产经营过程中不违反环保法规；二是要增强环境监测和评估能力，及时发现并处理潜在的环境风险；三是要实施环境保护和生态修复计划，减少对生态环境的不良影响。

（2）外部状态优先改善下的模式运行风险控制

在外部生态化转型状态优先改善策略下，海洋牧场生态化转型模式的运行所面临的主要风险主要来自企业外部的问题和挑战，即市场风险、社会舆论风险、法律合规风险和环境灾害风险。具体而言，对于生境修复模式而言，飓风、洪水或海啸等自然灾害可能对生境修复项目产生破坏性影响，导致修复工作受阻，因此环境灾害风险是该模式运行所面临的主要风险。其次，对于生态化生产模式，一方面市场需求变化或竞争加剧可能对产品销售和定价产生负面影响，另一方面不合理的生产实践可能引发社会关注和负面舆论，损害企业声誉，因此市场风险和社会舆论风险是该模式运行所面临的主要风险。再次，对于生态化运营模式，市场波动可能影响供应链稳定性和成本，违反劳工法规和供应链合规要求可能导致法律问题，因此市场风险和法律合规风险是该模式运行所面临的主要风险。复次，对于生态化管理模式，不合规的公司治理或企业社会责任实践可能受到公众批评，违反公司治理标准和法规则可能导致法律问题，因此社会舆论风险和法律合规风险是该模式运行所面临的主要风险。最后，对于科技创新模式，快速技术变革可能导致旧技术过时，加之新技术的合规性和知识产权问题，市场风险和法律合规风险是该模式运行所面临的主要风险。

在外部风险因素控制方面，对市场风险的控制一方面要加强市场调研，及时了解市场需求和变化，做好市场预测和规划；另一方面要多样化产品供应，降低对单一市场的依赖程度。对社会舆论风险的控制一方面要加强与社会公众的沟通和交流，及时回应社会关切和质疑；另一方面要建立健全社会责任体系，履行企业的社会责任，争取社会认可。对法律合规风险的控制一是要定期进行法律合规风险评估，及时发现并解决潜在的法律合规问题；二是要加强内部监督和管理，防止违规行为的发生；三是要建立完善的法律合规管理体系，确保企业的经营活动符合法律法规要求。对环境灾害风险的控制一是要与相关部门和机构建立紧密合作，及时获取环境风险信息和应对措施；二是要制定灾害预防和应急管理计划，降低自然灾害带来的损失；三是要强化环境保护和生态修复能力,提高企业在动态环境中的生存能力。

(3)内外部状态协同改善下的模式运行风险控制

在内外部生态化转型状态协同改善策略下,海洋牧场生态化转型模式的运行将同时面临来自于企业内部和外部的问题与挑战,这些风险是相互关联的,而且内外部因素的影响也可能相互交织。具体地,生境修复模式的运行既要面临内部的生态环境风险和财务风险,又要面临外部的环境灾害风险。生态化生产模式的运行既要面临内部的技术风险,又要面临外部的市场风险和社会舆论风险。生态化运营模式的运行既要面临内部的运营风险,又要面临外部的市场风险和法律合规风险。生态化管理模式的运行既要面临内部的财务风险,又要面临外部的社会舆论风险和法律合规风险。科技创新模式的运行既要面临内部的技术风险和财务风险,又要面临外部的市场风险和法律合规风险。

考虑到内外部状态协同改善策略下生态化转型模式运行所面临的复杂风险结构,企业需要综合考虑并建立有效的风险管理计划,包括风险识别、评估、监测和应对措施,以确保各种生态化转型模式的运行在不确定的环境中保持稳健和可持续。首先,企业需建立动态的风险识别机制,在明确当前模式运行风险的基础上,及时识别内外部环境变化带来的新风险,并理解新老风险之间的相互关系和可能的叠加效应。其次,为了更好地了解可能面临的挑战和困难,企业需要通过定量和定性方法来评估每种风险的可能性和严重性,以确定模式运行中哪些风险最值得关注。再次,企业需要建立监测系统来实时掌握风险的变化,监测内容包括外部的环境、市场动态、法规变化等,以及内部的绩效和运营数据等。最后,当风险发生或情况发生变化时,企业需要积极采取措施来降低风险、转移风险或接受风险。降低风险的措施包括制定应急计划、建立备用供应链、开展灾害演练等;转移风险是指企业在无法完全消除某种风险的情况下,通过购买保险或与供应商签订合同等方式来将风险转移给其他方;接受风险则是企业在认为风险的潜在影响相对较小或难以避免,且减轻风险的成本太高或不切实际时,企业主动承担风险可能带来的损失。总之,通过建立有效的风险管理计划,企业可以更好地适应不确定的内外部环境,降低风险对生态化转型模式运行的不利影响,并确保海洋牧场生态化转型实践的顺利推进。

第四节　企业生态化转型的实施保障

为海洋牧场生态化转型模式的运行控制提供实施保障的原因有多方面考虑,包括确保控制措施的有效性,提高控制效果的可持续性,应对环境变化与不确定性等。制度规范保障、组织机构保障和资源配置保障三个方面能够为企业生态化转型模式的运行控制提供明确的指导与规范,引导企业控制活动的合理分工与协作,促进资源得到充分配置和有效利用,帮助企业及时预防和解决控制过程中可能出现的问题和风险,构成了海洋牧场生态化转型模式运行控制实施的基本支持框架。

一、制度规范保障

海洋牧场生态化转型模式运行控制的制度规范保障,是指通过建立一系列明确、具体、适应性强的规章制度、流程和标准,以规范和指导生态化转型模式运行的各项控制活动,确保模式按照既定方向和目标有序推进,减少偏差和风险,提高控制活动效率和效果的管理措施。企业在提供制度规范保障时,需要注意以下几个重要准则:一是要确保制度规范具有一定的适应性和灵活性,能够适应不同阶段、不同情境下的实际需要;二是要保证制度规范的内容明确、清晰,避免模糊不清、难以理解;三是要使制度规范涵盖生态化转型模式运行控制的各个方面,确保其全面性和综合性;四是要确保制度规范具有可操作性,能够被实际执行,避免过于理论化;五是要配备有效的监督和反馈机制,确保制度规范的执行情况能够得到监督和检查,并及时发现问题进行纠正;六是要与企业的文化价值观相融合,能够在实际操作中得到员工的认可和支持。

一般而言,有效的制度规范保障需要涵盖以下基本内容:首先,企业应当建立一套内部规章制度,明确生态化转型模式运行控制的相关流程、步骤、责任分工、信息传递等内容,确保各项控制活动有明确的指导。其次,为了提高控制活动中各项决策的效率与效果,需要构建规范决策的流程和程序,明确制定决策的条件、审批流程、决策者的职责等,确保决策合理、科学和透明。再次,要建立信息报告机制,规范信息报告的格式、内容和频率,确保关键信息能够及时、准确地向相关部门和人员传达。然后,还应在制度规范中明确生态化转型模式运行控制相关的责任人员和部门,确保各项控制活动有专人负责,避免责任不清导致控制失效。此外,对于生态化转型模式运行控制中的常见工作,需要建立标准化的操作流程,并通过企业内部培训体系对相关人员进行培训,确保每一步都按照规定的流程进行。最后,制度规范保障不是一次性的工作,需要根据实际情况不断完善和更新,定期对制度进行评估,结合实际情况进行修订,确保制度与企业的发展保持一致。

二、组织机构保障

海洋牧场生态化转型模式运行控制的组织机构保障,是指建立和优化相应的组织结构、职责分工和管理体系,以确保生态化转型模式的运行控制能够有序进行、有效管理和协调推进的一系列管理举措。企业在提供组织机构保障时,需要注意以下几个关键问题:一是适应性问题,组织机构应该适应企业的规模、发展阶段和生态化转型模式的特点,不同阶段可能需要不同的组织结构和职能划分;二是协调性问题,不同部门之间应该有良好的协调和沟通机制,避免信息孤岛和部门之间的隔阂,确保信息的流通和共享;三是变化管理问题,在组织机构调整时,要进行有效的变化管理,确保员工能够顺利适应新的组织结构和职能划分;四是领导层支持问题,高层领导应该积极参与组织机构的建设和运行,为模式运行控制提供有力的支持和指导;五是持续改进问题,企业要定期审查和评估组织机构的运行效果,根据反馈不断进行优化和改进,适应模式运行控制的动态需求。

具体而言,企业可以采取以下措施来为模式的运行控制提供有效的组织机构保障:首先,设计适应生态化转型模式的运行控制所需要的组织结构,确保各部门和职能的划分清晰明确,以便有效地协同合作和责任分配。其次,为了处理复杂的生态化转型模式运行控制问题,可以设立跨职能的团队,培养协作和团队精神,鼓励员工跨部门合作,将不同领域的专业知识和技能汇集起来共同解决问题。再次,确保每个团队成员都明确其在生态化转型模式运行控制中的角色和职责,这包括确定谁负责决策、谁负责执行、谁负责监督等。然后,制定决策的层级和流程,明确不同问题的决策权限和责任,确保在关键决策时能够迅速做出准确的决策。此外,应建立良好的沟通和协调机制,确保各部门之间信息的传递和共享,定期召开会议、设置沟通渠道,促进知识和信息流动。最后,还要建立绩效评估体系,将运行控制的执行情况纳入绩效考核中,激励员工积极参与和推动模式运行控制工作。

三、资源配置保障

海洋牧场生态化转型模式运行控制的资源配置保障,是指为各项模式运行控制活动提供必要的人力、财务、技术、物资等资源,以确保生态化转型模式的运行控制能够得到充分支持和保障的一系列管理举措。企业在提供资源配置保障时,需要注意以下几个基本原则:一是战略一致性原则,即资源分配应与企业战略目标和模式运行控制需求的方向保持一致,确保资源的投入能够产生实际业务价值;二是合理性和透明度原则,即确保资源分配的相对合理性和公平性,同时要保持透明度,让相关利益相关者了解资源分配决策的依据;三是绩效导向原则,即资源分配应基于绩效和效益,确保资源的投入能够产生预期的业绩和效果;四是可持续性原则,即在资源分配时要考虑到生态化转型模式运行控制的长期可持续性,避免资源过度消耗或短期内的过大投入;五是风险管理原则,即需要考虑到各类不确定性因素,预留一定的资源作为风险缓冲,以应对突发情况。

具体而言,企业可以通过以下步骤来为模式的运行控制提供有效的资源配置保障:首先要识别资源需求,确定生态化转型模式的运行控制所需的各类资源,包括人力资源、财务资金、技术设备、信息系统等,并通过多种渠道做好各类资源的筹备工作。其次是资源评估和量化,即对每类资源进行评估和量化,确定各项资源的数量和规模,基于任务需求制定资源分配计划。再次是优先级排序,根据生态化转型模式的运行控制任务的重要性和紧急程度,对各项资源进行优先级排序,确保关键任务优先获得支持。然后要制定详细的资源分配方案,明确哪些资源分配给哪些任务或项目,以及分配的时间表和计划。同时还应建立灵活的资源调配机制,以便根据实际需要随时进行资源调整,应对变化的环境和需求。最后是建立资源分配的监控和反馈机制,定期评估资源的使用情况和效果,根据反馈结果进行必要的资源配置调整。

第五节　本章小结

本章在第七章海洋牧场生态化转型模式匹配研究的基础上,进一步分析了资源环境约束下的海洋牧场生态化转型模式运行控制。具体而言,首先,分析了资源环境约束下企业状态演化的异质性策略,包括内部状态优先改善策略、外部状态优先改善策略和内外部状态协同改善策略。其次,针对生态化转型状态演化策略异质性可能给企业生态化转型模式运行带来的动态性、复杂性、长期性问题,构建了海洋牧场生态化转型模式的运行控制框架,并从方向控制、关键点控制、进度控制和风险控制四个方面提出了每种生态化转型模式运行的控制措施。最后,为保障控制措施的有效性和可持续性,进一步提出了海洋牧场生态化转型模式运行控制的实施保障建议,涵盖了制度规范保障、组织机构保障和资源配置保障三个方面。

第九章 结论与展望

第一节 主 要 结 论

围绕开展基于资源环境承载力的海洋牧场生态化转型模式研究,本篇基于生态经济学、企业成长、企业能力和群体决策等相关理论,在识别了我国"先行者"海洋牧场的主要生态化转型模式的基础上,通过构建海洋牧场区域资源环境承载力容量和状态评价模型,提出了基于承载力评价结果的海洋牧场生态化转型状态判断与分析方法;然后通过构建海洋牧场生态化转型模式的匹配模型,分析了处于不同生态化转型状态的海洋牧场所适配的模式组合;最后在剖析了海洋牧场生态化转型状态演化策略异质性的基础上,提出了生态化转型模式的运行控制框架以及保障运行控制有效实施的措施建议。这些研究成果一方面从生态化转型的角度解释了我国海洋牧场应如何应对资源环境约束以及气候变化问题,开辟了资源环境约束下海洋牧场实现健康成长、永续经营和可持续性目标研究的新方向;另一方面,在为海洋牧场区域资源环境承载力的科学评价提供了方法工具支持的同时,也为海洋牧场生态化转型模式的选择与运行控制提供了经验参考、数据支撑和理论指导。

根据上述的研究概要,可将本篇取得的成果总结为如下四个方面。

(1)识别我国海洋牧场生态化转型的五种主要模式。面对日益趋紧的资源环境约束,我国很多海洋牧场已经意识到它们对自然系统的依赖以及与社区的共同未来,从而积极践行生态化转型。然而,面对这一相对较新的现象,现有文献并没有对其背后的生态化转型模式提出见解。其驱动力是什么,它们采取了哪些创新性举措,产生了什么样的绩效影响,以及这些驱动力、创新性举措和绩效影响之间的逻辑关系是怎样的,目前都尚不清楚。因此,本篇运用探索性案例研究方法,对我国五家生态化转型实践的"先行者"海洋牧场进行了案例内分析和跨案例分析,通过深入分析各构念之间的逻辑关系,厘清了上述藏在现象背后的问题。在分析案例海洋牧场生态化转型实践的机理路线的基础上,归纳出了海洋牧场的五种主要生态化转型模式,即生境修复模式、生态化生产模式、生态化运营模式、生态化管理模式和科技创新模式,并分析了它们各自的特征内涵、关键作用及适用情境,为海洋牧场综合管理研究和企业生态化转型研究的深入奠定了理论基础,也为我国其他海洋牧场启动和深化生态化转型实践提供了经验借鉴和理论指导。

(2)开发海洋牧场生态化转型状态分析方法。海洋牧场的区域资源环境承载力状态和容量分别从外部环境角度和内生条件角度描述了海洋牧场实现永续经营和可持续发展的能力,前者注重在保证区域资源环境符合可持续发展需要条件下维持承载力系统"压力—支持力"关系的稳态效应,后者则强调通过内部资源利用、生产方式调整、管理策略优化等来实现海洋牧场的生产经营与生态环境的良性互动;这与海洋牧场外部及内部生态化转型状态的内涵不谋而合。因此,本篇首先构建了海洋牧场区域资源环境承载力容量评价模型,使得海洋牧场的资源利用结构和效率、潜在环境影响以及资源环境承载力容量盈余得以直观呈现;其次,构建了海洋牧场区域资源环境承载力状态评价模型,改进了已有研究在指标选取合理性、指标权重科学性、承载力指数直观性等方面的不足;最后,基于承载力评价结果提出了海洋牧场外部、内部以及整体生态化转型状态的判断与分析方法,并通过实例应用研究验证了以上模型与方法的科学性、可行性与有效性,为资源环境约束下的海洋牧场成长研究提供了新的思路借鉴与方法支持,也为海洋牧场在生态化转型实践中有效防范生态风险和准确定位发展状态提供了数据参考和理论指导。

(3)提出海洋牧场生态化转型模式匹配方案。处于不同生态化转型状态的海洋牧场在市场中的竞争优势有所不同,内部建设发展条件也存在差异,这决定了它们亟待解决的问题和需要改进的方向也要区别分析。海洋牧场生态化转型模式的匹配既要考虑模式的适用情境,也要考虑企业的生态化转型状态。因此,本篇先是基于生态化转型模式的匹配原则分析,在借鉴定量战略计划矩阵的构建逻辑和计算过程的基础上,构建了海洋牧场生态化转型模式的匹配度判断矩阵。然后,通过收集相关领域专家对海洋牧场生态化转型的理论性理解和实践性认知,提出了一种兼顾专家个性化语义和差异化权重的匹配度计算方法,用以计算处于不同状态的海洋牧场与各种生态化转型模式之间的匹配度。最后,依据匹配度计算结果,分析了基于资源环境承载力的海洋牧场生态化转型模式的具体匹配方案及其实施内容,为海洋牧场在异质性生态化转型状态下的生态化转型模式选择提供了方法支持和奠定了理论基础,也为海洋牧场的生态化转型战略制定提供了数据参考和理论指导。

(4)构建海洋牧场生态化转型模式运行控制框架。企业对生态化转型状态的演化策略的选择主要受两方面因素的影响,一方面是成本、技术、资金、市场、利润、风险、知识、法规、政策等客观因素,另一方面是领导者期望、管理层偏好、社会价值观、企业文化传统等主观因素。对这两方面因素的不同反应形成了不同企业之间状态演化策略的异质性,从而导致不同的海洋牧场在生态化转型的战略方向、关键问题、进度需求和风险管理等方面存在差异,进而给生态化转型模式的运行带来了挑战。因此,本篇在分析了资源环境约束下生态化转型状态演化策略异质性的基础上,构建了海洋牧场生态化转型模式的运行控制框架,从方向控制、关键点控制、进度控制和风险控制四个方面提出了具体的控制措施,并为保障控制措施实施的有效性和可持续性而进一步提出了相应的保障建议。该框架深化了海洋牧场生态化转型模式研究的内容,同时也为海洋牧场提供了灵活、个性化和可调整的生态化转型模式运行控制方案,有助于释放潜力,促进创新,并有效管理风险,在整体上实现生态化转型模式运行的最佳效果。

第二节 管理启示与政策建议

海洋牧场在实际的生态化转型实践中,如何以有限的人、财、物和时间等企业资源实现生态化转型实践效果的最优化是其必须要考虑的问题。因此,根据本篇研究结论得到如下管理启示。

(1)制定海洋强国背景下海洋牧场生态化转型战略机制。根据本篇对海洋牧场生态化转型实践的机理路线分析,践行生态化转型不仅能够给企业带来经济效益,而且还会产生生态效益和社会效益。因此,制定资源环境约束下的企业生态化转型战略机制是推动海洋牧场实现经济、社会、环境和谐共赢的重要基础。首先,企业领导层应设定生态化转型愿景,强调企业要在争取经济成功的同时兼顾生态系统和社会责任；整合生态化转型目标，确保生态化转型目标与企业战略一致；制定长期的可持续经营计划，包括生态化转型目标、时间表和资源分配计划等。其次，企业管理层应设立专门的生态化转型部门或小组，负责协调和监督生态化转型计划的实施；引入生态化转型绩效指标，使管理层的绩效考核与生态化转型目标挂钩；设立激励计划，鼓励员工提出创新性的生态化转型建议。最后，企业员工应接受企业的生态化转型培训，增强对生态化转型战略的理解与认同；积极参与公司的生态化转型倡议，组织建立员工参与生态项目的机制与渠道；将生态化转型理念融入日常业务环节，确保个人行为与企业生态化转型目标保持一致。

（2）构建区域资源环境承载力的监测预警机制。区域资源环境承载力是判断海洋牧场生态化转型状态的重要依据，也是企业选择最佳适配生态化转型模式的重要考量。因此，构建区域资源环境承载力的监测预警机制，是海洋牧场提高决策效率和实现可持续商业价值的内在要求。首先，海洋牧场需要结合区域社会经济活动情况和资源环境条件，在充分论证的基础上，确定和建立涵盖人类生产消费活动、自然资源、生态环境等方面的资源环境承载力监测指标体系，为区域承载力状况的监测和评估提供目标框架。其次，企业应部署具备高精度和可靠性的监测设备，如水质传感器、气象站、水文测量站、水下摄像头和遥感技术等，以实现对各项指标的实时监测。然后，企业既要建立数据传输和通信系统，确保监测数据能够实时传输到中央数据库或监测中心；还要建立数据存储系统，以管理和存储从监测设备中获取的实时数据与历史数据，以供后续使用。最后，企业应利用数据分析和建模技术对监测数据进行分析，以识别承载力的变化趋势；并根据事先设定的资源环境承载力预警阈值，建立预警触发机制，使得相关部门能够对紧急情况作出及时反应。此外，企业还可以通过人员培训、完善决策与行动计划和监测信息共享等方式保障监测预警机制的有效运行与实施。

（3）制定生态化转型模式的动态转化机制。随着生态化转型实践的推进，企业的生态化转型状态可能随时发生变化，进而企业与各生态化转型模式之间的匹配度也会产生波动。因此，建立生态化转型模式的动态转化机制，是海洋牧场充分利用资源和提高生态化转型实践效率的客观需求。首先，通过选择适当的数据采集工具和技术，建立数据清洗、验证和纠正的程序，开发高效的数据分析工具和软件等措施,企业要建立起系统化的数据收集与分析机制,以实现对企业生态化转型状态和生态化转型模式匹配度变化的精准把握。其次,企业可以通过引入 ERP 系统和项目管理软件等先进的技术和管理工具,建立标准化的决策支持系统,帮助管理层来决定是否进行转化、何时进行转化以及如何进行转化,提高模式转化的管理效率和决策质量。再次,企业应结合模式转化需要调整内部的组织结构、活动流程和管理方法,通过引入变革管理的实践确保模式转化过程有序,减少潜在的阻力和混乱。最后,企业要为员工提供培训机会,提高员工对新技术、新法规、新市场趋势的理解,鼓励他们主动获取新知识和技能,确保员工具备适应动态变化的工作环境的能力。

(4)完善生态化转型模式运行效果的监控反馈机制。生态化转型模式运行效果是指生态化转型模式的运行方向、进度与绩效影响等与企业生态化转型状态演化策略规划相符合的程度,是海洋牧场实施生态化转型模式运行控制的主要依据。因此,完善生态化转型模式运行效果的监控反馈机制,是海洋牧场有效实施模式运行控制和顺利实现生态化转型目标的基本前提。首先,企业应结合生态化转型模式运行控制的内容设置明确的阶段化生态化转型目标及评价指标,为模式运行效果的监控与反馈提供依据。其次,企业需要定期收集生态化转型模式运行效果的指标数据,通过建立透明的报告程序来确保数据内容的完整和可理解性,并将其纳入企业的日常运营管理体系。再次,企业应设计一个合理的绩效评估流程,使用合适的评估工具对报告数据进行综合分析,以准确评估生态化转型模式的运行效果。最后,企业要建立双向的持续反馈和沟通机制,以确保既能使监控与评估结果准确传达给管理者,又能使决策意见迅速及时地下达给负责模式运行控制的各级员工,从而提高模式运行控制的效率和准确性。

同时,海洋牧场正在逐渐成为我国海洋强国建设的战略新支点,如何有效支持、管理和监督海洋牧场的生态化转型实践,使其与海洋强国建设目标始终保持一致,是相关政府和政策制定部门必须要考虑的问题。因此,根据本篇研究结论提出以下政策建议。

(1)优化完善政策支持体系,引领海洋牧场生态化转型实践。践行生态化转型是海洋牧场实现可持续性目标的必然选择,也是我国推进海洋生态文明建设的重要抓手,所以应充分发挥政策支持的引领作用。第一,设定明确的政策目标,将生态化转型绩效作为企业绩效评价的一部分,明确支持企业的生态友好型经营,激励企业更好地履行社会责任,提高生态环境保护水平。第二,通过行业研究与调查,制定涵盖包括资源利用、环境保护、社会责任等方面的生态化转型基本准则,明确企业在生产经营中应该遵循的步骤、方法和技术要求,并基于指标和评估方法对企业的生态化转型实践进行定期监测和评估,以及时发现问题并进行纠正。第三,制定一揽子财政激励措施,包括奖励金、减免税等,重点扶持符合生态标准的投资项目,使生态信用评价结果与财政激励挂钩,为信用较好的企业提供更多的财政支持,促使企业更加积极地参与生态化转型实践。第四,建立和完善绿色金融体系,为生态化转型项目提供低息贷款、融资支持等金融优惠条件,减轻海洋牧场在投资生态化项目时的财务负担。第五,通过派驻技术指导团队和设立创新基金,支持海洋牧场进行生态友好型技术创新,鼓励企业积极破解一系列"卡脖子"的技术难题。第六,通过建设人才队伍和设立科研项目与奖励制度等方式,支持并吸引更多高层次人才投身于海洋牧场生态化转型的研究和实践,促进产学研合作,共同推动生态化转型的理论技术研究和企业实践发展。

(2)培育打造示范案例项目,促进各类生态化转型模式推广应用。生态化转型模式的落地应用是海洋牧场启动和深化生态化转型实践的必然要求,也是我国解决海洋渔业资源可持续利用和生态环境保护之间矛盾的重要途径,所以应充分发挥政府打造标杆项目的示范推广作用。首先,要设立示范项目基金并制定资助要求,可以从海洋生态保护、可持续发展等相关专项资金中拨款设立示范项目基金以保证充足的资金规模,并在资金分配中重点考虑项目的创新性、示范效果和可持续性,优先支持那些具有较高影响力和示范效果的项目。其次,要制定科学的示范项目评估标准,将生态效益、经济效益、社会效益等多方面指标综合纳入示范项目的评估中,设立专门的审核机构或委员会负责审核示范项目的申请,并对通过审核的项目进行持续的监督管理和政策支持。再次,要加强示范项目的宣传推广,利用政府官方网站、新闻媒体、专业期刊等渠道,广泛宣传示范项目的背景、目标、实施方案和成果;通过举办专题研讨会、学术交流会等活动,向公众传递示范项目的成功经验和价值;组织企业参观考察、产学研对接等活动,促进示范项目的技术和经验分享。最后,还要建立示范项目的跟踪监测机制,定期对示范项目的实施情况和效果进行评估和监测,及时发现问题并加以解决,确保示范项目预期效果的达成和实施运行的可持续性。

（3）加强海洋开发利用管理,保障资源环境承载力系统健康稳定。海洋牧场区域资源环境承载力是企业生存和发展的基础,也是我国提升海洋资源利用效率和海洋经济发展质量的重要依据,所以应充分发挥政府管理的保障作用。一方面,相关政府部门应加强资源分配统筹优化,强化高质量发展支撑。一是优化资源审批流程,在保证资源安全的前提下,树立资源的时间价值观念,提高资源审批效率,让有限的资源在市场中充分流动;二是制定资源跨区域流动办法,既要充分发挥市场的作用使海洋资源自由流动,也要合理行使行政职能来避免资源的过度开发与浪费;三是设置一批与海洋开发利用管理相关的研究专项,对管理的理论与方法进行系统研究,为全面提高海洋开发利用管理中的资源分配统筹优化水平提供智力支持。另一方面,相关政府部门要加强管理机制建设,提供高质量发展保障。一是制定海洋开发利用管理机制改革规划,结合企业发展需求,深入探究管理机制建设和改革方向,明确管理机制优化的阶段性和长期目标;二是制定海洋开发利用管理部门的协同办法,既要明确各管理部门的职责范围,又要要求有关部门顾全大局,参与协商、密切配合,通过目标整合、组织创新、信息共享等路径提升管理的协同能力;三是以管理信息公开敦促管理机制改革,建立健全海洋开发利用管理工作的公示制度、听证制度,定期发布管理工作政务信息,拓宽信息反馈渠道,认真听取企业及地方人民群众提出的批评、意见和建议。

（4）设立生态安全监管机制,助力海洋牧场高质量发展目标。生态安全监管机制的构建应以监测与评价机制为底层机制,以预警与决策机制为中层机制,以控制与保障机制为高层机制。在监测与评价机制中,首先,政府应通过法规授权,委托相关企业或第三方专业机构获取海洋牧场的资源结构、海域环境等客观数据;其次,政府应要求相关机构确保获取的数据的透明度,在保证数据安全的前提下以恰当的方式实行信息公开,增强监管的公正性和可信度;最后,政府应组织或委托第三方专业机构进行海洋牧场生态安全的全面评价,包括水质、底质质量、生物多样性等方面,确保评价的科学性和客观性。在预警与决策机制中,一方面,政府应主导生态安全预警工作,确保工作的独立性和客观性,并筛选合格的第三方专业机构提供技术支持;另一方面,政府应牵头制定决策方案,可邀请第三方专业机构在决策中提供智力支持,同时鼓励海洋牧场和周边居民参与,确保决策充分考虑多方利益。在控制与保障机制中,首先,政府应主导开展生态安全的资源配置和政策制定工作,确保海洋牧场的生产经营活动符合生态环境的可持续性要求;其次,政府应完善相关法规制度,明确海洋牧场在生态环境保护方面的责任和义务,制定相应的惩罚机制,以确保企业依法履行生态环境保护职责;最后,政府应鼓励社会各界参与生态环境监管,支持公益性环保组织的设立,引导实现包括政府、企业和公众在内的多方监管主体参与。

第三篇

海洋牧场数智化转型创新篇

习近平总书记指出:海洋是高质量发展的战略要地。海洋牧场是发展趋势,"十四五"规划指出建设海洋强国,必须坚持五大发展理念,优化近海绿色养殖布局,建设海洋牧场。农村农业部编制印发的《国家级海洋牧场示范区建设规划(2017—2025)》中指出海洋牧场建设是"解决海洋渔业资源可持续利用和生态环境保护矛盾的金钥匙"。海洋牧场,作为一种创新的渔业模式,有效地解决了传统水产养殖与海洋捕捞所带来的环境与资源问题,实现了渔业的绿色转型。至今,我国已建立169个国家级海洋牧场示范区,这些示范区不仅成为渔业可持续发展的典范,也为全国海洋牧场的建设与发展提供了宝贵的经验。作为海洋经济发展的关键支柱,海洋牧场如何实现高质量发展,已成为社会各界广泛关注和深入探讨的焦点。然而,面对日益严峻的资源环境挑战和产业转型的压力,我们必须寻找新的突破口。在此背景下,数字化和智能化技术的迅猛发展,为海洋牧场的高质量发展注入了新的活力。这些技术不仅提高了海洋牧场的管理效率和资源利用率,还为其带来了更多的创新机会和发展空间。

"十四五"规划明确提出了建设海洋强国的宏伟目标,并强调必须坚持创新、协调、绿色、开放、共享的新发展理念。在这一理念的指导下,优化近海绿色养殖布局,大力发展现代海洋牧场,以及推动可持续远洋渔业的发展,已成为我们当前的重要任务。为了实现这一目标,我们必须充分发挥数智技术的优势,为海洋牧场的高质量发展提供强有力的支持。数智赋能不仅能够帮助海洋牧场实现更高效、更精准的管理,还能够促进其技术创新和模式创新,从而全面提升海洋渔业的质量效益和市场竞争力。深入探讨数智赋能海洋牧场高质量发展的机制和路径,已成为我们当前面临的重要课题。这不仅是利用数字智能技术这一"新利器"解决海洋渔业发展"旧问题"的迫切需要,也是深化海洋渔业供给侧结构性改革、推动近海养殖高质量发展的关键所在。基于我国数字赋能海洋牧场发展的现状和核心问题,我们需要对数智赋能海洋牧场高质量发展的目标、路径及对策进行深入研究和科学判断。这不仅有助于我们更好地理解数智技术与海洋牧场发展之间的内在联系,还能够为我国海洋牧场通过数智赋能实现高质量发展提供有力的决策支持和实践指导。

第十章 数智赋能海洋牧场高质量发展概述

第一节 相关研究综述

当前国内外已有研究多聚焦于数字赋能企业相关领域,关于数字技术赋能企业高质量发展这一领域研究正在兴起,主要集中在赋能原理、影响因素、机制、路径等方面。

一、关于数智赋能海洋企业的研究

从数字赋能定义、内涵、要素、机制和路径等方面进行了比较全面的研究,虽然近年来不断涌现出企业数字化转型的新模式与新业态(肖土盛等,2022;陈剑等,2020),但以数智赋能海洋企业为对象的理论研究与实践分析较为零散,不够系统深入(吴江等,2021)。数字赋能企业最早由 Patel 和 McCarthy(2000)提出,认为数字赋能是企业转型的一种新方式。之后学者们对数字赋能的相关问题进行了大量的探究,数字赋能的内涵也不断拓展与丰富(Shen等,2022;Kraus 等,2021;Leong 等,2016)。随着数字经济与实体经济的深度融合,近几年,围绕数字赋能企业的机制与路径等问题逐步引起了学术界的高度关注(He 等,2023;刘启雷等,2022;尚晏莹等,2022)。数智化技术赋能企业发展主要侧重在生产、营销、创新等方面(Li 等,2022;Wang 等,2022;周文辉等,2018)。随着信息技术应用的逐步深入与创新,海洋企业先后迈入信息化建设、"互联网+海洋"、数字化转型的浪潮之中(Hong Nham 等,2023;Liu,2020)。数字技术赋能海洋企业是科技革命和产业变革的结果,其内容与形式随着海洋经济与数字技术发展而不断地演化(Wu 等,2021)。

二、关于数智赋能企业高质量发展的研究

党的十九大报告提出高质量发展,大力推动大数据、5G、人工智能和实体经济深度融合(杨伟等,2022),近年来,关于数字赋能企业高质量发展的研究

主要围绕现实困境（王小明等，2023；王正新、刘俊，2023）、路径（Ologeanu Taddei 等，2023；任保平和苗新宇，2022）、产业组织政策（姚毓春等，2022；Savelyeva 和 Park，2022）、影响因素（Wu 等，2022）等方面展开，从企业内外环境着手，强调政府政策支持，改善营商环境，发挥市场机制的调节作用，克服自身存在的诸如技术、资金等问题，通过技术创新等方式实现转型升级，进而实现高质量发展是当前研究的热点，然而关于如何借力数字平台实现中小企业高质量发展的机制研究还不够深入。

三、关于海洋牧场的研究

从海洋牧场的建设和管理的不同内容进行了比较全面的研究，关于如何实现海洋牧场高质量发展的研究还不够深入，缺乏对数智化技术助力海洋牧场高质量发展的研究。海洋牧场建设：前期集中在海洋牧场概念辨析、海洋牧场选址及类型、海洋牧场建设对生态环境影响及评价、人工鱼礁等传统海洋牧场方面（李大鹏等，2018；沈金生、梁瑞芳，2018），后期重点关注现代化海洋牧场的建设，强调三产协同发展，促进优质野生资源的恢复、增殖与可持续利用（Jiao 等，2023；丁德文和索安宁，2022；曹港程和沈金生，2022）。海洋牧场管理：针对海洋牧场管理存在的问题（林承刚等，2020），现代化海洋牧场的经营机制、生态效益、生态安全、管理制度等相关研究越发深入（Du 和 Li，2022；杨红生等，2022；万骁乐等，2022；刘伟峰等，2021）。与此同时，新发展理念使得海洋牧场管理与发展被赋予政策新动能、生态新动能和主体新角色，在生态、经济与社会效益的目标协同引领下，实现政府、企业与渔民之间的协同（Liu和 Wu，2022）。

四、现有研究述评

国内外相关成果为本书的研究奠定了部分理论基石、开拓了研究思路。但是，已有研究主要集中在数字赋能和企业高质量发展的一般性研究，对数智赋能海洋牧场高质量发展研究的针对性和系统性不足，忽视了利益相关者视角下海洋牧场多元主体间的协同发展。因此，对数智赋能海洋牧场高质量发展的机制和路径进行研究具有重要意义。（1）研究对象上，目前企业高质量发展的研究大都着眼于规模以上企业个体案例研究，侧重企业数字赋能与数字化转型的整体粗放型研究，以海洋牧场为研究对象的研究鲜见，更缺少数智赋能这种针对性的深入研究。（2）研究视角上，现有研究多将数字赋能视为促进企业高质量发展的路径,并且少数研究也仅限于对困境和顶层设计的定性研究,缺乏数智赋能海洋牧场高质量发展的内在逻辑方面的探讨,没有打开企业高质量发展的"黑箱"。(3)研究内容上,数字赋能企业的路径分析多限于企业自身数字化转型,既缺少高质量发展理念的渗透与引导,也缺少多元主体间协同与利益相关者价值共创的关注,导致路径选择较为片面、理论前瞻性不强。因此,为了贯彻新发展理念推动高质量发展,从利益相关者理论出发,构建数智赋能海洋牧场高质量发展的理论框架,全方位、全过程地阐述数智赋能与高质量发展的内在逻辑,丰富与发展数智赋能海洋产业协同发展的研究。

第二节 必然性讨论

随着科技的飞速进步,数字化与智能化已经成为推动各行各业高质量发展的关键力量。对于我国海洋牧场来说,数智赋能不仅是提升企业运营效率和竞争力的重要手段,更是实现高质量发展的必由之路。以我国海洋牧场为研究对象,着重研究数智赋能海洋牧场高质量发展的机制和路径。数智赋能企业过程是在企业数字化转型基础上实现智能化的高级阶段,不仅限于利用数字化技术对企业运营的全面优化,还包括人工智能技术对数据作为生产要素的智能化应用。探讨数智赋能海洋牧场高质量发展的机制以及路径,既要从宏观上关注到高质量发展五个目标的差异性,又要从微观上考虑不同类型海洋牧场的异质性。

一、数智赋能海洋牧场高质量发展的意义

数智赋能是在企业数字化转型的基础上实现智能化的高级阶段,它不仅仅局限于利用数字化技术对企业运营的全面优化,更包括人工智能技术对数据作为生产要素的智能化应用。对于海洋牧场来说,数智赋能海洋牧场高质量发展的必然性可以从以下几个方面进行分析。

(1)提高生产效率与精准管理:通过物联网、大数据等技术,海洋牧场可以实时监测和智能调度各种资源,如水质、气象、鱼类生长等数据。这种精准的数据分析为养殖企业提供了科学的养殖建议,进而提高了养殖效率和产量。例如,对某些重要环境参数的实时监测,可以确保养殖环境的稳定和适宜,及时发现潜在问题,降低风险。

（2）优化运营管理与资源利用：数字化的海洋牧场管理系统实现了对养殖过程的全程监控，提升了管理效率。这包括对养殖资源的统一管理和调度，提高了资源的利用效率。数字化技术还能帮助海洋牧场实现与其他产业的深度融合，如与电子商务平台合作，实现产销一体化，增加附加值。

（3）促进可持续发展与创新能力：通过对海洋生态环境的长期监测和研究，数字技术为海洋牧场的规划和建设提供了科学依据。这不仅可以预测生态环境变化趋势，为选址和布局提供参考，还能帮助养殖户了解市场需求，制定合理的生产和销售策略。此外，与科研机构的合作可以将海洋牧场的技术优势转化为科研成果，推动产业技术进步。

（4）增强市场竞争力与顾客信任：借助智慧海洋渔业管理平台，可以记录养殖过程和鱼类的生长情况，通过全程溯源系统提高消费者的信任度。这种透明度不仅增强了产品的市场竞争力，还提升了品牌形象。

（5）符合政策导向与社会需求：随着国家对海洋经济和绿色发展的重视，数智赋能海洋牧场符合当前的政策导向。同时，社会对高品质、生态友好的海产品的需求也在增长，数智化转型有助于满足这一市场需求。

综上所述，数智赋能海洋牧场高质量发展的必然性体现在提高生产效率、优化运营管理、促进可持续发展、增强市场竞争力以及符合政策和社会需求等多个方面。这些优势共同推动了海洋牧场向更加绿色、高效、可持续的方向发展。要实现这些目标，需要从宏观上关注高质量发展的五个目标——创新、协调、绿色、开放、共享，并根据不同类型海洋牧场的特点，制定差异化的数智赋能策略。

二、新发展理念下数智赋能的必然性

在新发展理念推动高质量发展的思想指导下，从创新（技术创新、模式创新）、协调（三产融合、陆海统筹）、绿色（环境保护、生态修复）、开放（区域环境、生态系统）、共享（资源整合、共同富裕）五个维度展开，筛选反映海洋牧场高质量发展的核心要素和组态；通过政策研究与理论分析，阐述数字赋能中小旅游企业高质量发展的客观必然性。

在新发展理念的指导下，数智赋能对于推动海洋牧场高质量发展具有显著的必然性。以下从创新、协调、绿色、开放、共享五个维度进行阐述。

（1）创新维度：数智赋能可以推动企业技术创新和模式创新。通过引入先进的数智技术,如大数据分析、云计算、人工智能等,海洋牧场能够探索新的养殖技术、管理方法和市场策略。这种创新不仅能提高产品和服务的附加值,使其更加符合市场需求,还能帮助企业在激烈的市场竞争中脱颖而出。例如,利用数智技术开发的智能投喂系统,可以根据鱼类的生长情况和环境条件自动调整投喂量和投喂时间,从而提高养殖效率和产品质量。

(2)协调维度:数智赋能可以推动三产融合和陆海统筹。数智技术的应用使得海洋牧场能够更好地与上下游产业进行衔接,实现产业链的优化配置。例如,通过与渔业加工、物流、销售等产业的紧密合作,海洋牧场可以确保产品的新鲜度和品质,提高市场竞争力。同时,数智技术还有助于实现陆地与海洋资源的统筹利用,平衡不同产业之间的资源需求,促进区域经济的协调发展。

(3)绿色维度:数智技术有助于实现环境保护和生态修复。海洋牧场在运营过程中需要密切关注环境变化,确保养殖活动对海洋生态的影响最小化。数智技术可以帮助企业实时监测水质、底质等环境因素,及时发现并处理潜在的环境问题。此外,通过数据分析,企业可以更加科学地规划养殖密度和种类,减少对海洋生态系统的压力,促进海洋牧场的可持续发展。

(4)开放维度:在数智技术的支持下,海洋牧场可以更好地融入区域环境和生态系统。通过与其他地区或国家的海洋牧场进行数据共享和经验交流,企业可以及时了解行业动态和市场需求,拓展发展空间。此外,数智技术还能帮助企业与国际市场接轨,提高产品的国际竞争力。这种开放性的发展策略有助于海洋牧场在全球范围内寻找更多的合作机会和发展空间。

(5)共享维度:数智技术有助于资源整合和共同富裕。通过数智平台,海洋牧场可以与其他相关产业进行资源共享,提高资源利用效率。例如,通过与旅游、科研等产业的合作,海洋牧场可以提供更加丰富的产品和服务,满足消费者的多样化需求。同时,数智技术还能促进海洋牧场与周边社区的共同发展,实现社会、经济和生态效益的共赢。这种共享式的发展模式有助于构建和谐的社区关系,提高当地居民的生活水平。

综上所述,数智赋能是推动海洋牧场高质量发展的必然趋势。通过政策研究与理论分析,我们可以发现数字赋能不仅有助于提升中小旅游企业的运营效率和市场竞争力,还能促进其创新发展、协调发展、绿色发展、开放发展和共享发展。因此,对于海洋牧场来说,积极拥抱数智化转型是实现高质量发展的关键所在。数智赋能是推动我国海洋牧场高质量发展的必然路径。通过数字化转型和智能化应用，海洋牧场可以提高运营效率、增强数据分析能力并促进创新发展。同时，在新发展理念的指导下，数智赋能还有助于实现创新、协调、绿色、开放、共享发展。因此，海洋牧场应积极投入数智化建设，以迎接未来的挑战并实现可持续发展。

第三节　理论模型构建

数智赋能海洋牧场高质量发展，以新发展理念为引领，强调创新、协调、绿色、开放、共享，旨在通过技术创新、模式创新、环境保护、生态修复、陆海统筹、三产融合等路径，实现海洋牧场的全面升级。该框架基于数字化、智能化转型，通过数字资源协同优化、产业贯通链条优化、产业集群业态融合及陆海联动布局优化，提升海洋牧场管理能力和创新能力。同时，注重资源结构优化与整合，推动资源协同与辐射，实现资源的高效利用。在工具化和信息化方面，通过数据在线化、流程标准化、养殖自动化、决策智能化等措施，提升信息利用效率和生产自动化水平。最终，构建数字基础设施、数字协同服务平台和数字应用场景，为海洋牧场的高质量发展提供坚实支撑，推动其向现代化、智能化方向迈进，实现可持续发展。

一、发展理念引领

新发展理念作为核心指导，强调创新、协调、绿色、开放、共享。高质量发展是目标，旨在提升海洋牧场的整体效益与可持续性，确保海洋资源的合理利用与保护。海洋牧场高质量发展体现在：1. 技术创新与模式创新：通过引入先进技术和创新模式，推动海洋牧场的技术升级和产业升级，提升生产效率和产品质量。2. 环境保护与生态修复：坚持绿色发展，加强环境保护措施，实施生态修复工程，维护海洋生态平衡。3. 陆海统筹与三产融合：实现陆海资源的统筹规划与利用，促进海洋渔业与农业、旅游业等第三产业的深度融合，形成多元化发展格局。4. 生态系统与区域环境优化：关注生态系统健康，优化区域环境，为海洋牧场提供良好的生态环境基础。5. 资源整合与共同富裕：整合各类资源，实现资源的高效配置与利用，推动海洋牧场及周边地区的共同富裕。

二、数字支撑架构设计

构建完善的数字支撑架构,包括数字基础设施、数字协同服务平台和数字应用场景等。通过算力资源、算法模型等基础设施的支撑,以及海洋牧场大数据共享平台、海洋牧场资源智能管理平台等协同服务平台的搭建,为海洋牧场的高质量发展提供强有力的数字支撑。同时,通过个人应用 ToC、行业应用 ToB、政府管理 ToG 等数字应用场景的拓展,推动海洋牧场与社会各界的深度融合与互动。

三、数字化转型加速

1. 数据在线化与标准化:实现数据在线化、流程标准化以及数据清洗与沉淀,确保数据的准确性和可用性。2. 信息化与自动化应用:推动信息化技术在海洋牧场的应用,实现养殖自动化和决策智能化,提升生产效率和决策水平。3. 监测数据可视化:提升监测数据的可视化程度,便于实时掌握海洋牧场的运行状况,及时发现问题并采取措施。4. 文旅产业智慧转型:通过智能控制技术,提升养殖过程的可控性,同时推动文旅产业的智慧转型,拓展海洋牧场的多元化发展路径。

四、智能化升级赋能

1. 全感知全连接管理:运用全感知全连接技术,提升海洋牧场的管理能力,实现精细化管理。2. 全场景全智能创新:提升全场景全智能的创新能力,推动海洋牧场的技术创新和产品创新。3. 全链路全融合协同:通过全链路全融合,加强各环节的协同合作,提升整体运营效率。

五、数智化转型路径规划

1. 数字协同应用优化:利用数字技术创新对“海—船—岸—养—旅—管”等海洋牧场资源进行合理利用和管理,实现信息共享和协同决策,以提升整体运营效率。2. 产业贯通整体优化:强调数字技术赋能种业,牵引海洋牧场产业升级,实现产业链深度融合及价值链高度关联的一体化发展。3. 产业集群业态融合:以海洋牧场为载体构建综合的数字海洋产业生态系统,通过集聚创新资源和调整产业结构,激发创新活力,推动产业集群的持续优化和发展。4. 陆海联动布局优化:基于应用场景来优化陆海联动布局,通过深度融合陆海区域,推动海洋与内陆的互动,以充分利用海洋优势并促进沿海与内陆的协同开放。

综上所述,数智赋能海洋牧场高质量发展的理论模型构建(如图 10-1 所示),是以数字化、智能化技术为驱动力,通过整合优化资源、提升信息利用效率、推动产业创新和升级,以实现海洋牧场高质量发展的目标。该模型注重创新、协调、绿色、开放、共享的新发展理念,旨在通过技术革新、模式创新、环境保护、陆海统筹等手段,全面提升海洋牧场的管理能力、生产效率和可持续发展能力。通过这一理论模型的构建,可以为海洋牧场的高质量发展提供科学的指导和支持,推动其向现代化、智能化转型,为海洋产业的可持续发展注入新的活力。

第四节 模型架构设计

在海洋牧场数智化转型的过程中,架构设计扮演着至关重要的角色。架构设计不仅为数字赋能提供了清晰的技术框架和实施路径,更是确保整个赋能过程高效、稳定推进的关键。通过精心设计的架构,海洋产业能够实现数据资源的有效整合与利用,搭建起智能化、高效的管理平台,进而推动产业升级和效率提升。海洋牧场数智化转型架构设计如图 10-2 所示。

一、数字基础设施——基础层

为了实现海洋牧场数智化转型,我们需要从数据、算力和算法三个方面构建相应的基础设施,实现海洋牧场数据资产的积累,并产生数智驱动效应。这将有助于提升海洋牧场的竞争力和发展水平,推动数字经济与实体经济的深度融合。数字基础设施具体架构构成要素的内涵如表 10-1 所示。

表 10-1 海洋牧场数智化转型架构设计:基础层

架构	构成要素	内涵
数字基础设施(基础层)	数据底座	利用区块链、物联网将多源异构监测数据汇总成海洋大数据,为海洋牧场技术创新体系提供坚实的数据支撑
	算力资源	云计算、边缘计算、泛在计算等技术的应用,为海洋牧场的数据处理和分析提供算力资源
	算法模型	结合流程模型、人工智能、机器学习及数字孪生等算法,共同构建强大的数据处理与分析能力,为海洋牧场智能化发展提供动力

海洋强国背景下数智赋能海洋牧场高质量发展

新发展理念	创新	协调	绿色	开放	共享
高质量发展	技术创新 模式创新	陆海统筹 三产融合	环境保护 生态修复	生态系统 区域环境	资源整合 共同富裕

海洋强国 → 现代化海洋牧场 ← 数智化

数智赋能路径选择

基于"海—船—岸—养—旅—管"的数字资源协同优化 | 基于种业牵引的产业贯通链条优化 | 基于生态系统的产业集群业态融合 | 基于场景驱动的陆海联动布局优化

转型机理机制分析

工具化 → 信息化 → 数字化 → 智慧化

建构数字基础
数据在线化 流程标准化 数据清洗与沉淀

捆绑数字要素
研发信息化 养殖自动化 决策智能化

撬动数字边界
全链路数据中台 智能集群生态 链条结构治理

全感知 全连接 | 全场景 全智能 | 全链路 全融合

管理能力 | 创新能力 | 协同能力

资源积累 资源剥离 | 资源组合 资源丰富 | 资源协同 资源辐射

智能结构化 | 智能能力化 | 智能杠杆化

广度：监测数据可视化 深度：信息利用高效化 | 巩固：养殖过程智能可控 增强：文旅产业智慧转型 | 标准：实施智慧建设标准 应用：智慧海洋生态系统

数字支撑架构设计

数字基础设施
数据底座
算力资源
算法模型

数字协同服务平台
海洋牧场大数据共享平台
海洋牧场资源智能管理平台
海洋牧场高新技术成果转化平台

数字应用场景
个人应用ToC
行业应用ToB
政府管理ToG

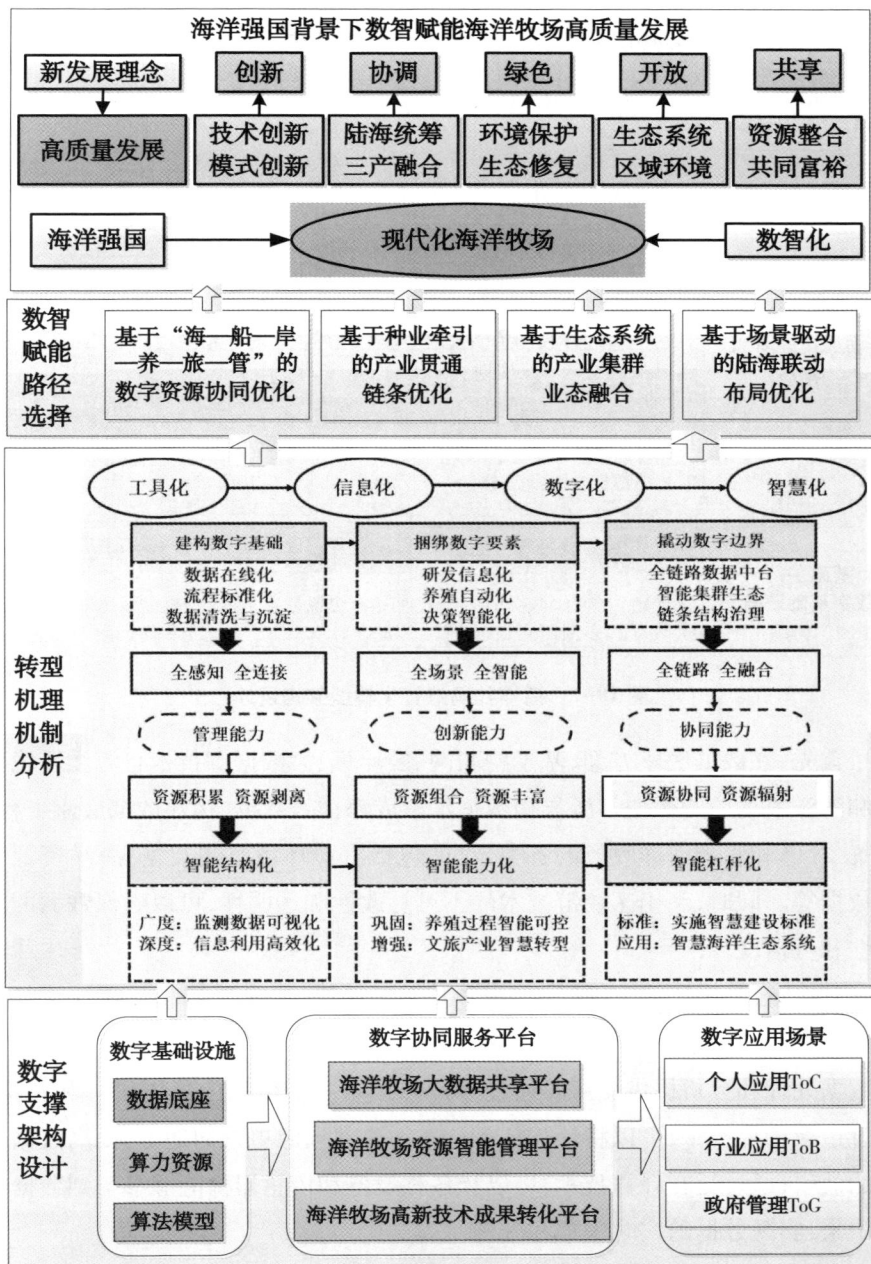

图 10-1 数智赋能海洋牧场高质量发展的顶层设计

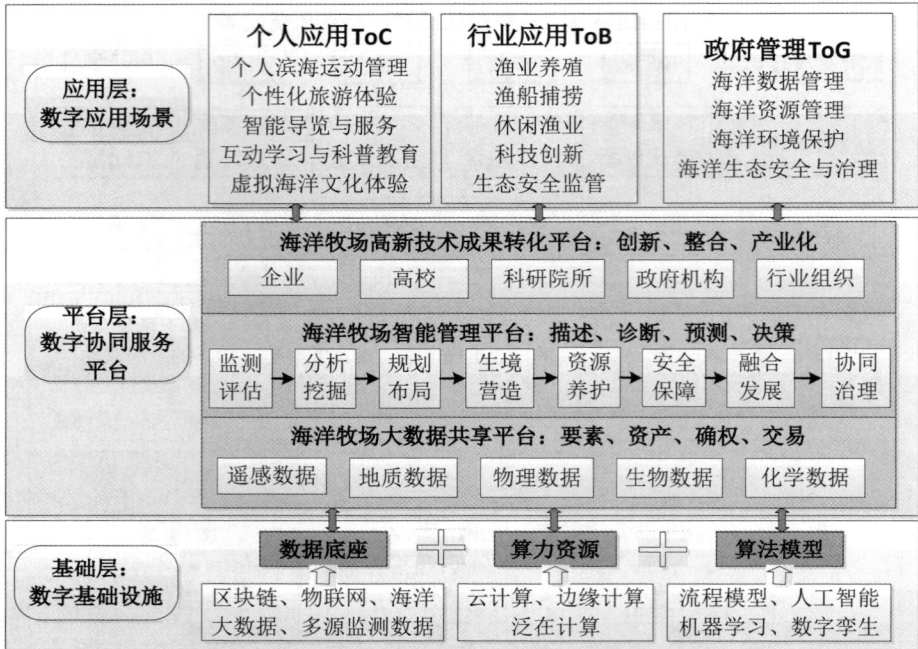

图 10-2　海洋牧场数智化转型架构设计

首先,在数据底座方面,基于物联网、云计算、大数据等技术将海洋环境数据和海洋牧场监测数据多源异构数据汇总成海洋大数据,构建数据底座平台,收集、存储和管理海洋牧场的各类数据,包括海洋环境监测数据、海洋资源利用数据等。同时,利用区块链技术的不可篡改性和透明性,可以确保数据的真实性和可信度。

其次,在算力资源方面,建立一个基于云计算、边缘计算和泛在计算的算力资源平台。这个平台可以提供强大的计算能力和存储能力,为海洋牧场中的数据处理和分析提供支持。通过云计算技术实现数据的集中管理和共享;通过边缘计算技术,可以将计算任务分布在离数据源更近的地方,提高数据处理的效率;通过泛在计算技术,可以让各种设备和传感器都能够参与到数据处理中来,实现数据的实时采集和处理。

最后,在算法模型方面,建立一个基于流程模型、人工智能、机器学习和数字孪生的算法模型平台。这个平台可以提供各种先进的算法工具和方法,用于对海洋牧场的数据进行分析和挖掘。通过流程模型,可以将复杂的数据处理过程进行抽象和规范化;通过人工智能和机器学习技术,可以自动发现数据中的规律和模式;通过数字孪生技术,可以将现实世界中的物理对象映射到虚拟的数字空间中,实现对海洋牧场的模拟和优化。

二、数字协同服务平台——平台层

数字协同服务平台是平台层的核心组成部分,它包括海洋牧场大数据共享平台、海洋牧场智能管理平台和海洋牧场高新技术成果转化平台。这三大平台的建设和运营对于推动海洋牧场的数字化转型、提高管理效率和服务质量、促进高新技术成果的转化和应用以及推动协同创新等方面都具有重要的意义。数字协同服务平台具体架构构成要素的内涵如表 10-2 所示。

表 10-2　海洋牧场数智化转型架构设计:平台层

架构	构成要素	内涵
数字协同服务平台 (平台层)	海洋牧场大数据共享平台	聚焦于海洋牧场数据的要素整合、资产确权、交易流通,促进数据资源的共享与利用,为海洋产业决策提供支持
	海洋牧场智能管理平台	集监测、分析、规划、布局、生产、营造、资源养护、安全保障、融合协同及治理于一体,为海洋牧场提供全方位、智能化的管理服务
	海洋牧场高新技术成果转化平台	强调技术创新、资源整合与产业化应用,促进海洋科技成果快速转化为实际生产力,推动海洋牧场高质量发展

（一）海洋牧场大数据共享平台

该平台负责汇总各类海洋牧场相关的数据,包括遥感数据、地质数据、物理数据、生物数据、化学数据等。通过整合这些数据,实现从数据要素、数据资产到数据确权和交易的全过程管理。海洋牧场大数据共享平台是其他两个平台的基础,它通过汇总和整合各类海洋牧场相关的数据,可以有效地提高数据的利用效率和价值,促进数据的共享和流通,为海洋牧场的决策和发展提供更加全面和准确的数据支持,从而推动海洋牧场内的数据驱动创新和发展。

（二）海洋牧场智能管理平台

该平台以海洋大数据为驱动,以智能管理为核心,构建了一个完整的生态链数智化服务体系。它基于描述、诊断、预测和决策的全过程,涵盖了监测评估、分析挖掘、布局规划、生境营造、资源养护、安全保障、融合发展和协同治理等方面。海洋牧场智能管理平台是在海洋牧场大数据共享平台的基础上进行建设和运营的,以海洋大数据为驱动,通过智能化的方式对海洋牧场进行全面的管理和服务。通过构建完整的生态链数智化服务体系,该平台能够实现从监测评估到协同治理的全过程管理,从而提高海洋牧场的管理效率和服务质量。同时,它还可以利用数据驱动的决策支持系统,为企业、高校、科研院所、政府机构和行业组织之间进行资源整合和协同创新提供支持。

（三）海洋牧场高新技术成果转化平台

海洋牧场高新技术成果转化平台在于促进科技成果的转化和应用,推动海洋牧场的高新技术成果实现产业化。通过构建产学研政协同创新的机制和平台,该平台可以实现技术转移和科技成果转化的有效对接,从而提高科技成果的转化率和应用效果。这不仅可以加速海洋牧场的技术创新和发展,还可以提高海洋牧场的竞争力和可持续发展能力。海洋牧场高新技术成果转化平台则是在前两个平台的基础上进行建设和运营的。它旨在促进企业、高校、科研院所、政府机构和行业组织之间的协同创新和资源整合,推动海洋牧场的高新技术成果实现产业化。通过与前两个平台的协同合作,它可以加速科技成果的转化和应用,提升海洋牧场的创新能力和竞争力。

因此,海洋牧场大数据共享平台是基础,它为其他两个平台提供数据支持和参考;海洋牧场智能管理平台是在此基础上的建设和运营,它以数据为驱动对海洋牧场进行全面的管理和服务;而海洋牧场高新技术成果转化平台则是在前两个平台的基础上进行建设和运营,它旨在促进科技成果的转化和应用,提升海洋牧场的创新能力和竞争力。这三个平台的协同合作可以实现海洋牧场的数字化转型和创新发展。

三、数字应用场景——应用层

根据应用对象的不同,海洋牧场数智化转型的应用场景丰富,大致包括个人应用、行业应用和政府管理三大类。数字应用场景具体架构构成要素的内涵如表10-3所示。

表 10-3　海洋牧场数智化转型架构设计：应用层

架构	构成要素	内涵
数字应用场景（应用层）	个人应用（ToC）	聚焦于满足个人及消费者需求的海洋牧场相关活动，提供个性化的滨海运动管理、旅游体验、导览服务以及海洋文化体验等，极大地丰富了人们的滨海活动，并提升了生活品质
	行业应用（ToB）	为渔业养殖、捕捞、休闲渔业、科技创新及生态安全监管等领域带来了革命性的变革，提高了效率，保障了可持续性，推动了海洋牧场的整体升级和产业发展
	政府管理（ToG）	聚焦于政府层面的海洋管理职能，包括海洋数据管理、资源规划、环境保护以及生态安全与治理，确保海洋牧场资源的可持续利用与保护

（一）个人应用（ToC）

海洋牧场数智化转型的背景下，个人应用展现出前所未有的便捷性和智能化。数字化技术广泛应用于滨海旅游领域，使用户能够轻松在线预订服务、获取实时导航和个性化推荐，从而享受更为丰富和个性化的旅游体验。同时，大数据、AI 和机器学习技术的应用进一步提升了服务的精准度和个性化程度，通过联合营销和社交媒体互动，不仅丰富了用户的优惠特权，还增强了用户的参与感和反馈机制。具体应用场景如表 10-4 所示。

表 10-4　个人应用场景描述与潜在产业机会

应用	描述	潜在产业机会
个人滨海运动管理	通过智能设备监测和记录滨海运动数据，提供个性化的运动建议和训练计划	智能穿戴设备制造：开发兼容该应用的智能手环、手表等设备 健康与健身服务：提供个性化的健身计划和营养建议 运动社交平台：构建专注于滨海运动的社交平台，吸引广告商和用户付费
个性化旅游体验	根据用户兴趣、预算和时间，定制滨海旅游计划，提供预订服务和基于位置的推荐	旅游规划与服务：提供定制旅游路线、活动安排等高端旅游服务 电商平台：通过应用销售旅游相关产品，如纪念品、地方特产等 广告与推广：向用户推送个性化的旅游广告和活动信息

应用	描述	潜在产业机会
智能导览与服务	提供实时地图导航、景点解说和周边服务推荐,包括语音导览和查找附近设施	地图与导航服务:开发更精准的地图和导航技术 语音技术:提供个性化的语音导览服务 本地生活服务:与餐馆、酒店等合作,提供优惠和推广
互动学习与科普教育	通过互动游戏、视频、在线课程等方式传授海洋知识和环保理念	教育内容开发:制作海洋科普内容,包括视频、课程和互动软件 在线教育平台:提供海洋知识在线课程和培训服务 教育游戏开发:设计寓教于乐的教育游戏,吸引年轻用户
虚拟海洋文化体验	利用 VR 技术,提供身临其境的海洋环境和文化体验,包括海底游览和虚拟探险	VR 技术开发:研发更逼真的 VR 技术和设备 虚拟旅游服务:提供虚拟海洋旅游体验服务 文化传播与娱乐:结合海洋文化,开发相关的娱乐内容和产品

(二)行业应用(ToB)

在海洋牧场数智化转型的场景中,企业应用展现了广泛的智能化升级。海洋牧场、渔业养殖、渔船捕捞、休闲渔业、科技创新、生态安全监管等领域通过物联网、大数据、AI 等技术实现了养殖环境优化、港口运营提效、风电场运维优化等目标,推动了产业信息化和可持续发展。借助虚拟现实、仿真技术及大数据分析,提升了工程设计与施工效率、矿产开采安全性,促进了产业升级和风险管理。这些企业应用不仅提升了运营效率,还为合作伙伴提供了更多专业知识、技术支持与优惠特权,共同推动了海洋牧场的数字化转型与高质量发展。具体应用场景如表 10-5 所示。

表 10-5 行业应用场景描述与潜在产业机会

应用	描述	潜在产业机会
渔业养殖	实现水质、气象数据的实时监测,通过科学养殖建议提高养殖效率,远程控制养殖设备以降低人工成本	智能养殖设备与系统开发:研发更智能的养殖设备和管理系统 数据分析与咨询服务:提供数据分析服务,帮助养殖企业优化养殖策略 物联网技术应用:将物联网技术应用于养殖环境监控和设备管理

续表

应用	描述	潜在产业机会
渔船捕捞	利用卫星通信、定位导航等技术提升捕捞精准度和效率,确保捕捞活动的合规性和可持续性	渔船智能化改造:为渔船安装先进的导航、捕捞和通信设备 捕捞数据分析:提供捕捞数据分析和预测服务,帮助渔民合理规划捕捞路线和时间 渔业监管技术:开发用于渔业监管的技术和工具,确保捕捞活动的合法性和可持续性
休闲渔业	提供个性化的旅游和娱乐体验,结合互动游戏和教育项目,增加休闲渔业的趣味性和教育性	休闲渔业项目开发:开发集旅游、观光、体验于一体的休闲渔业项目 智能导览与娱乐系统:研发智能导览系统和互动娱乐设备 渔业文化教育:开展渔业文化教育项目,提高公众对渔业文化的认识和兴趣
科技创新	通过科技研发和创新,推动海洋牧场的技术进步,将科研成果转化为实际应用,促进新产品和新技术的研发	海洋科技研发:投入更多资源进行海洋科技研发和创新 技术转化与咨询服务:提供技术转化和咨询服务,帮助企业应用新技术和新成果 创新创业支持:为海洋牧场相关的创新创业项目提供资金和资源支持
生态安全监管	对海洋生态环境进行长期监测与研究,预测环境变化趋势,为渔业资源管理和保护提供科学依据	生态环境监测系统开发:研发更先进的生态环境监测系统 数据分析与预警服务:提供海洋生态环境数据分析和预警服务 渔业资源管理服务:为政府和企业提供渔业资源管理和保护方面的咨询和服务

(三)政府管理(ToG)

在海洋牧场数智化转型的场景中,政府应用通过数字化手段在海洋数据管理、资源管理、环境保护、综合执法及生态治理等多个领域发挥了关键作用。这些应用不仅提升了海洋治理的效率和精准度,还促进了海洋资源的可持续利用与生态保护。通过构建统一的数据平台、精细化资源管理系统、实时环境监测网络以及智能化执法与监管工具,政府有效应对了海洋治理中的复杂挑战,为海洋牧场的健康发展提供了有力支撑。同时,这些应用还孕育了新的产业机会,推动了海洋数据服务、环保技术、生态治理等相关产业的发展,为海洋经济的转型升级注入了新动力。

表 10-6　政府管理应用场景描述与潜在产业机会

领域	应用场景	详细描述	潜在产业机会
海洋数据管理	海洋大数据平台	构建统一的海洋大数据平台,集成多源海洋观测数据,实现数据的集中存储、整合、处理与分析	发展海洋数据服务产业,提供海洋数据清洗、整合、分析等定制化增值服务
	智能数据共享机制	利用区块链等技术建立安全可信的数据共享机制,促进跨部门、跨领域的数据流通与利用	研发安全可信的数据共享技术与解决方案,提供数据共享机制设计与咨询服务,推动数据交易市场的形成,促进数据资源的价值最大化
海洋资源管理	智慧海洋资源监测	利用遥感、无人机等技术对海洋资源进行实时监测,提高资源勘探与管理的精准度	研发先进的海洋资源勘探装备与技术,提供海洋资源实时监测与评估服务
	资源优化配置决策支持	通过大数据分析预测海洋资源分布与变化趋势,为资源开发与保护提供科学决策支持	开发海洋资源评估与管理系统,提供资源优化配置决策咨询服务;推动海洋资源权益保护与分配机制的数字化改革,促进公平与效率
海洋环境保护	海洋环境智能监测	部署智能浮标、水下机器人等设备,对海洋水质、底质、生态等进行实时监测	推动海洋环境监测装备的研发与生产,提供海洋环境监测与数据分析服务
	污染预警与应急响应	利用大数据与人工智能技术建立污染预警模型,快速响应海洋污染事件	研发污染预警与应急响应系统,提供污染治理方案设计与咨询服务
海洋生态安全与治理	生态系统健康评估	运用大数据与人工智能技术评估海洋生态系统健康状况,识别生态风险区域	研发海洋生态系统健康评估与预警技术,提供生态风险评估与应对策略;提供生态系统健康评估与咨询服务
	生态修复与保护规划	根据生态系统评估结果制定生态修复与保护规划,实施科学有效的生态保护措施	研发生态修复与保护技术,综合运用数字孪生与生物修复技术开展海洋生态治理项目,恢复和提升生态系统功能

第十一章 数据驱动海洋牧场数智化转型案例分析

第一节 研究设计

本章选用纵向单一案例分析法对数字化驱动海洋牧场数智化转型进行分析,原因如下:首先,海洋牧场的数智化转型是一个动态、渐进的过程,涉及多个阶段和因素的变化,这种变化复杂交错。采用纵向单一案例分析方法有助于深入理解数字化在不同时间点的发展过程中的作用,揭示数智化转型的发展轨迹,以及各个阶段的关键变化(黄江明等,2011)。通过对纵向单一案例的深入追踪,我们可以更细致地考察其在数智化转型过程中所经历的阶段性挑战、成功经验以及关键决策。这有助于建构一个更为完整的数智化转型图景,不仅在时间维度上呈现了过程的演进,也突显了各个阶段所涉及的关键变化因素,为未来类似项目的规划和实施提供了实践经验的丰富积累。这种深度理解动态过程的方法使得纵向单一案例的数智化转型变得更加透明且可解释,为研究者和从业者提供了更有价值的参考。

其次,采用纵向单一案例分析方法能够深度挖掘数字化驱动海洋牧场数智化转型的机制和路径。近些年对于制造业数智化转型的研究较多,然而相比其他企业来说,海洋牧场的数智化转型研究较为有限。通过深入分析纵向单一案例的情境,我们得以详细考察技术引入、管理模式的变革、市场适应等方面的细节(Gioia 等,2013)。这种深度挖掘可以使我们更清晰地理解研究案例数智化转型的机制,揭示其转型过程中所涉及的具体步骤和决策路径。通过对这些细节的深刻分析,我们得以挖掘背后隐藏的理论逻辑,进而凝练出适用于海洋牧场转型的理论框架。这种深度挖掘机制和过程的方法不仅可以为研究案例提供实践经验和教训,也为整个海洋牧场领域的数智化转型提供了更为系统和有深度的理论支持(Siggelkow,2007)。这不仅对研究者在理解海洋牧场数智化转型方面具有启发,同时也为未来类似项目的规划和执行提供了可靠的指导。

再次,采用纵向单一案例研究方法有助于更全面地考虑个体差异的因素。与多案例研究相比,单一案例研究更有利于避免由于不同案例间的个体差异而引起的差异聚集效应(章欣然、徐虹,2021)。在海洋牧场这一特定领域,各项目可能面临不同的地理、环境和技术挑战,而通过单一案例研究,我们能够更深刻地理解这些挑战是如何应对和解决的。通过对案例进行深入研究,我们能够避免受到地域异质性以及海洋牧场建造的异质性等因素的干扰。这样对个体差异的考量可以更专注地理解案例独有的特点,通过集中注意力于这个案例,可以更准确地捕捉到数智化转型方面的独特经验和教训。因此,通过考虑个体差异,单一案例研究方法能够提供更精细和深入的洞察,为特定海洋牧场项目的数智化转型提供更为翔实和实用的经验教训,同时避免了其他案例的干扰,使得研究更为聚焦和精准。

最后,纵向单一案例研究不仅有助于深度挖掘现有知识,还有助于突出新发现。由于集中在一个案例上,研究者更容易发现并理解一些独特的因素和事件,这有助于推动对智能化驱动绿色转型理论的新认识。在案例中,可能存在一些前所未见的经验、策略或者成功因素,这些因素可能对整个智能化驱动绿色转型领域具有启示性。通过深入剖析该案例,我们能够揭示一些不同寻常的实践和决策,从而为该领域的未来发展提供新的思路和方法。这样的新发现有助于拓展学界对数据驱动海洋牧场数智化转型的理论认知,为相关领域的研究注入新的思想和观点。通过挖掘案例中可能存在的创新点,能够促进该领域的理论深化和实践创新。

总体而言,采用纵向单一案例分析法,研究数字化驱动海洋牧场数智化转型具有深度和广度的优势,有助于全面解析这一转型过程的多个层面。通过深度剖析不同时间节点的演变,我们能够透彻了解数智化转型中所经历的各个阶段,以及这些阶段间关键决策和变革的推动力。通过深刻洞察案例,我们可以更好地理解数字化在推动智慧化转型中的角色,为类似的转型项目提供更具实践指导意义的建议。因此,纵向单一案例分析法为深入理解和推动海洋牧场数智化转型的理论和实践贡献了有力的支持。

除了纵向单一案例分析法以外,本研究还结合了时序区间法以及关键时间法。时序区间法是一种用于处理时间序列数据的方法,主要是把整个过程按照时间和逻辑进行切分,切分成时序区间,并在这些区间上进行分析。海洋牧场运营涉及大量的时间序列数据,例如海水温度、盐度、浮游植物和浮游动物的密度、水质等,这些数据在时间上呈现出一定的模式和趋势(袁俊南,2023)。通过时序区间法,可以更好地理解这些数据的动态变化,捕捉其中的关键特征,并且可以更好地理解海洋牧场的运营状况,找到潜在的优化空间。并且运用关键事件法识别海洋牧场数智化转型过程中的关键点,在时间序列中找到影响数据变化的重要事件,这些事件可能包括海洋环境的异常变化、生物群落的演变、设备故障等(Xu 和 Ma,2017)。通过分析这些关键事件,可以提前预测潜在的问题并制定相应的应对策略。

第二节　案例选择

自党的十八大以来,习近平总书记多次强调了海洋强国建设,并明确指出"经济强国必定是海洋强国、航运强国"。党的二十大报告再次强调了"加快建设海洋强国"的重要性。党中央高度重视海洋强国建设和海洋事业发展,将其视为中国特色社会主义事业的重要组成部分和实现中华民族伟大复兴的重大战略任务。党中央提出了一系列重大部署,并提出了一系列重要举措,以扎实推进海洋强国建设,为海洋强国建设指明了前进方向。

现代海洋牧场的建设为推进我国海洋强国建设作出了巨大贡献。一方面,海洋牧场的发展可以为增加海洋资源产出提供新途径,为满足人类对海产品的需求提供更多可能性。海洋牧场的发展也可以促进相关产业的发展,创造就业机会,推动经济增长。另一方面,我们注重研究了海洋牧场的数智化转型,通过引入数字技术和智能化系统,可以实现对海洋牧场生产过程的精细化监控和管理,提高养殖效率和产量,从而满足不断增长的水产品需求。数智化转型可以帮助实现资源的科学配置和利用,包括水域、饲料、能源等,减少浪费,降低成本,提高可持续性。智能化系统还可以提供对海洋牧场各项指标的实时监测和预警功能,帮助降低自然灾害、疾病暴发等风险,保障养殖业的稳定发展。

在明确案例选择行业的基础上,对全国 289 家国家级海洋牧场进行评价。首先需要对这些海洋牧场进行筛选,按照以下两个原则来进行:一是所选研究对象的具体设施等应具有较为成熟的发展水平,并在市场上具有一定规模和影响力;二是所选研究对象的相关资料必须围绕海洋产业综合发展的过程轨迹展开,具有可考证性、易获取性和完善性等特征。然后再通过数据包络分析方法,选取其中排名最高的海洋牧场作为单一案例分析对象。

由于 DEA 方法具有简单实用以及无需事先确定输入和输出指标权重系数的优点,自 1978 年提出以来深受国际学界重视,理论模型不断地得到发展和丰富,被越来越广泛地应用于各类系统的效率评价,逐渐形成了一个数学、经济学、管理科学交叉研究的新领域,并取得了长足的发展。

假设在每一个时期 t,设 DEA 模型有 n 个决策单元 DMU,每个 DMU 都有 m 种投入和 s 种产出。用投入指标向量 $X_j = (x_{1j}, x_{2j}, \ldots, x_{mj})^T > 0$,产出指标向量 $Y_j = (y_{1j}, y_{2j}, \ldots, y_{sj})^T > 0$ 分别表示 DMU_j 的输入输出,其中 $j = 1, 2, \ldots, n$ 表示海洋牧场。假定规模报酬可变且投入可变,故采用 $Input - BC^2$ 模型:

$$\max Z^0$$

$$\begin{cases} \sum_{j=1}^{n} X_j^0 \lambda_j \leqslant Z^0 X_0^0 \\ \sum_{j=1}^{n} Y_j^0 \lambda_j \leqslant Y_0^0 \\ \sum_{j=1}^{n} \lambda_j = 1 \\ \lambda_j \geqslant 0, j = 1, 2, \ldots, n \end{cases}$$

投入指标选取研发投入、劳动力数量、员工教育水平三个指标表示;产出指标选取企业总利润表示。由于涉及企业商业机密,海洋牧场的排序结果在此不体现。最终我们选择了"耕海 1 号"海洋牧场作为案例研究对象。

"耕海 1 号"海洋牧场被选为 2021 年山东省新旧动能转换重点项目和 2021 年农业农村部现代化海洋牧场建设综合试点项目。该项目还被山东省国资委评定为 2021 年省属企业数智化转型试点示范项目。在示范区,探索出以"海洋工程+海洋渔业+智慧文旅"为特色的多产业融合发展模式,为海洋牧场的发展开辟了新路径。

首先，"耕海 1 号"的数智化转型最为成功且全面。"耕海 1 号"是我国首个装备化休闲型海洋牧场综合体，并在数智化转型方面积极探索。该项目在传统海洋牧场的基础上，应用了 5G、物联网、大数据等新技术，实现了装备化、智能化和标准化升级。具体而言，通过海洋环境数据监测分析、养殖全过程数据统计分析、自动化饲料投喂管理、自动洗网系统、人员定位安全监测系统、清洁能源系统、智慧文旅系统以及多能源差动管理系统等多种技术应用，对装备型海洋牧场的养殖、安全、节能以及文旅等全方位进行了监测与管控。如此科技创新提升了海洋牧场建设及运营管理的质量，实现了海洋渔业向更高水平的转型升级。

其次，"耕海 1 号"是唯一一个拥有第三产业的海洋牧场。示范区具备先进的休闲渔业运营基础，主要开展休闲垂钓、亲子触摸池、海上观景台、多功能展示厅、海上咖啡厅、海洋渔业科普教育、研学旅游等特色休闲渔业项目。这些项目使其成为烟台市的标志性旅游目的地，并备受游客喜爱，被文化和旅游部、中央宣传部、中央党史和文献研究院以及国家发展改革委评定为"建党百年红色旅游百条精品线路"之一。这些举措提升了装备型海洋牧场的整体水平。

再次，"耕海 1 号"的设计产能最为突出，实现了绿色高效智能化水产养殖。自"耕海 1 号"项目建设并开始运营以来，已经成功养殖了斑石鲷、真鲷、鲈鱼、许氏平鲉等多种珍贵水产品超过 8 万尾。这些水产品的养殖成活率超过 95%，销售成鱼数量超过 10 万斤，销售收入超过 200 万元。特别值得一提的是斑石鲷在养殖网箱上能够有效清除附着生物，这不仅可以减少投饵量和洗网次数，还有利于其他鱼类的生长，实现高效且绿色的养殖。为了实现智能化渔业养殖，该项目采用了自动投饵、自动洗网、水下监测、调压载系统以及云数据处理系统等先进技术。通过示范养殖，该项目展示了完备的养殖功能和与环境高度契合的特点。这为我国装备型海洋牧场向深海发展奠定了基础，同时也为探索绿色智慧渔业养殖的新方向提供了典范。

综上所述，本章选取"耕海 1 号"作为研究对象，由数智化转型到关键能力塑造，再到资源编排行动转化，最后落脚在各阶段数智化的实现，深入探索实现的"过程"和阶段性特点，有利于丰富和发展数智化转型和资源编排相关理论。兼顾了理论目标与企业实践的科学性与实用性相结合。并且,研究团队与"耕海1号"示范区长期开展项目合作,对其数智化发展提出建议,对其基本情况与关键事件把握充足。且研究团队对"耕海1号"示范区及其生态系统企业进行了调研访谈,访谈对象跨越基层、中层、高层,为深入探讨二者互动过程,辨识转型中的关键问题,提炼理论创新,奠定了坚实的数据基础。

第三节　数据收集

一、设计问卷

我们采用理论抽样方法设计问卷。与随机抽样或简单抽样不同,理论抽样基于研究目标和理论框架来选择样本,重点在于收集对理论构建和发展有益的数据。我们首先挑选涉及海洋牧场不同领域、不同层级的专家作为样本,以保证样本在部门和专业领域上的多样性。再通过半结构化访谈的方式收集数据和观点,并对这些数据进行分析。然后再采用调查问卷法,额外选择多个样本以满足理论饱和标准。如果发现新增样本未能提供新的或重要信息,我们便认为已达到理论饱和状态,并可以停止增加新样本。

为了解"耕海1号"海洋牧场的发展历史和基本情况,本研究收集烟台海洋牧场发展规划相关文件资料,在烟台市"耕海1号"海洋牧场进行实地座谈、采访、参观,收集到的采访录音文字、管理制度近2万字以及大量图片,并且前往"耕海1号"海上平台,深入体验智慧化渔业养殖、数字化文化旅游等特色项目。访谈内容主要包括:

(1)假如我是一名游客,完整的海洋文化体验模式的流程是什么,里面有没有什么突出特色的环节?

(2)在海洋牧场数智化转型过程中,如何平衡商业利益与环境保护之间的关系?

(3)在进行海洋牧场数智化转型时,如何确保数据的准确性和安全性,避免信息泄露和滥用?

(4)海洋牧场数智化转型如何提升海域资源利用效率及生产效益?

(5)在数智化转型过程中,海洋牧场如何实现生态、经济和社会的综合发展?

（6）现在的数字化应用发展到哪个阶段了？

（7）有了数字化之后，给海洋牧场带来了什么新的机遇？

（8）目前海洋牧场的发展面临的困境是什么？

（9）海洋牧场未来的发展方向是什么？有什么计划或者正在进行的活动？

（10）"耕海1号"海洋牧场的数字基础是怎么构建的？

（11）"耕海1号"海洋牧场是怎么通过数字赋能进行转型的？

（12）海洋牧场数智化转型过程中，对企业内部组织结构是否进行了优化和调整，具体做了哪些？

（13）相比于传统的海洋牧场运营模式，做出了哪些创新？

（14）关于海洋牧场的数智化转型，环节和流程是否有完整的规划和预期流程？

（15）海洋牧场关于数字化、数智化转型的风险管理体系是否完备，考虑风险因素是否周全？

（16）"耕海1号"相比于其他海洋牧场，有什么独特之处？

二、数据爬取

访谈是案例研究资料的一个重要来源。行业经验丰富的受访者不仅可以为研究问题提供重要的见解，还有助于研究者快速了解研究问题的全貌，从而找到相关的资料资源。本研究的一手数据的收集是通过半结构化访谈的方式进行的，因为它既能使访谈者集中于关键问题，又能灵活地适应访谈对话中的意外话题。访谈提纲被提前发给了案例企业的高级管理人员，以使他们在回答问题前进行充分思考，从而正确、全面地给出海洋牧场数智化转型的最相关信息。

另外，本研究充分利用大数据的方式，对相关网站以及新闻报道的资料进行抓取。"耕海1号"项目自投入运营以来，屡次获得中央级媒体、省级媒体、市级媒体报道，累计接待各种社会团体、行业代表、政府团体超过40余批次，获得社会广泛关注。其中，中央级媒体报道、转载"耕海1号"相关内容达26次，主要媒体包括中央电视台《创新进行时》、新华社、《经济日报》、《科技日报》、《人民日报》、新华网、人民网、"学习强国"平台等；省级媒体报道"耕海1号"相关内容达30多次以上，其中山东省新闻联播进行专题报道2次；市级媒体与烟台日报社合作打造"经略海洋"相关系列报道,共发布 7 次系列报道,其中被"学习强国"平台转载 3 次。有大量的文字资料供选择和使用。本研究充分利用八爪鱼数据采集软件,以"耕海 1 号"、海洋牧场、数字化、智能化、大数据、人工智能等系列词汇为关键词进行了数据搜集与整理,对相关网站以及新闻报道的资料进行抓取。数据来源如表 11-1 所示。

表 11-1 数据来源表

数据来源	数据内容			
	访谈对象	访谈主题	访谈时长	资料字数
一手访谈资料	山东耕海海洋科技有限公司管理人员	企业战略与历程	约 2 小时	1 万字
	山东耕海海洋科技有限公司养殖部负责人	数字基础构建、数字转型	约 3 小时	2 万字
	山东耕海海洋科技有限公司技术部负责人	5G 通信、大数据、"互联网+技术"在"耕海 1 号"的应用	约 5 小时	5 万字
	山东耕海海洋科技有限公司海洋牧场部负责人	"耕海 1 号"未来的机遇和挑战	约 3 小时	2 万字
	山东耕海海洋科技有限公司事业部负责人	"耕海 1 号"如何带动其他产业的发展	约 3 小时	2 万字
参与式观察	实地调研"耕海 1 号"海洋牧场,包括智慧网箱、文旅景点,了解企业数智化转型运营、5G 通信、大数据、文旅产业发展情况			
二手数据资料	管理人员提供的内部资料			
	从山东耕海海洋科技有限公司官方网站 从山东海洋现代渔业有限公司官方网站 从山东海洋集团官方网站等公开渠道获取的与研究主题相关的资料			
	山东耕海海洋科技有限公司年报、社会责任报告			
	从《人民日报》等权威媒体获取的报道、文件,以及各大新媒体平台相关视频			
	中国知网、百度学术等相关数据库的论文资料			

三、交叉验证

为确保"耕海 1 号"海洋牧场数智化转型全过程数据的准确性,本研究采用了一系列综合的方法,旨在数据收集的各个阶段确保数据的真实性和可信度。以下是研究团队在这一过程中所采取的关键步骤。

（1）实时和回溯性数据采集：通过实时监测和回溯性分析相结合的方式，确保对数智化转型全过程的数据进行全面覆盖。实时数据收集保证捕捉到最新的信息，而回溯性分析有助于弥补可能在实时监测中遗漏的数据。本研究为了遵循三角验证原则，结合了多种数据来源，如半结构化访谈、二手资料和参与观察等。这样的综合数据收集策略有助于提高数据的完整性和准确性，同时降低对任一单一数据来源的过度依赖。

（2）数据交叉验证：通过对"耕海1号"不同来源和类型的数据进行交叉验证，能够检验数据的一致性和准确性。这种验证方式提高了数据的可信度，降低了由于单一渠道可能存在的误差或偏见带来的风险。

（3）确保数据来源的多样性：本研究特别关注数据来源的多样性，使用半结构化访谈、二手资料和参与观察等方式进行交叉验证。这有助于确保从不同角度和视角获取的数据，从而增加数据的全面性和多样性。

（4）系统性数据收集：在多个案例数据的收集中，我们严格按照主要事件的时间轴展开工作，确保数据收集具有系统性。这包括详细涵盖时间延展性和丰富性的内容，从而使得本次研究能够全面了解数智化转型的各个阶段。

（5）数据填补和纠错：当某些数据缺失时，本研究采取了数据填补的措施，利用其他可用的数据源来弥补缺失，以提高结果的有效性和可靠性。

同时，本研究实施了纠错机制，及时发现并纠正任何潜在的数据错误。

四、数据说明

本次数据收集，采集了以下三类数据：第一是半结构化访谈数据，重点调研对象是"耕海1号"海洋牧场的数字化与数智化转型过程。本次研究设计了不同的问题来访谈企业高层管理者、部门负责人、设计师、高管团队以及基层工作人员，并根据受访者的反馈信息，在团队内进行讨论，将不同成员获得的资料与受访者提供的资料进行印证，以探讨研究中存在的不足并不断更新调研问题，以避免调研内容脱离企业实际和数据过于结构化。第二是企业内部资料，包括公司网站资料、档案资料（如宣传视频、PPT和内部刊物）、公告年报、社会责任报告以及现场观察所获得的资料，这些资料提供了重要的信息。第三是通过互联网渠道收集的数据。

"耕海1号"是国内海洋牧场领军企业，在网上有大量相关的报告、新闻、学术论文和行业年鉴等资料。本次研究以"海洋牧场""数字化""智能化"等关键词进行了二手数据的收集和整理。此外，还通过搜索互联网页面和相关学术论文数据库，获得了约 2 万余字的有关案例牧场的二手资料。数据收集工作时间为 2023 年 11—12 月，实现了一手数据和二手数据的相互印证，使行业宏观管理数据和牧场微观采访数据相互呼应，从多个视角观察和分析海洋牧场的创新机制。

第四节　数据分析

海洋牧场数智化转型涉及技术因素、经济因素、环境因素、政策因素，是涵盖多个领域的复杂过程。这些因素间关系复杂，相互影响，因此需要一种有效的方法来梳理和分析这些因素及其作用关系。多级编码方法恰好可以解决以上问题，该方法通过将大量数据按照不同的层级进行编码分类，逐步深入解析各个因素及相互影响。每一级的编码都是对数据的抽象和概括，通过多级编码的层层递进，我们能够更加全面地理解海洋牧场数智化转型的复杂性和内在逻辑。通过编码，我们可以更准确地把握关键因素，为海洋牧场的数智化转型提供有力的支持和指导。

在多级编码的过程中，团队不同成员共同参与编码以减少单一主观认知带来的同源偏差，由团队内成员各自提出数据编码方案，并由其他成员共同商讨修改、整合，直到所有成员对方案达成一致，最后确立方案。在编码过程中，研究团队也始终保持警惕和审慎。一旦出现明显差异或逻辑相悖的数据，团队会迅速采取行动。为了确保数据的准确性和研究的可靠性，团队会统一回归最初始的数据进行核实和确认。如果问题仍然存在，团队甚至会主动与相关部门负责人进行二次回访，以深入了解实际情况，并获取更准确、更全面的数据。

这种集体决策的过程可以降低个人主观认知对数据分析的影响，增强分析的客观性。由于本研究伴随着企业的成长历程，我们需要将不同阶段的数据信息进行及时地更新和汇总。多级编码的过程是结构化和透明化的，便于后续的验证和复核。每一级的编码都有明确的定义和规则，可以方便地追溯和检查编码的合理性，并根据需要对编码进行调整和优化，以满足不同阶段的研究需求，保证了研究的灵活性。具体编码步骤如下。

一、开放编码与概念构成

在初始编码阶段,研究者的态度和方法选择至关重要。研究者必须紧紧贴近数据,确保对原始资料的忠实度,不进行过早或过大的概念跳跃。这样的方法有助于确保数据的原始性和真实性,防止过早的理论预设影响研究的客观性。同时,保持开放心态是此阶段的核心要求。研究者需要将自己置于一个中立的、空白的状态,以确保所有可能的理论方向都能得到逐一的发掘和考虑。针对海洋牧场数智化转型的研究主题,研究者首先需要遍历与海洋牧场相关的原始资料。

在筛选过程中,研究者专注于与数字化、智能化主题基本相关的内容,确保研究的核心焦点不偏离。为了更有效地处理和分析这些数据,我们使用Nvivo质性分析软件进行编码和识别构念,进一步生成高频关键词。这些关键词是数据中的核心信息,它们的出现为研究者揭示了数据背后的真实含义和潜在理论方向。对这些高频词进行汇总、分类与总结是后续分析的基础。研究者根据这些词汇出现的频率,对照访谈逻辑顺序,进行手动编码。

此外,时间是一个不可忽视的维度。在研究过程中,研究者根据时间跨度识别出关键的时间点,并将这些时间与编码内容进行匹配。这样做的好处是能够将一个连续的过程分割成若干个有意义的阶段,便于更精细地分析和对比。故本研究中将收集的数据分为"耕海1号"数智化的三次跃迁,代表企业在数智化转型过程中的重要时刻和关键决策。这种编码和分析方法为后续的深入研究提供了坚实的基石。它确保了数据的真实性、分析的客观性和结论的准确性,为海洋牧场数智化转型的研究领域提供了新的视角和洞见。

二、编码整理和分析

这一步骤的目的是在初始编码的基础上,通过对比验证,将关键编码进行重新归类和整理,以形成更具理论深度和意义的二级主题。在这个过程中,研究者重新审视数据,对初始阶段发现的关键编码进行了深入的解读和聚合。特别是在涉及"耕海1号"的三次数智化跃迁的过程中,研究者将具有数字化和智能化特征的一级概念进行了聚合。这种聚合不是简单的堆砌,而是在深入理解数据的基础上进行的抽象化和理论化的处理,以形成具有更高层次的二级主题。重要的是每一个形成的二级主题都能在初始编码和核心概念中找到有效的对应。这种对应性不仅证明了聚焦编码的过程是规范的,而且也验证了其结果是可信的。

为了确保编码的客观性,研究团队严格遵循了可证伪性原则。在一级概念和二级主题的编制过程中,团队进行了反复的迭代和讨论,不断地修正和完善,最终确立了具有稳定性和可靠性的二级主题。最后,在二级主题的基础上,研究进行了聚合构念的步骤。这个步骤的目标是寻找并解析编码背后的逻辑关联,以形成更具解释力的理论模型。通过结合资源编码理论,本研究成功地将编码整合到了"数字化""智能化"和"内在驱动逻辑"这三大聚合构念中。这三大构念不仅涵盖了海洋牧场数智化转型的多个方面,也揭示了转型背后的深层逻辑和驱动力量(见表11-2)。

表 11-2　选择式编码示例

聚合构念	释义	二级主题	释义
数字化	指的是在经营、管理、生产等各个环节中,通过应用数字技术、信息化手段,实现业务流程的优化、管理效率的提升以及商业模式的创新通过数字化技术的运用,提高企业的竞争力、适应市场变化的能力以及实现可持续发展。	数字基础	指的是企业在数字化时代,通过采用先进的信息技术,构建起一套完整、高效、智能的数据处理和分析体系,以支撑企业的决策、运营、管理和创新活动
		数字捆绑	指的是企业在数字化时代,通过采用先进的信息技术,构建起一套完整、高效、智能的数据处理和分析体系,以支撑企业的决策、运营、管理和创新活动
		数字撬动	指的是通过数字技术的运用和数据的驱动,对传统业务模式、管理流程、决策方式等进行根本性的变革和创新,从而撬动企业的整体发展
智能化	指的是企业利用先进的信息技术,如人工智能、大数据、云计算、物联网等,实现企业运营、管理、决策等各方面的自动化、智能化和精细化,从而提高企业的运营效率、降低成本、增强市场竞争力。同时,企业智能化也需要企业在组织架构、企业文化等方面进行相应的变革和调整,以适应智能化的发展趋势和要求	数智结构化	指的是企业在数智化转型过程中,通过信息技术和人工智能技术的深度应用,将企业的组织、流程、数据、知识等要素进行智能化整合和重构,形成高效、灵活、智能的企业运营和管理体系
		数智能力化	指的是企业在数智化转型过程中,通过不断积累、整合和提升自身的智能技术能力,将这些能力转化为企业的核心竞争力,从而在市场竞争中取得优势
		数智杠杆化	指的是企业在数智化转型过程中,通过利用先进的智能技术工具,以相对较小的投入撬动并放大企业的整体运营效率、市场竞争力以及创新能力,从而实现企业价值的最大化

续表

聚合构念	释义	二级主题	释义
内在驱动逻辑	指的是企业在面临数字化、智能化发展趋势时，基于内部和外部环境的分析，以及对企业自身发展需求的认知，形成的一种推动企业进行数智化转型的内在动力和逻辑机制。企业在深入理解市场需求、提升运营效率、科学决策、创新发展、风险管理等方面的基础上，制定并执行数智化转型战略，从而实现企业的持续发展和竞争优势的提升	数字特征激活	指的是在数智化转型过程中，企业通过识别、提取并利用数据中的关键特征，将数据转化为有价值的信息和知识，从而驱动企业的决策、运营和创新
		关键能力形成	指的是在数智化转型过程中，企业通过识别、培育和提升一系列与数智化转型密切相关的核心能力，从而确保转型的顺利进行，并实现企业的长期竞争优势
		资源行动转化	指的是企业在数智化转型过程中，如何有效地将其所拥有的各种资源转化为切实的行动和成果，从而推动企业的持续发展和创新

三、信息回访与反馈

为了进一步提高分析结果的信度与效度，本研究采取信息回访法与专家挑战法进行验证。首先，在信息回访方面，当理论模型构建还处于初期阶段时，研究团队多次前往"耕海1号"进行交流。这种与企业管理人员的直接沟通有助于我们更好地理解和评估实际情况。通过管理人员的反馈，我们得以再次评估模型和构念的契合度，确保理论模型能够真实反映企业的数智化转型过程。这种反复的交流和验证确保了模型的实用性，并有助于我们在早期阶段发现并修正可能存在的问题。

其次，为了进一步检查理论模型的合理性，我们邀请了多位在数字化、智能化领域有深入研究的学者进行讨论。这些专家具有深厚的学术背景和丰富的实践经验，为我们的研究提供了宝贵的外部验证。通过探讨，我们得以对模型和构念的合理性进行更深入的检查，从而提高研究的信度和效度。在案例分析部分，本研究根据三次关键的跃升阶段进行划分，详细展示了由一阶构念组成的具体数据结构与来源。这种阶段性地展示方式有助于我们更清晰地揭示数字化如何推动制造企业的数智化转型。我们分别探讨了转型的基础、过程机制和结果，为读者提供了一个全面、深入且具有实证支持的分析。

第五节　案例分析

2021 年 12 月,国务院印发《"十四五"旅游业发展规划》。"耕海 1 号"响应国家政策,创新性地将海洋工程技术和信息数字技术应用于现代海洋渔业、海洋文化旅游、科研科普教育等领域,实现了一二三产业有机融合发展,搭建了智慧化渔业养殖场景、数字化文化旅游场景、精细化信息管控场景和立体化安全管理场景四大数字化应用场景,开创了综合开发利用海洋资源的全新模式。"耕海 1 号"所经历的"工具化—信息化—数字化—智慧化"四个阶段中,海洋牧场数智化转型的轨迹十分明显,为理论构建提供了鲜活的证据(如图 11-1 所示)。具体而言,有以下表现。

一、智能化养殖管理系统

"耕海 1 号"开发了智能化养殖管理系统,通过信息化手段实现海洋牧场智能化养殖及调控,采用智能饲料机、环境控制系统和智能识别技术,实现了对养殖环境系数的智能调节和养殖动物的个别化饲养管理。通过精准的饲料供应和环境控制,使得生长周期的缩短和产量的提高。实现水质环境 24 小时动态监测,养殖成活率提高至 98%,饲料浪费减少 40%。通过搭建远程监测控制系统,实现了对养殖场所的实时监测和远程操控。养殖工作人员可以通过手机或电脑监测海洋牧场的生产状况,并远程控制相应设备进行调整。这样不仅节省了人力成本,还提高了工作效率和便利性。

"耕海 1 号"探索融合 5G、物联网、大数据等高新技术,采集环境和养殖数据 100 多万条,通过 5G+大数据分析支撑经营决策;跟踪 22 项行业重点运行数据,接入物联网设备 3800 多台(套),全天候监控平台设备电量损耗。依托全国首个海洋牧场 5G 基站、烟台市 5G 700M 海上联合实验室等基础条件,成功打造"5G+海洋牧场"新模式,为全国海洋牧场建设提供了耕海数字化方案。除此之外,利用大数据分析技术,对历史养殖数据进行挖掘和分析,建立了养殖模型和预测模型,通过预测模型提前预警可能发生的问题,并进行调整和优化,最大程度地减少了生产风险。

通过搭建集智慧化渔业养殖、数字化海洋文旅、精细化信息管控和立体化安全管理以及网络和信息安全于一体的"可视、可测、可控、可预警"的智能化现代海洋渔业产业体系,"耕海1号"实现了现代数字技术在海洋渔业产业的综合应用,为实现我国海洋牧场渔业养殖的可持续发展,探索智慧海洋牧场的发展模式奠定基础。

二、探索智慧旅游新模式

"耕海1号"通过 VR、AR、3D 球幕等数字技术打破虚拟与现实的壁垒,构建了沉浸式的海洋文化体验空间。以海洋牧场的养殖功能为基础,建设集生产、观光、垂钓、餐饮、娱乐、文化、科普等于一体的现代化海洋牧场综合体,促进产业多元化融合。探索海洋牧场资源与休闲文旅相结合的运营发展,提高北方海域在海洋旅游中的竞争力,打造具有典型示范作用的三产融合试点海洋牧场。"耕海1号"构建海洋渔业文化和旅游产业融合发展新模式、新业态,使得文化和旅游产业释放出"1+1>2"的效应。通过整合信息元素,搭建"互联网+海洋文化旅游"智慧数字平台,融合科普教育传播海洋知识,在新旧动能转换背景下实现海洋旅游文化多元融合发展。

三、养殖和环保协调发展

由于海洋资源过度开发导致渔业资源衰退,烟台市的海洋经济正呈现下滑趋势。因此,对于海洋渔业经济的发展来说,以海洋牧场为研究对象进行探究,具有一定的带动作用。通过研究数字化驱动海洋牧场的数智化转型,可以为海洋牧场示范城市提供实证支持。这不仅有助于推动渔业产业的转型升级,也为打造环境友好型的新型渔业产业模式提供了理论参考。另外,海洋牧场的建设也为环境保护和发展海洋经济提供了新的思路。在发展经济的同时,我国海洋产业的发展使得海洋环境遭受了一定程度的污染,出现了污水排放、重金属超标等问题,海洋生态面临着严峻的挑战。"耕海1号"在数智化转型时,采用了新的治理模式:多项环保技术应用,充分利用自然能源、进行海水淡化、做好排污处理等,可以为我国海洋牧场和我国其他海洋产业的发展提供先例和示范。

四、工具化向信息化跃升推动数智结构化转型

养殖业在发展初期,人们尚未意识到信息化的重要性,海洋牧场主要是以农牧化和工程化为驱动、以人工鱼礁建设和增殖放流为主要建设方式。此阶段海洋牧场存在如下问题。

(1)尽管在思想上重视资源的增殖与保护,但实施过程中"重增殖效果、

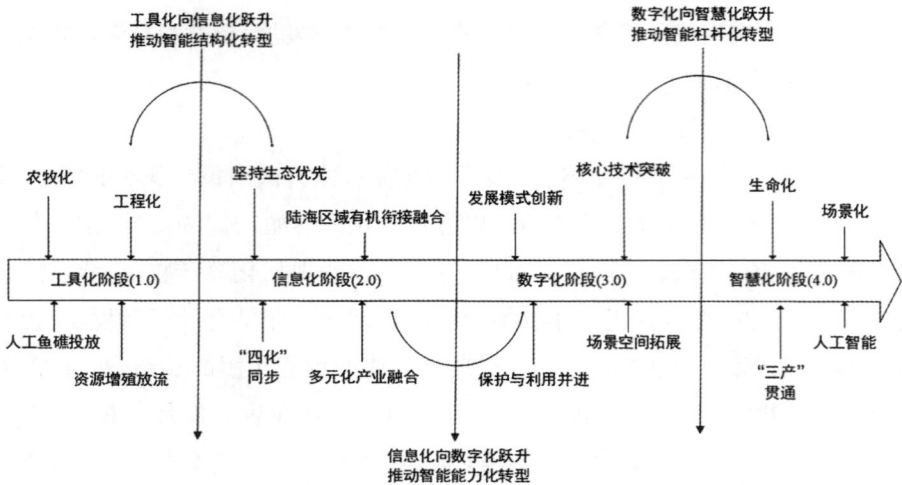

图 11-1 "耕海 1 号"数智化转型的发展脉络图

轻功能恢复"的现象始终存在。大部分海洋牧场建设仍以提高水产品产量为主要目的,未能充分体现海洋牧场的生态系统恢复功能和环境修复功能,难以抵御环境与生态灾害。牧场建设的技术和装备尚处于低水平,同质化现象严重,大多只考虑经济效益而忽视生态效益和社会效益。

（2）缺乏海洋牧场结构、功能与过程的系统化基础研究;建设区域选择缺乏科学理论依据,规划布局未能充分考虑拟建海域的生态系统结构功能特征,生境营造工程技术水平较低;增殖放流种类单一;牧场食物网过于简单、稳定性差,未能充分体现牧场构建的生态性和科学性。

（3）海洋牧场建设管理亟待规范,缺乏系统监测技术和数据,不能准确评估海洋牧场生物承载力;生物资源效应认知不明,难以确定牧场建设规模;尚未建立海域自然与生态灾害监测及防控技术,风险防控管理水平不高。

"耕海 1 号"在数智结构化转型阶段,应用分布式能源管控系统和 5G 网络低延时优势,精准实现了太阳能、风能等发电设备与国家电网无延迟动态切换,最大限度发挥清洁能源发电效率。应用智能平台综合管控系统,能够对电力系统、照明系统、管路系统、空调系统、消防系统、电梯系统等进行集中管控。应用智能化客房控制系统,通过人脸识别和声控操作,实现房间设备智能操控,为游客营造温馨舒适的科技体验。实现了工具化向信息化的跃升。

五、信息化向数字化跃升推动数智能力化转型

在海洋牧场数智能力化转型阶段，"耕海 1 号"创新性开展休闲渔业业态，建设集海上垂钓、海景观光、海上运动、生态采摘、海上休闲、婚庆会展、餐饮住宿等功能于一体的综合性平台，开创了"蓝色粮仓＋蓝色文旅"发展新模式，打造了海洋文旅产业新地标。并积极践行国家"数字海洋"战略规划，开发了智能化养殖管理系统，全过程管控鱼类生长情况。配备自动化饵料投喂设备，精准控制饵料使用数量，使用声呐、激光对鱼群密度进行监测分析。搭建海洋环境监测系统，对周边海域水文、气象、海况、生物等数据开展持续性观测记录，进行科学统计分析，提高精细化管理水平。以生态优先、陆海统筹、多元化产业融合为理念，坚持生态化、工程化、自动化、信息化"四化"同步。

在此阶段，"耕海 1 号"通过 VR、AR、3D 球幕等数字技术打破虚拟与现实的壁垒，构建了沉浸式的海洋文化体验空间。设计开发了渔业文化动态长卷、互动式触摸鱼缸、沉浸式深海电梯、"蛟龙号"模拟器、深海球幕影院等游乐项目，让游客同时存在于虚拟与现实的超大沉浸式空间。"耕海 1 号"打造一体化海洋文旅 APP，可以一键预约、登程提示、在线订餐、智慧订房，给游客呈现数字化文旅新体验。建立了数字化安全管理系统。核心部位安装姿态和应力监测系统，实时对平台位移和变形进行监控预警。通过雷达、摄像头、无人机实时监控周围环境，确保附近海区环境安全。登程人员佩戴数字手环，实时统计平台人员数量位置，突发事件及时发现、及时救援。实现了信息化向数字化跃升，并在技术上推动海洋牧场数智能力化转型。

与数智结构化跃升相比，海洋牧场数智能力化的建设内容更加丰富、建设技术显著提升、建设模式推广示范，但仍存在系统建设技术体系亟待创新、规划建设标准体系亟待制定、建设效果评价体系亟待完善等问题。

六、数字化向智慧化跃升推动数智杠杆化转型

"耕海 1 号"目前正处于数智杠杆化转型阶段，构建了"科学选址—规划布局—生境修复—资源养护—安全保障—融合发展"的全链条产业技术发展格局，建设全域型水域生态牧场。具体而言有以下特点。

（1）保护利用并进。在科学评估海洋牧场生物生产力和生态承载力的基础上，利用水域自然生产力代替人工投饵；利用水体营养盐存量代替施肥；保护水域生态系统和水产品质量安全，杜绝用药给环境造成的破坏；采用融合发

展的创新模式,提升渔民经济收益;延长产业链,拓展产业空间,实施渔旅产业融合以促进就业;充分发挥生态牧场生物固碳能力,实施清洁能源与生态牧场融合发展,助力实现"双碳"目标。

(2)场景空间拓展。贯彻落实习近平总书记在西藏考察工作时提出的"要坚持保护优先,坚持山水林田湖草沙冰一体化保护和系统治理,加强重要江河流域生态环境保护和修复,统筹水资源合理开发利用和保护"指示精神,拓展海洋牧场发展空间,构建涵盖淡水和海洋的全域型水域生态牧场,将特定湖泊、河口、海湾等作为一个整体,基于生态系统原理开展选址、布局、建设、监测和管理。根据建设类型、规模、增殖放流目标物种和水域特征,优化生态牧场空间布局,实现陆海统筹、四场联动,充分体现水域生态系统的整体性。

(3)核心技术突破。推动核心技术体系生态化、精准化、智能化发展。开发生态牧场机械化播苗、自动化监测、精准化计量与智能化采收装备;搭建生态牧场资源环境信息化监测平台;研发灾害预警预报与专家决策系统,提高生态牧场运行管理的智能化水平。

(4)发展模式创新。强化景观融合、资源融合和产业融合,运用景观生态学理念,研发生态牧场多维场景营造技术,开发复合高效、多营养层次的系统构建模式,实现净水保水与资源养护的一体化;结合生态牧场海域光照、风力和水动力资源特征,充分利用太阳能、风能和波浪能等清洁能源,搭建生态牧场智能安全保障与深远海智慧养殖融合发展平台;布局以水域生态牧场为核心的跨界融合产业链条,创建三产贯通发展模式。

第十二章 数字基础驱动海洋牧场数智结构化转型的过程与机理

海洋牧场的数字化基础是建立在一系列先进技术和创新实践之上的,这些技术和实践共同构成了海洋牧场运营的数字化骨架。"耕海1号"通过设备改造升级,实现了基本的数字信息化,集众多自动化、智能化系统于一体,通过融入人工智能、清洁能源、5G通信、大数据等技术,实现智慧渔业、休闲渔业、科学研究、科普教育等跨界融合的有效探索。并且通过设备升级,成功实现了数据在线化和流程标准化,同时也对数据进行了彻底的清洗与沉淀。这一系列的改进措施完成了数字基础的构建工作,为企业的数智化转型打下了坚实的基础,提高了效率和竞争力。海洋牧场的数据在线化是一个重要的发展趋势,特别是在现代海洋养殖业中。通过将海洋牧场的数据在线化,可以实现更高效的管理和监控,提高生产效率和可持续性。

表12-1呈现了工具化向信息化转型阶段的编码和证据展示。由相关引文和调研文案提取一阶概念,再形成数字基础构建、智慧结构化等二阶主题。

表 12-1 工具化向信息化转型阶段的编码与证据展示

二阶主题	一阶概念	相关引文与证据
数字基础建构	数据在线化	通过安装在海洋牧场的各种传感器和监测设备,实时收集关于水质、气候、养殖生物健康等的数据。这些数据实时传输到云平台或数据中心,为即时决策提供支持
	流程标准化	不仅实施科学的饲料和营养管理计划,确保养殖生物获得均衡的营养,同时减少饲料浪费。而且建立了一套标准化的养殖流程,包括选种、饲养、监测和收获等各个环节。这些流程根据最佳实践和科学研究进行设计,以确保养殖过程的高效性和生物安全性
	数据清洗与沉淀	我们通过机器学习和数据挖掘等高级的数据分析技术,提取有价值的信息,支持决策制定。并将这些分析结果沉淀下来,形成知识库或决策支持系统

续表

二阶主题	一阶概念	相关引文与证据
数智结构化	养殖数据可视化	利用了 5G 通信技术,此外,还配备了物联网技术,通过在水下布设大量传感器,可以实时测定海水温度、盐度、溶解氧等参数,为养殖者提供科学养殖的数据支持
	能源利用高效化	应用了分布式能源管控系统,利用 5G 网络低延时优势,精准实现了太阳能、风能等发电设备与国家电网无延迟动态切换,最大限度发挥清洁能源发电效率

第一节　数字基础

一、数据在线化

数据在线指的是通过设备将生产信息收集,并编码成数字格式,利用计算机进行存储、处理和传输(维亚尔,2019),企业对其进行有效利用,数据在线在转型过程中扮演着关键角色。

在养殖方面,"耕海 1 号"海洋牧场坚持实施"透明海洋"战略,通过安装各种传感器和监测设备,通过自动投饵系统、自动洗网机、在线监测系统、调压载系统、云数据处理系统,实时收集水温、盐度、流速、浮游生物浓度、水质指标等数据,还可以通过卫星定位和追踪系统能够把水质、水文等监测数据和鱼类活动视频等信息,及时传输到网箱上的控制中心,并同步到后台信息化数据中心。在线化的数据可以存储在云端服务器上,这使得数据可以随时随地访问和分析。

"耕海 1 号"建有养殖监控中心,主要用于将现场各个系统(如自动投喂系统、水下监测系统、安全管理系统等)的状态、参数、远程控制等数据和功能进行集中地显示和管理;同时,各系统仍保留独立的控制与显示单元,用于对执行机构进行复杂而又专业的控制,并有效地分散了集控系统故障带来的风险。集控系统具有融合分析计算现场各系统的参数并自动定时施制的功能,从而为实现少人或无人值守条件下的深远海的网箱运行管理提供试验基础。在监控中心,通过大数据分析技术和人工智能算法对收集的数据进行处理和分析,可以从海洋牧场的数据中提取有价值的信息,这可以帮助预测海洋环境变化、鱼群动态，以及优化饲养策略，从而优化养殖条件、减少资源浪费。如果发生异常情况，系统可以自动触发警报，帮助管理人员及时采取行动，以避免潜在的问题，从而显著提高养殖效率和产品质量。投饵系统采用空气动力投喂，改变了网箱养殖投喂传统模式，有效解决了离岸深海养殖集群管理、定点给饵、按需分配、远程输送等难题，为养殖数字化技术奠定了基础。

"耕海1号"不仅在生产养殖方面实现了数据在线化，还在旅游休闲方面有相关应用。配备平台智能化综合管理系统，包括船岸一体化通讯系统、水面智能落水识别报警系统、人脸识别游客管理系统、人员定位系统以及水下巡检装置等硬件设备，利用水面巡检无人艇、空中巡检无人机、水下机器人及救生机器人等，构建平台立体化监控系统，实现对平台的全方位安全性管理及救生。实现水上、水下全面监测。依托大数据、物联网、无线通信、定位等先进技术，收集整合了游客的消费信息、动态信息等，系统在售票环节，可获取游客的清晰头像，并记录游客的手环或者胸牌的 SN 码，待游客通过人脸或手环进入海洋牧场平台后，在系统中可查看游客的出入信息、标签 SN 码。系统以树状结构模式实现对所有登乘人员的信息管理与定位数据，将游客的数据在保护隐私的基础上提供个性化服务。

在平台安全方面，建有桩腿液压系统、阀门遥控以及平台姿态和应力监测系统，能够实现复杂海况下海上综合体多模块水下精准定位与安装，对水上的监控数据会自动进行储存和分析，实现对平台液位的监测和报警以及实时连续的监测平台位移与变形，可以收集位移监测与其他监测指标（应力、振动等）数据，并且将数据在线化，掌握结构的运营状态，通过数据同化，实现实时预警、预报功能。

二、流程标准化

流程标准化指将海洋牧场固有的操作过程和信息从传统的模拟形式逐步转换为数字化的标准形式（索鲁克、卡默兰德尔，2020）。"耕海1号"在过去的几年中，对国内外的海洋牧场的发展情况进行了全面的流程分析。分别从渔业资源、渔船渔港、增殖放流、海水养殖捕捞产业开发利用方面，对各个海洋大省进行对比，识别操作流程的瓶颈和潜在改进机会。基于分析结果制定了数字化策略，明确了数字化转型的目标和方向，探索出"海洋工程+海洋渔业+智慧文旅"的新模式。"耕海1号"与山东大学等10多所高校建立战略合作关系,着手开发客户管理软件平台,然后将操作过程数字化,以便远程监控和管理。自动化操作方面,引入了自动喂食系统、温度控制系统等,提高了养殖效率。除此之外,"耕海1号"还具有完善的安全生产及人事管理制度,加强从业人员知识培训和技术指导,全面提高劳动者的素质,团队定期评估数字化流程的效率和效果,并根据反馈进行改进,确保员工能够充分利用数字化工具和系统。

三、数据清洗与沉淀

数据清洗与沉淀以及数据同质化被视为数字化转型的基础特性,其核心原则在于确保数据的简洁性和易于可视化(尤,2010),这是确保数据可信、可用和具备高质量的关键步骤。"耕海1号"利用声、光、电、磁学以及生物自身的生物学特征,对黑鲷、许氏平鲉和海胆等进行投饵音响驯化及环境监测,这确保了从海洋环境采集的数据是准确、完整且可靠的。并且运用"耕海1号"特有的云数据处理系统进行数据分析以及处理,确保不同来源的海洋养殖数据具有相同的格式和结构,从而使数据更容易进行比较、分析和可视化。

清洗海洋养殖数据是为了检测和纠正数据中的错误、缺失或不一致性。这确保了海洋牧场所依赖的数据是高质量的,能够支持决策制定和优化养殖策略。数据的沉淀意味着将清洗后的数据存储在可靠的平台上,以备将来的使用。这有助于保障数据的长期保存和安全性。这些是确保数据可信、可用和具备高质量的关键步骤。这样"耕海1号"才能为每一个养殖工序、不同类型的养殖设备,甚至每一种养殖工具匹配最优的参数,这使得海洋养殖的每一个环节都能够得到最佳的管理和优化,从而实现养殖质量和效率的最大化。

"耕海1号"的数字基础构建在数据在线化、流程标准化以及数据清洗与沉淀这三大支柱之上,是实现数字化转型和优化海洋养殖的关键支持系统。其为海洋牧场的可持续养殖提供了坚实的基础。通过在线化,使得关键数据可随时获取;通过流程标准化,确保了养殖操作的高效性和一致性;而通过数据清洗与沉淀,保证了数据的质量和可信度。这些元素相互配合,为海洋牧场提供了实时监测、数据分析和智能决策支持的能力,从而优化了生产效率、提高了养殖质量,是可持续海洋养殖的关键驱动力。

第二节　数智结构化

在"耕海1号"海洋牧场的数智结构化转型阶段,这一过程涉及智能技术的广泛应用,以更好地管理和优化海洋牧场的运营,重要的是实现数据利用从广度到深度的提升,包括广度上的监测数据可视化和深度上的信息利用高效化。监测数据可视化,通过智能化设备实现数据收集,相比传统的人工操作,可以提高测量的准确性,充分释放数据价值,使得数据由最初的工具化逐渐向信息化转变。而通过信息利用高效化,可以采用先进的技术和方法来降低能源浪费,提高生产效率,同时减少对环境的不良影响,实现可持续发展的目标。这一数智结构化的转型将为海洋牧场带来更高效、更可持续的运营模式。

一、监测数据可视化

通过运用智能化设备可以实现数据收集的可视化,可以提高数据监测的准确性和覆盖范围。使用智能化设备(如自动化传感器、无人船、卫星、无人机等)进行数据收集,相比于传统的人工操作,具有准确性更高、实时性更强、覆盖面更广、储存更灵活等特点,可以实现工具化向信息化的跃迁。"耕海1号"积极践行国家"数字海洋"战略规划,通过智能化养殖管理设备和大数据管理系统,显著提升了数据监测能力。

在传统的人工测量中,数据的准确性受到人为误差的影响,人员可能因疲劳、分心或技能水平不同而导致数据不准确。智能化设备的测量结果通常更一致,能够提供更高的测量准确性,因为它们不受不同操作员的技能水平或主观判断的影响,这可以确保数据的质量和可靠性。"耕海1号"平台搭载了高级的传感器、摄像头、数据记录仪等设备,这些装备能够实现对水质环境的24小时动态监测。这种实时监控使得系统能够收集大量的数据,智能化设备不仅收集数据,还能自动处理和分析这些数据。通过先进的算法,系统能够识别和过滤掉异常值,确保所提供的数据准确无误。这样的数据处理能力减少了人为干预的必要性,从而降低了人为错误的可能性。通过智能化设备的使用,"耕海1号"的养殖成活率显著提高至98%,同时饲料浪费也减少了40%。这不仅体现在直接的经济效益上,也体现在对环境的可持续影响上。

智能化管理系统还具备预测和调节功能,能够基于历史数据和实时信息预测未来的能源需求,并合理调配资源。这样的系统不仅确保了能源供应的高效性和稳定性,还大大提高了能源分配的智能化水平。"耕海1号"利用精准的智能监测技术,为每个养殖区域制定定制化的水质管理计划,根据不同生物种类的需求,调整水温、溶解氧水平和光照强度等,并监控养殖生物的生长速率和健康状况,及时发现生长异常或疾病迹象并采取相应措施。智能化的喂食系统可以根据养殖物种的需求和水质条件,自动调整喂食时间和喂食量。通过使用高效、营养均衡的饲料,可以提高饲料转化率,减少浪费,通过制定最适宜的养殖环境,改进养殖方法或设计新的养殖设备,为新品种的开发提供数据支持。"耕海1号"还利用边缘计算技术对视频进行智能分析,能够实时监测水面漂浮物和水面入侵等异常现象,并自动发出预警。这种技术的应用,改变了传统的人员巡检模式,使得监测数据更加准确。

二、信息利用高效化

人工测量通常需要较长的时间,特别是在大规模数据收集的情况下。这可能导致数据的时效性下降,不适合需要实时数据的应用。智能化设备能够自动执行测量任务,并且可以实时生成数据。"耕海1号"采用了鱼类智能饲养系统、水下生态监控系统、水下鱼类活动监控系统、鱼类常见疾病监测系统等。采用云数据方式,可将鱼类生长、生存状况实时传递至饲养中心总部和工作人员手机APP中。这些系统为海洋牧场管理团队提供了即刻的、实时的信息,管理团队可以随时访问可视化界面,立即了解到当前的情况,无需等待数据收集和整理。不仅实现了实时监测海洋牧场的能源消耗情况,还具有出色的异常检测和问题识别功能。通过细致入微的数据可视化,可以更加敏锐地捕捉到能源消耗中的任何异常模式或趋势,从而及时发现潜在的问题。当有紧急情况或需要迅速采取行动时,即时反馈允许管理团队立即做出决策,还可以通过在线平台,联合生态专家、气象专家、生物专家及海洋经济、环境资源部门分析预警、预报信息,制定相应决策、采取应对举措,实现海洋牧场可持续发展。

传统模式通过人工测量需要有足够的人力资源,如果资源不足,就难以实施大规模的数据收集和分析。智能化设备通常可以在多个维度上进行测量,轻松覆盖广泛的区域,自动化设备还可以在固定的时间间隔连续收集数据,减少人为错误和偏差。"耕海1号"在水下布设了大量传感器,可同时测定海水温度、盐度、溶解氧等参数，传输到控制中心。某些测量任务可能涉及人员难以到达的地点，例如深海或危险环境。智能化设备可以远程执行这些测量任务，而不需要人员亲自前往。"耕海1号"平台配备了水面巡检无人艇，其中配置云洲SE40无人艇搭载避障传感器、金属喷泵推进器、航行灯、位置/姿态/航向传感器、摄像头、高精度定位系统、数据记录仪、数据天线、视频天线等设备，可以实现对指定范围内的水面监测，不仅节省了人工成本，还提升了覆盖范围。

海洋牧场的智能化设备通常能够自动记录和存储测量数据，减少了数据丢失或错误的风险，并且使数据更易于管理和检索。"耕海1号"实现了实时运行监测采用由编程控制器（PLC）组成的分散采样控制、集中监视操作的控制系统。系统通过电磁流量计、盐度计、压力传感器、温度传感器等监测控制仪器，这些设备可以帮助海洋牧场的经营者更有效地监测海洋环境和生物生长情况，还可对海水淡化系统的温度、流量、水质、产水、故障等相关参数和运行状态实现显示、储存、统计、制表和打印。这些数据可以用于分析、决策和规划，有助于优化养殖过程，确保海洋牧场的可持续性和生态平衡。此外，将数据存储在云平台上，可以提供可扩展性和灵活性，这使得数据可以随时访问，并且能够进行备份和恢复操作。这种数据工具化到信息化的转变对于现代养殖业的可持续发展非常重要。它不仅可以帮助提高生产效率，还可以减少环境压力，更好地保护海洋生态系统。

第三节　数字基础驱动海洋牧场数智结构化转型的内在机理

在工具化向信息化跃升的阶段，"耕海1号"实现了数据在线化、流程标准化以及数据的清洗与沉淀，建构了强有力的数字基础。而且在渔业方面，"耕海1号"加强科技自主创新，助力渔业高质量发展，积极发展抗风浪网箱养殖、远海智能化养殖以及大型设施化可移动海上养殖平台养殖，不断提高养殖集约化、智能化及生态化水平，提高生产力，拓展在数字基础下，人工智能、大数据等在水产养殖中的运用。该阶段的数字基础具有"全感知"与"全联接"的数字特征，其中"全感知"是指能够感知企业内外部资源以查询自身独特的资源优势与资源缺陷(朱秀梅、林晓玥,2022);"全联接"是指通过硬软件数据在线以打通资源壁垒和优化资源调配(黄丽华等,2021)。"全感知"与"全联接"的数字基础能够有效提高企业管理能力(孙新波等,2019),可以提高单项资源利用率和整体资源把握度(见表12-2)。

表 12-2　数字基础驱动数智结构化转型的内在机理

二阶主题	一阶概念	相关引文与证据
数字特征激活	全感知	像其他深远海的海域就更深了,所以它不可能开发海底,它只能基于海上或者说海域中的一部分来做一些养殖或者生产,而我们除了利用现有的网箱进行养殖,我们还可以利用海底,这就可能是稍微近海养殖的优势
	全联接	我们的智能监控系统,会实时监测各种鱼类的活动。自动投喂系统也会随着数据量的增大不断调整不同鱼类的进食量,杜绝资源浪费现象的发生
关键能力形成	管理能力	我们会对企业员工进行统一的培训,我们原先零散的信息都将被系统统一的整合,并进行运用
资源行动转化	资源积累	我们公司会与各大公司、科研机构、高校等进行合作,不断学习汲取各公司先进的发展理念、可靠成熟的技术应用等
	资源剥离	我们具有的实时监测平台,会及时检测各种设备,以保证正常运行

一、单项资源利用率提高

在海洋牧场的运营中,特别是在"耕海 1 号"这类先进养殖平台上,进入在线化阶段并实现全感知特征的集成,对于优化渔业养殖管理至关重要。这个阶段的主要特点是利用各种传感器和监测设备,实时收集和分析海洋牧场的环境数据(如水温、盐度、溶解氧等)以及养殖生物的生长状况。通过这些数据,可以更准确地了解养殖环境和生物健康状况,为管理决策提供科学依据。此外,在线化阶段的全感知特征帮助"耕海 1 号"有效地开展与其他同类别养殖项目的对比分析。通过比较不同养殖区域或方法的效果,可以明确各种养殖策略的优点和缺点。这种比较分析对于精确识别影响养殖效率和质量的关键因素至关重要。例如,通过对比分析可以发现某种养殖方法可能在提高生物生长速度方面表现优异,但可能对水质要求更严格,或者在某些气候条件下不够稳定。这有利于找准渔业养殖管理做法的优缺点,逐步优化管理方法,增强单线资源利用。

　　"耕海1号"在海洋牧场运营中采用的竖流气浮装置,是一种先进的水处理技术,它在处理海水中的有机质和微生物时展现出了显著的效率和环境友好性。这种装置通过生成大量微小气泡,使得水中的悬浮物质附着于气泡上并随之上浮,从而有效地从水中移除有机质和微生物。这个过程相比于传统的水处理方法,大大减少了对消毒剂的依赖,这对于保护海洋环境尤为重要,因为消毒剂的大量使用不仅成本高昂,还可能对海洋生态系统造成负面影响。此外,竖流气浮装置的低压运行特性意味着其能耗相对较低。在海洋牧场的运行中,能源消耗是一个重要的考量因素,低能耗不仅降低了运营成本,同时也会减少对环境的影响。而且这种装置的自动化程度高,能够实现更加精确和稳定的运行控制,减少人工干预,适应不同的海水条件,即使是在近岸海水浊度较大的环境下也能高效工作。这就有效解决了海水淡化系统因浊度过大而引起的堵塞问题,保障了海洋牧场水质处理的连续性和稳定性。而消毒剂的过度使用不仅可能对海洋生态系统中的生物造成伤害,还可能影响水产品的质量和安全。因此,竖流气浮装置的使用在保护海洋生态环境和提升水产品安全性方面都发挥了重要作用。所以说"耕海1号"通过使用竖流气浮装置,不仅为整个海洋渔业的可持续发展和环境保护提供了有力支持,还对环境保护作出了重要贡献,展现了良好的生态效益和示范作用,提高了海洋牧场的资源利用率。

二、整体资源把握度提高

　　"耕海1号"作为一个集成了渔业、文旅、安全管理和场景管控的数字化平台,它通过高度的数据整合和智能化管理,实现了一二三产业的紧密联结与协同发展。这种数字化集成使得各个部门的数据实现全面在线化和互联互通。在渔业方面,从养殖、捕捞到加工、销售的每一个环节都能实时收集和共享数据,这不仅提高了生产效率,还有助于实现更精细化的市场分析和供应链管理。在文旅领域,通过实时数据监控和分析,能够更好地理解游客需求,优化旅游体验,同时保证生态旅游的可持续性。

　　此外,安全管理在"耕海1号"的运营中起着至关重要的作用。数字化管理平台能够监控整个海洋牧场的安全状况,包括水质安全、设备运行安全以及员工的工作安全等,及时发现并处理各种潜在的风险和问题,确保整个牧场的稳定运行。而场景管控是"耕海1号"另一个重要的特点。它涉及环境监测、资源配置、生态保护等多个方面,通过高度的数字化管理,可以实时监测海洋环境的变化,合理调配资源,保护海洋生态,从而实现养殖与环境的和谐共存。在精准把握运营情况的同时,"耕海1号"实现了多部门间的有效互相监督和协作,这种跨部门的协同不仅提高了工作效率,也加强了风险管理和创新能力。通过共享数据和信息,各部门能够及时调整策略,优化资源配置,提高了整体资源把握度,共同推动整个牧场的持续发展。

"耕海1号"在数字化发展方面的领先意识和实践,确实为海洋渔业的现代化和可持续发展树立了一个标杆。它的成功不仅在于早早地将智能化网箱技术应用于水产养殖,而且还在持续加强海洋渔业的基础研究和关键技术开发上作出了显著贡献。智能化网箱的应用是一个重要的里程碑。这些网箱不仅能自动调整浮沉深度以适应不同的海洋环境,还能实时监测水质和养殖生物的状况,极大地提高了养殖效率和管理便捷性,减少了对人力的依赖,同时也降低了环境风险。

不仅如此,"耕海1号"在加强海洋渔业基础研究和关键技术研究方面也取得了显著成就。"耕海1号"创新性地发展了"互联网+渔业"模式,进一步提升了海洋渔业的信息化、数字化和智能化水平,促进了整个渔业链的高效运作,从养殖、加工到市场销售的每一个环节都得到了显著改善。"耕海1号"还获评为山东省新旧动能转换优选项目,并作为装备型海洋牧场建设的"山东标准"唯一试点项目,这进一步证明了其在行业中的领先地位。在数字基础上,它还成功实现了海洋文旅的数字虚拟空间建设和安全管理的数字化覆盖。这些成就不仅提高了海洋牧场的运营效率和安全性,而且为游客提供了更加丰富和吸引人的体验。

综合来看,这些成就和实践不仅提高了整体资源的把握度和利用效率,而且也推动了整个海洋渔业向更高级别的信息化迈进。海洋牧场"耕海1号"的数字基础驱动数智结构化转型的内在机理主要体现在以下几个方面。

(1)人工智能与机器学习:人工智能技术,尤其是机器学习,使得系统能够从数据中学习并优化操作。这些技术可以帮助识别模式、做出预测和自动化决策。"耕海1号"使用AI技术对海洋环境和养殖生物进行实时监控,包括水质参数(如温度、盐度、pH值)和养殖生物的健康状况。通过机器学习算法分析这些数据,可以及时发现问题并作出预警,比如疾病的早期诊断和环境变化的预测。

（2）数字双胞胎技术：通过创建一个系统或过程的数字副本，可以在虚拟环境中测试和优化，然后再将最佳方案应用到现实世界中。"耕海1号"采用了由编程控制器（PLC）组成的分散采样控制、集中监视操作的控制系统。系统通过电磁流量计、盐度计、压力传感器、温度传感器等监测控制仪器，可对海水淡化系统的温度、流量、水质、产水、故障等相关参数和运行状态实现显示、储存、统计、制表和打印。

（3）物联网（IoT）：物联网技术将物理世界与数字世界相连接。通过设备和传感器的网络化，可以实时监控和管理物理环境，实现更高效的资源利用和管理。"耕海1号"采用智能化客房控制系统，通过人脸识别和声控操作，实现房间设备智能操控，为游客营造了温馨舒适的科技体验。

（4）网络安全与隐私保护：随着数据量的增加，数据安全和隐私保护变得至关重要。有效的安全机制能够保护数据不受未经授权的访问和破坏。"耕海1号"实现严格的访问控制机制，确保只有授权人员才能访问特定的数据和信息系统。此外，其采用强大的身份验证措施，例如多因素认证等，进一步增强了数据安全性。

（5）数字化管理与决策：数字化工具和平台可以辅助管理者更加高效地进行决策，提供更加精确的业务洞察和预测，帮助企业在竞争中保持优势。"耕海1号"应用了智能平台综合管控系统，能够对电力系统、照明系统、管路系统、空调系统、消防系统、电梯系统等进行集中管控。

管理能力被视为资源建构的重要条件，有效推动了"耕海1号"的资源积累与剥离行动，使其从运营管理层面实现了最基础的数智结构化转型（霍伊尼克、鲁泽尔，2016）。"资源积累"是指企业从外部学习并获取资源，识别对企业有价值的资源并逐渐积累，以形成自身的竞争优势（西蒙等，2007）。"耕海1号"早期通过搭建传统的大数据平台，以及建设数字化的"海上文旅"等系列举措，逐步积累起养殖、销售等环节的有形数据资源，并通过智能网箱等设备实现了渔业养殖周期的可视化，以提高整体资源利用效率的方式实现了智能广度转型。"资源剥离"是指用有效资源代替无效资源的过程，以达到资源利用最大化的目的（西蒙等，2007）。专业化数字化团队介入之后，帮助"耕海1号"搭建了基于可视化数据的能源管理系统、废气排放实时监测平台、碳监测平台等,将原有冗余的业务流程剥离、淘汰,避免设备空转,有效提高了资源循环协同使用效率,帮助"耕海 1 号"实现了智能深度转型。正是由于以上资源编排行动,"耕海 1 号"在深度与广度上均实现了数智结构化发展,由此完成了数字基础对数智结构化转型的驱动过程。

第十三章 数字捆绑驱动海洋牧场数智能力化转型的过程与机理

在第二次跃升阶段,"耕海1号"从信息化向数字化转型,我们主要从研发信息化、产线自动化、决策智能化3个方面提高数据资源的应用程度,实现了对数字资源的有效捆绑(见表13-1)。

表 13-1 信息化向数智化转型阶段的编码与证据展示

二阶主题	一阶概念	相关引文与证据
数字要素捆绑	研发信息化	"耕海1号"采用传统深水抗风浪网箱与现代海洋工程有机融合建成海洋牧场装备综合体"能源自给可移动坐底式智慧网箱平台"并完成养殖试验,网箱集成高端生态养殖、休闲渔业、海洋文旅、研学旅游、科普教育等功能于一体
	产线自动化	我们加强海洋渔业基础研究和关键技术、高新技术研究,提高研发投入,创新发展"互联网+渔业",进一步提升了海洋渔业的信息化、数字化和智能化水平,促进智慧渔业发展,构建现代渔业产业技术体系;做好技术推广和服务;实施海洋标准创新转化工程;加强渔业人才、智力引进和培养。形成自动化渔业养殖
	决策智能化	"耕海1号"建立和使用了大量的数字化平台进行数据收集、整理、归纳、分析、预测、运用、智能决策,促进了信息内部透明,数据资源共享,减少了数据的重复无效以及供需的不对称、不匹配
数智能力化	工艺流程智能创新	"耕海1号"采用能源自给可移动坐底式智慧网箱平台,且为减轻网箱养殖期间污损生物附着问题,主要是通过综合采用抗附着的新型材料网衣、生物防附着以及自动洗网机清网三种方式
	节能环保产品创新	"耕海1号"在系统设计和实际运用中始终坚持生态绿色环保理念,从清洁能源利用、海水淡化、污水处理和垃圾处理回运等多个方面着手,实现平台的防污减排、节能环保,助力碳达峰、碳中和目标 "耕海1号"采用了与我国南极长城站同款的污水处理系统,所有污水通过处理后,由给排水船运回陆地污水处理厂再进行处理达到海洋牧场"零排放"标准 "耕海1号"的海水淡化系统采用了国际知名品牌"汉胜",淡化利用先进的反渗透膜工艺进行海水淡化,每天可产淡水60立方米

第一节　数字捆绑

一、研发信息化

知识编码自动化、隐性知识显性化是信息化向数字化转型的重要表现,有利于撬动合作组织的知识边界,促进组织对外部环境的感知与合作创新活动(肖静华等,2018)。"耕海1号"搭建的技术中台有以下几个关键方面。

(1)数字化监控和管理。海洋牧场的数字化监控和管理是基于先进的遥感技术与环境传感器网络,实现对关键水质参数(如温度、盐度、溶解氧)及海洋生物生态状况的实时监测。该系统采集的海量数据通过云计算平台进行集成处理与分析,从而支持复杂的环境变化预测和养殖策略的优化调整。

(2)人工智能应用。在海洋牧场中应用人工智能技术,主要包括利用机器学习算法对历史养殖数据进行深度分析,以预测养殖环境条件及优化养殖模式。此外,图像识别技术的应用于海洋生物健康监测,能够实时识别和预警疾病或寄生虫问题,进而实现精准养殖和有效的风险管理。

(3)物联网(IoT)技术。物联网技术在海洋牧场中的应用,涉及构建一个无线传感器网络,实现对养殖区域的连续监控和自动化管理。通过这些传感器收集的数据,自动化设备(如自动投喂机)可以根据环境变化自动调整操作,增强整个系统的效率和响应速度。

(4)区块链技术。区块链技术在海洋牧场中的应用,旨在建立一个透明且不可篡改的供应链追踪体系。通过区块链技术保障数据的完整性和真实性,可显著提高消费者对海产品质量的信任度,同时促进供应链中各参与方的高效协作和信息共享。

(5)数字营销和电子商务。通过利用数字平台和社交媒体对海洋牧场产品进行推广,可以有效扩大其市场影响力和品牌认知度。同时,电子商务平台的运用能够简化产品的销售过程,通过数据分析工具优化市场策略,更好地满足消费者需求。

(6)数字化培训和教育。在海洋牧场行业中推行数字化培训和教育,旨在通过在线课程、虚拟现实(VR)和增强现实(AR)技术等手段,提升从业人员的专业知识和操作技能。这些方法不仅提高了培训的可达性和效率,还促进了行业内部的知识共享和经验交流。

（7）可持续发展策略。海洋牧场的可持续发展策略侧重于通过数字化手段优化资源利用和减少环境影响。这包括采取生态养殖方法、使用可再生能源和环保材料,以及通过精准数据分析减少能源消耗和废物排放,从而维护海洋生态平衡并支持蓝色经济的持续发展。

二、产线自动化

依托机器人流水线作业智能化,利用机器手、自动化控制设备或自动流水线推动企业技术改造向机械化、自动化发展,有利于实现过程物质流、信息流、能量流和资金流的智能化（谭建荣等,2017）。"耕海1号"通过各种自动化的设备进行养殖等,并深度挖掘所获取的数据,利用数据和算法驱动实现从数据到自动化生产的过程。利用高级信息技术和物联网（IoT）构建一个集成、智能的养殖管理系统。这一系统通过部署一系列环境传感器,实时监测关键水质参数如温度、溶解氧、盐度和海流等,同时采集海洋生物的生长数据。这些数据经过物联网技术实时传输至中央处理系统,利用先进的数据分析工具和人工智能算法进行综合分析,从而实现对养殖环境的精准控制和优化。自动化养殖系统不仅能够根据实时数据调整投喂量、水质条件和其他关键生长参数,还能预测并预防疾病发生,提高整个养殖过程的效率和效益。此外,该系统支持远程监控和控制,降低了人力成本并减少了人为干预,确保了养殖过程的连续性和稳定性。

三、决策智能化

智能制造过程以知识和推理为核心,可显著提高整个制造系统的自动化和柔性化程度（谭建荣等,2017）。决策智能化依赖于先进的数据处理技术、人工智能（AI）算法及其在海洋环境和生物数据分析中的应用。

（1）高级数据集成和处理。决策智能化首先依赖于从多个源（如传感器、卫星数据、气象报告）收集的海量数据的集成和处理。通过使用高级的数据处理技术,如云计算和边缘计算,可以有效地管理和分析这些数据,为后续的智能决策提供基础。

（2）模式识别与预测分析。应用机器学习和深度学习技术对集成数据进行模式识别和预测分析,有助于理解和预测海洋环境的变化趋势,如水温、盐度、养殖区域的生物多样性等因素的变化。这些分析对于制定养殖策略和应对潜在风险至关重要。

（3）决策支持系统的构建。基于上述分析，构建高级的决策支持系统（DSS），能够为海洋牧场管理者提供关于最佳养殖时机、种类选择、资源分配和风险管理的建议。这些系统通常包括可视化工具和预测模型，使管理者能够基于数据驱动的洞察做出更明智的决策。

（4）实时调整与响应。决策智能化还意味着系统能够根据实时数据和预测结果自动调整养殖策略。例如，自动调节投喂量、水质控制参数，以及预防性的疾病管理措施，从而确保养殖过程的高效和可持续性。

（5）市场趋势分析与应对。决策智能化不仅局限于养殖环境的管理，也涉及对市场趋势的分析和应对。通过分析消费者行为、市场需求和价格趋势，海洋牧场能够更好地调整其产品策略，优化供应链管理，提高经济效益。

（6）风险管理与可持续发展。通过决策智能化，海洋牧场可以更有效地管理环境和生物资源的风险，如通过早期预测和防控疾病的暴发，减少对环境的负面影响，促进生态平衡。

第二节　数智能力化

在第二次跃升阶段，智能转型升级是通过养殖流程智能创新和节能环保产品创新所引领的两条主要路径实现的。"耕海1号"通过数字赋能，有效提高了现有养殖流程和节能环保产品。前期主要依托"耕海1号"大型智能化网箱进行网箱养殖。主要养殖名优海鱼品种斑石鲷、许氏平鲉、鲈鱼以及真鲷等，实现了南鱼北养以及多品种混养。斑石鲷可以清除网箱上的附着生物，减少投饵量和洗网的次数，有利于其他鱼种生长及生态绿色的养殖。

投饵系统采用空气动力投喂，改变了网箱养殖投喂传统模式，有效解决了离岸深海养殖集群管理、定点给饵、按需分配、远程输送等难题，为养殖数字化技术奠定了基础。通过自动投饵系统、自动洗网机、在线监测系统、调压载系统、云数据处理系统等实现智能化渔业养殖功能，探索智慧渔业养殖发展新方向，示范养殖功能齐全，环境契合度高，为我国海洋渔业养殖从浅海走向深海奠定基础，提供示范。

在网箱养殖中,网衣的清洗是大型网箱发展面临的主要问题,也是制约大型网箱发展的瓶颈。目前,我国仍然以传统高压水枪或者人工潜水刷洗为主,欧美等国家在网衣清洗方面的研究起步早、技术先进,并且有相对成熟的设备,但造价昂贵。本项目通过对新型机械洗网机原理、结构的研究,采用适合深海网箱养殖的高效、易操作的网衣清洗装置,将对我国深远海养殖及自动化渔业配套装备产业发展起到示范作用。

在网箱上搭载监测功能模块,实现水上、水下全面监测,并实时传输水质数据;收集大数据,通过数据同化,实现实时预警、预报功能;通过在线平台,生态专家、气象专家、生物专家及海洋经济、环境资源部门分析预警、预报信息,制定相应决策、采取应对举措,实现海洋牧场可持续发展,也可面向交叉式科研。

养殖监控中心主要用于将现场各个系统(如自动投喂系统、水下监测系统、安全管理系统等)的状态、参数、远程控制等数据和功能进行集中的显示和管理;同时,各系统仍保留独立的控制与显示单元,用于对执行机构进行复杂而又专业的控制,并有效地分散了集控系统故障带来的风险。集控系统具有融合分析计算现场各系统的参数并自动定时施制的功能,从而为实现少人或无人值守条件下的深远海的网箱运行管理提供试验基础。

第三节　数字捆绑驱动数智能力化转型的内在机理

在线化向智能化跃升阶段,"耕海 1 号"实现了研发信息化、产线自动化以及决策智能化,捆绑了最全面的数字要素。该阶段的数字化特征表现为"全场景"与"全智能"。"全场景"数字转型是一种全方位的企业转型策略,它不仅涉及技术的升级,更包含对企业文化、思维模式、业务流程、客户体验和安全合规等方面的根本改革。这种转型策略要求企业从传统运营模式转向数据驱动的数字模式,强调利用数字工具和智能化技术来提高决策效率、优化流程、改善客户体验,并促进创新。同时,它还鼓励企业进行跨界合作,拓展新的商业机会。在这个过程中,企业还需确保数据安全和遵守相关法规,以应对数字化带来的挑战。总之,"全场景"数字转型是企业在数字时代竞争和发展的关键,它代表了一次全面的商业和文化变革(见表 13-2)。

表 13-2　数字捆绑驱动数智能力化转型的编码与证据展示

二阶主题	一阶概念	相关引文与证据
数字特征激活	全场景	基于人工智能、物联网平台,目前我们开发综合平台功能,变终端为枢纽,打造海上游客集散中心,实现海域和陆基衔接,成为海上多元旅游项目服务基地
	全智能	我们聚焦搭建高精度、多参数的海洋牧场立体观测网,建设集生产管控、生态监测、安全救助、科学指导等多种功能于一体的海洋牧场综合管理中心,形成渔业养殖、立体监测高度自动化、智能化
关键能力形成	创新能力	"耕海1号"探索融合5G、物联网、大数据等高新技术,依托全国首个海洋牧场5G基站、烟台市5G 700M海上联合实验室等基础条件,成功打造"5G+海洋牧场"新模式,搭建了集智慧化渔业养殖、数字化海洋文旅、精细化信息管控和立体化安全管理以及网络和信息安全于一体的"可视、可测、可控、可预警"的数智化现代海洋渔业产业体系,实现了现代数字技术在海洋渔业产业的综合应用,具有行业示范引领作用
资源行动转化	资源组合	"耕海1号"项目共分为两期,一期平台与二期平台通过休闲海钓长廊连通,构成"海洋之星"项链造型。一期平台总投资6700万元,二期平台总投资约3亿元,采用海洋工程领域的座底插桩式钢制结构建成,主甲板为五角星形。二期将与一期平台相结合,开展滨海观光、垂钓体验、海洋住宿、特色餐饮、海洋研学等业务,将"耕海1号"打造成集养殖、观光、垂钓、住宿、餐饮、娱乐、科普、科研等于一体的现代化海上综合体,进一步探索海洋牧场创新多元融合发展的新模式
	资源丰富	"耕海1号"将精益制造、智能制造生产过程中的经验、流程、方法,发展到渔业、文旅等多产业,让成本越来越低、污染越来越小、产出越来越大、速度越来越快

　　"全智能"体现为企业在管理、生产、研发等多个领域的全面智能化。这包括利用大数据分析和人工智能优化管理决策,应用自动化生产线和物联网技术提升生产效率,以及使用先进的计算工具加速产品研发。同时,智能化还延伸到供应链管理,实现实时的货物追踪和库存调整,以及通过聊天机器人和自动化客户关系管理系统提升客户服务水平。此外,数据安全和合规性也通过智能技术得到加强,确保企业的数字化转型既高效又安全。总而言之,"全智能"是"全场景"数字化转型的重要组成部分,它通过技术创新实现了企业各个方面和层面的智能化升级,显著提升了企业的运营效率、创新能力和市场竞争力(陈剑、刘云辉,2021)。

　　"全场景"与"全智能"的数字特征有效提高企业创新能力主要体现在以

下两个方面。一方面表现为创新边界的突破，"全场景"下的数字转型使"耕海1号"通过整合不同行业和技术领域的资源，来创造新的市场机会。"耕海1号"打通了服务与技术边界，不仅完善了产品的能耗监测系统，还提高了产品的折旧水平控制能力，从而显著提升了售后服务的质量。这种创新不仅基于技术的发展，还涉及对市场需求的深入理解和对客户服务流程的精细化管理。进一步来看，"全智能"的数字转型使"耕海1号"在行业内率先多领域创新，提升了海洋牧场装备水平。随着"耕海1号"创新体系建设管理、创新技术研发运用、创新大数据全新应用，其使用海上太阳能清洁能源系统，每年实现 CO_2 减排约 95 吨，运用数字化赋能，渔业可减少养殖饲料浪费 40%，养殖成活率提高至 98%，降低人工支出 60 万/年，降低维护成本 200 万/年。此外，"耕海1号"的制造管理系统项目建立了统一生产数据模型，将排产进一步细化到人和设备，真正实现生产过程的全数字驱动，推动公司的生产制造迈入全面智能化阶段。

随着数字技术的不断进步和应用，"耕海1号"的创新能力得到了显著提升。这种提升不仅体现在产品和技术层面，更体现在其运营和商业模式的转型上。通过"全场景"和"全智能"的应用，使"耕海1号"能够在更加复杂多变的市场环境中找到新的增长点和竞争优势。

另一方面表现为创新基础的积累，"耕海1号"的"全智能"数字系统，通过智能化的数据信息集成式分析与决策能力，有效地帮助企业深化对创新需求的理解，并精准定位创新的突破口，为针对性的创新研发工作奠定了坚实的基础。首先，"全智能"数字系统的核心在于其高度集成和智能化的数据分析能力。这种系统能够从大量复杂的数据中提取有价值的信息，帮助企业更准确地洞察市场趋势和用户需求。例如，通过分析消费者的行为、偏好、反馈等数据，企业能够更精确地识别市场上的未满足需求，从而在产品设计和服务创新上做出更有针对性的调整。其次，智能化决策能力是"全智能"系统的另一大优势。借助先进的算法，如机器学习和人工智能，这类系统能够在繁复的信息中发现模式，预测未来趋势，甚至自动提出解决方案。这不仅大大提高了决策的效率和准确性，也使企业能够在竞争激烈的市场环境中保持领先。

在"耕海1号"项目中，这种智能化系统的应用显著提升了产品和服务的创新水平。通过对产品使用情况的实时监测和分析，企业能够及时发现产品的潜在问题和改进空间,从而在产品迭代和升级过程中更加精准地满足用户需求。此外,"全智能"系统还能够助力企业优化内部管理和运营流程。通过对内部流程的智能化分析和优化,企业能够更有效地配置资源,减少浪费,提高运营效率。这种流程上的优化不仅能直接提升企业的经济效益,也为持续创新提供了更加稳固的基础。在数字化转型的背景下,企业需要不断积累创新的基础,而"全智能"系统正是这一过程的关键助力。它提升了企业对市场和用户需求的理解,还加速了决策过程,优化了内部运营,为企业的持续创新和长远发展提供了坚实的支撑(陈剑等,2020)。

创新能力被视为资源捆绑并转化为实际能力的关键(韩炜等,2021),有效推动了"耕海1号"的资源丰富与组合行动,使其从智能创新层面实现了较高层次的数智能力化转型。"资源丰富"是指企业通过提高智能制造和精益制造能力来丰富现有能力范畴(Sirmon等,2007)。在"耕海1号"研发信息化基础上,不断探索先进的智能工艺流程,于2022年实现智能制造8项技术突破,包括自动投饵、鱼病监测、智慧客房、无人机器巡检、落水与危险行为识别、人员定位和健康监测系统、全天候监控平台设备电量损耗、24小时动态监测水质环境,实现了产业的低能耗、高自动,形成了巩固型智能能力。"资源组合"是指企业使用现有资源组合并持续加大研发能力(Sirmon等,2007)。"耕海1号"一直致力于在节能环保领域对技术的潜心研究,系统构建能源自给可移动坐底式智慧网箱平台建设,不断加大节能环保技术的研发投入,通过创新平台将已有内部资源捆绑,实现固定资产与无形资产的利用最大化,超越了大型多功能能源自给式可移动坐底式智慧网箱、风光互补发电系统等多种节能环保产品,形成了增强型智能能力。因此,借助于第一阶段的资源建构过程中企业积累的数据资源,在数智化转型阶段的案例企业以创新能力为基础,捆绑数字资源要素,突破了智能化、自动化领域关键核心技术,在数字化能力加强的同时也带动了数智能力化。

第十四章　数字撬动驱动海洋牧场数智杠杆化转型的过程与机理

在第三次跃升阶段，"耕海 1 号"主要从搭建全链路数据中台、建立智能集群生态、治理优化产业链结构 3 个方面发挥数字化撬动作用（见表 14-1）。

表 14-1　数字化向数智化转型阶段的编码与证据展示

二阶主题	一阶概念	相关引文与证据
数字边界撬动	全链路数据中台	"耕海 1 号"采用了钢结构坐底式网箱的设计，整体结构由三个养殖网箱组成，形成一个直径 80 米的"海上花"造型。它配备了自动投喂系统、环境监测设备、船舶防碰撞系统以及无人船和水下巡检机器人等设备
	资源协同	"耕海 1 号"不仅提高了养殖效率和产品质量，还促进了海洋生态的修复和保护，同时成为一个受欢迎的旅游和休闲目的地
	技术协同	"耕海 1 号"利用了自动投饵、环境监测、安全管理系统及无人船等全球领先设备。这些技术通过融入人工智能、清洁能源、5G 通信、大数据、物联网等技术，实现了自动化、智能化生态养殖
数智杠杆化	信息化技术覆盖	海洋牧场平台利用了 5G 通信技术，此外，它还配备了物联网技术，通过在水下布设大量传感器，可以实时测定海水温度、盐度、溶解氧等参数，为养殖者提供科学养殖的数据支持
	自动化和智能化	"耕海 1 号"采用了自动投饵系统、环境监测设备以及无人船和水下巡检机器人等先进设备

第一节　数字撬动

一、全链路数据中台，数据互通互享

数字化可以推动边界跨越，边界跨越理论的最终目的，是打破各个机构和组织之间信息壁垒，从而实现信息和资源互通互享，通过合作的方式实现取长

补短,从而实现整体利益的最大化(吴宏彪和赵辉,2013)。"耕海1号"搭建的涵盖养殖、科技研发、休闲娱乐、文旅等各个业务环节的数据中台,就是跨越组织边界的海洋牧场综合体,为"耕海1号"及其链上企业提供清洁、透明的数据资产和高效、易用的数据服务。

在养殖方面,"耕海1号"利用精准的数据监测,为每个养殖区域制定定制化的水质管理计划。比如,根据不同生物种类的需求,调整水温、溶解氧水平和光照强度等,并监控养殖生物的生长速率和健康状况,及时发现生长异常或疾病迹象。在科技研发方面,借助收集到的各种环境条件下养殖生物的生长数据,可以研究最适宜的养殖环境,为新品种的开发提供数据支持,改进养殖方法或设计新的养殖设备。在文旅方面,创建基于实时数据的互动展览,如展示水质变化、生物生长过程等,可以促进文旅产业的发展,增强游客的参与感和教育性。开发虚拟现实游戏或应用,让游客体验养殖过程,增加娱乐价值和教育意义。在营销和计划排产方面,结合养殖、销售数据和市场趋势,预测养殖产品的市场需求,调整养殖计划和销售策略,分析历史数据,识别潜在的运营风险(如疾病暴发、环境变化等),制定应对策略。在能源消耗分析方面,分析各种养殖设备的能源消耗数据,识别节能减排的机会,优化能源使用效率。

二、智能集群生态,资源智慧协同

"耕海1号"与多家厂商合作打造智能云平台,推动产业链智能集群生态,以"耕海1号"智能化模式为模板,打造了工程机械、海上装备、环保、文旅、安全管理、酒店等20余个产业链云平台,带动一大批上下游企业实现智慧化转型,同时为多家企业提供创新方案,实现价值创造多样化,协同共生于系统外企业。其中,对制造业、通信、环保企业的协同作用最为突出。

(1)推动工程制造企业创新化

"耕海1号"是传统网箱与现代海洋工程有机融合形成的新型海洋牧场装备,与多家机械企业和高校合作,创新性地采用海洋工程中"钢制坐底式结构+隐藏式抗滑桩"解决了淤泥质海底承载力不足、三型透水构筑物精确定位、薄板结构变形控制、抗滑桩的隐藏设计等问题;采用底部五边形沉箱反渗透膜法海水淡化设备和五个桩腿,增强平台坐底稳定性,可抵抗12级台风。在海上装备方面,"耕海1号"项目作为全国首创的休闲型海洋牧场综合体,积极引领了装备及配套设施的智慧化转型升级。该项目在传统海洋牧场的基础上,融合了5G、物联网、大数据、人工智能等尖端技术,实现了其设备与配套设施的智能化和标准化升级。这一转型覆盖了海洋环境数据监测分析、养殖全程数据统计分析、自动化饲料投喂、自动洗网系统、人员定位安全监测、清洁能源系统、智慧文旅系统和多能源差动管理等多个方面。通过这些技术的应用,该项目不仅在养殖、安全、节能和文旅等方面实现了全面监控与管理,而且通过技术创新显著提升了制造企业的科技进步,为海洋渔业以及工程产业的高级别智慧化转型升级树立了标杆。

(2)助力海上装备企业智慧化升级

海洋牧场建设因所处特殊海洋环境,有线链接为基础的网络建设存在环境限制因素,而普通无线网络速度因延时和速率问题难以满足智能化实时测控设备运行需求。基于此,"耕海1号"与中国移动等通信公司合作,以大带宽、低延时为优势特点的5G数字技术,在海洋牧场现代化建设进程中孕育新产品和新服务,创建新业态和新模式,推动现代化海洋牧场建设迭代升级。人工智能技术发展为我国实体经济提供全新的发展方式,助推海洋渔业供给侧改革和智慧海洋牧场建设。聚焦搭建高精度、多参数的海洋牧场立体观测网,建设集生产管控、生态监测、安全救助、科学指导等多种功能于一体的海洋牧场综合管理中心,提升海洋牧场信息化、智能化管理水平。聚集海洋牧场生产、运营、资源、环境等各类数据资源,搭建大数据应用共享支撑平台,为海洋牧场提供即时精准的数据存储、决策分析、交换共享和技术支撑服务,提升海洋牧场大数据应用水平。建设海洋牧场预警平台,提高应对各种海洋灾害和突发事件的监控能力和预警水平,保障海洋牧场建设和运营安全,科学推动海洋牧场提质增效。

(3)为绿色环保企业提供新思路

首先,通过采用太阳能与风电等新型可再生能源实现海洋牧场综合体能源自给的方式,减少使用柴油发电机等对环境造成的污染。"耕海1号"与环保企业合作,采用清洁能源,由太阳能电池板和风力发电机组成风光互补发电系统,平台共计安装光伏板930块,总装机容量426kW,可实现日均发电量3000度,单日节省电费2400元,在项目中使用量占比达25%。在日照充足、风力稳定时基本满足日常用电需求。同时设置1组蓄电池作为低压电源用于日常照明、监测等设备供电。其次,平台配备污水回收装置,实现污水零排放。采用了与南极长城站同款污水处理装置,可对平台产生的所有生活污水就地进行高标准处理,实现了污水零排放,污水处理装置设置于设备间内,杜绝任何污染排放,确保网箱平台生态环保。采用自动化投喂系统实现精准投喂,减少残饵对海洋环境的污染。最后,通过藻类移植和贝类底播增殖,进行海域生物净化和固氮,一方面产出优质海产品,另一方面可以有效降低养殖对环境造成不利影响,建设环境友好型生态系统,提升海洋牧场绿色发展水平。

三、链条结构治理,产业融合发展

海洋牧场作为一种新型的海洋经济形态,其发展涉及一二三产业的协同发展,因此,合理地分配一二三产业的比重,明确各产业在"耕海1号"的地位,才能更好地进行产业链结构治理,实现经济效益、生态保护和社会服务的综合提升。在这个框架下,各产业的协同发展不仅需要各自的深度挖掘,还需要彼此之间的有效衔接和支持。

首先,第一产业,即海洋牧场的核心产业,主要涉及海洋生物的养殖和捕捞,在产业结构中处于基础地位。这包括鱼类、贝类、海藻等的养殖,以及一些野生资源的可持续捕捞。在这一产业中,技术的应用尤为关键。现代化的养殖技术,如智能网箱、智能监控系统、生态养殖技术、高效饲料技术,都是提高产出和保护生态的重要工具。通过科学的布局和精细的管理,海洋牧场在保证海洋生物多样性的同时,还能有效地提高资源的利用率和产品的质量。

其次,第二产业在海洋牧场的发展中起到加工和制造的作用,是海洋牧场的支撑产业。它不仅仅局限于海产品的初级加工,如清洗、分割、冷冻等,更包括深加工和综合利用。例如,通过提取海洋生物中的活性成分来进行科学研究。此外,这一产业还包括为海洋牧场提供设备和技术支持的制造业,如养殖网箱、自动化喂食设备、环境监测仪器等。通过技术的创新和应用,第二产业不仅为海洋牧场的直接生产活动提供支持,也使海产品能够以更多样化的形式进入市场。

最后,第三产业在海洋牧场中起到服务和扩展的作用,在海洋牧场的产业发展中扮演着推动和延伸的角色。服务业包括对海洋牧场的直接服务,如市场营销、金融投资等,以及对海洋牧场进行科研支撑的服务,如海洋生物研究、环境监测等。除此之外,第三产业还涉及海洋牧场的扩展领域,比如海洋旅游业、教育培训、文化推广等。这些领域不仅为海洋牧场带来额外的经济收入，也有助于提升公众对海洋保护的认识和参与度。

第二节　数智杠杆化

一、实施智慧建设标准

以数字化和智能化为杠杆撬动海洋牧场一二三产业的发展，实质上是利用现代科技手段来全面优化和升级传统海洋牧场的各个环节，从基础的生产活动到深加工，再到服务和管理等方面。这不仅包括引入先进的技术设备，更包括整个产业链的数据驱动和智能决策。"耕海1号"创新性将海洋工程技术和信息数字技术应用于现代海洋渔业、海洋文化旅游、科研科普教育等领域，带动了一二三产业快速发展，开创了综合开发利用海洋资源的全新模式。

（1）大力发展海洋渔业产业

主要进行智能化网箱养殖和海珍品底播增殖。"耕海1号"一期有3个子网箱，养殖水体3万立方米，一二期由栈桥连接，内部挂网形成40万立方米养殖水体。已完成人工鱼礁投放3.7万立方米，正在创建国家级海洋牧场示范区。网箱养殖以斑石鲷、真鲷、许氏平鲉为主，年可养殖优质鱼类20万尾，年产约15万公斤，产品达到出口质量标准，获批"海关出境水生动物养殖场、中转场注册单位"。与莱州湾畔的明波水产有限公司陆基养殖设施遥相呼应，形成联动的陆海接力养殖模式。深入实施海洋良种工程，投建山东海洋明波种业科技有限公司，依托前期水产新品种创制基础，拟建成育繁推一体化种业产业体系，打造中国北方海洋种业繁育基地。

（2）创新应用海洋工程产业

"耕海1号"是传统网箱与现代海洋工程有机融合形成的新型海洋牧场装备。分两期建成，二期由海上综合体平台和休闲海钓长廊两部分组成，平台主甲板为五角星形，外围直径120米，主甲板面积8000平方米，上建7层，覆盖综合保障、科普展厅、餐饮庆典、宾客住宿等功能。一二期共同构成"海洋之星"项链造型。创新性地采用海洋工程中"钢制坐底式结构+隐藏式抗滑桩"解决了淤泥质海底承载力不足、三型透水构筑物精确定位、薄板结构变形控制、抗滑桩的隐藏设计等问题;采用底部五边形沉箱反渗透膜法海水淡化设备和五个桩腿,增强平台坐底稳定性,可抵抗 12 级台风。

(3)融合发展海上旅游产业

拓展了海上垂钓、休闲观光、海上运动、生态采摘、特色餐饮住宿等功能。能观赏海岸风光和"海洋之星"全貌,体验现代海工带来的视觉冲击。可实现网箱钓、围栏钓和人工鱼礁区船钓等海上垂钓,满足不同人群需求。另有潜水、冲浪艇等各种海上休闲项目以及海上自助、海景日料及音乐烧烤等特色美食,海洋牧场产出的鱼类、贝类等海产品可进行生态采摘及现场加工,真正实现从海洋到餐桌的零距离。

(4)积极发展海洋科研科普产业

建立了产、学、研、游相结合的海上"全域海洋科普"基地,通过 VR、AR、裸眼 3D、5D 技术等设计开发了渔业文化动态长卷、深海电梯、"蛟龙号"模拟器、深海球幕影院等海洋文旅体验项目,营造超大沉浸式海洋文化体验空间,建立专有海洋科普 IP 形象。还有魔幻沙池、变身小鱼、墙面体感互动等有趣好玩的互动体验项目,将海洋文明故事化、渔业知识趣味化,实现游中学、行中悟。

二、构建智慧海洋生态系统

随着全球化和科技的飞速发展,海洋作为地球上最大的生态系统,其保护和合理利用日益受到重视(张秀梅等,2023)。智慧海洋生态圈的构建,是一个综合性、多方位的过程。它涉及海洋生态系统的每一个环节,从海洋养殖到生态保护,从人才培养到科技进步,每一个部分都是相互联系、相互影响的。在这个过程中,信息技术和数字化工具发挥了重要作用,它们不仅提高了海洋资源管理的效率和精确度,还增强了对海洋环境的监控和保护能力。同时,随着新技术的不断发展和应用,海洋科学研究也获得了更多可能,为海洋生态系统的健康和可持续性提供了更加坚实的科学基础(陈仲,2023)。通过数字化和数智化转型,"耕海 1 号"不仅能够实现资源的高效利用,还能促进海洋生态的保护,同时推动科技创新和人才培养,为海洋经济的可持续发展提供强有力的支撑。

(1)智慧化海洋养殖

"耕海 1 号"在养殖方面,通过自动投饵系统、水下监测系统、调压载系统、云数据处理系统等实现智慧化海洋养殖功能。在监测方面，在网箱上搭载监测功能模块，实现水上、水下全面监测，并实时传输数据。在预警功能方面，通过数据同化，实现实时预警、预报功能。在决策支持方面，通过在线平台及政府部门分析预警、预报信息，制定相应决策及举措，实现海洋牧场可持续发展。

（2）智慧化海洋环境监测保护

智慧化海洋环境保护的构建是一个全面融合高科技与生态保护理念的过程，旨在通过智能化手段实现海洋生态系统的有效管理和保护。在这一过程中，"耕海1号"利用先进的技术和数据分析方法来全面监测海洋环境。通过部署一系列海洋监测设备，如海底传感器网络、卫星遥感技术以及无人航行器，可以实时收集关于海洋生物、水文地质、化学和物理属性的数据。这些数据不仅提供了对海洋环境变化的即时认识，还能帮助科学家和管理者预测和应对各种环境挑战，如气候变化、污染和生物多样性下降。这一过程中，除了对海洋生物和环境的监测和保护，还特别注重清洁能源的应用和污水处理等环境友好技术的融入。

（3）智慧化海洋人才培养

"耕海1号"与山东大学等10余家科研院所建立了深厚的合作关系，在海洋牧场构建、海水鱼繁育、健康养殖、疾病预警与综合防控以及数字渔业等领域关键技术进行多项合作，取得了突出的成果，下一步将继续加强紧密联系，利用行业专家学者的专业优势科学进行示范区的标准化建设工作。

高等教育机构，如大学和研究院所，扮演着智慧化海洋人才培养的主导角色。这些机构需要开发和提供多学科交叉的课程，以确保学生能够获得必要的理论知识和技能。除了传统的课堂教学，实验室研究和现场实习也极为重要。学生通过参与真实的海洋科研项目，可以更好地理解理论知识在实践中的应用，并培养解决复杂问题的能力，"耕海1号"可以提供学习和调研的平台、实习和就业机会，支持学术研究，或与教育机构合作开展工业界项目，帮助学生更好地将学术知识转化为实际应用。此外，通过举办研讨会、工作坊和会议，可以促进学生与业内专家的交流，扩展其专业网络，增加对行业发展动态的理解。

（4）智慧化海洋政策制定

"耕海 1 号"可以装备先进的监测设备,如水质分析仪、生物多样性监测工具等,以实时监控海洋环境变化。这些数据对于评估人类活动对海洋生态的影响至关重要。例如,通过长期监测水质和海底生态,可以发现养殖活动对环境的潜在影响,比如营养物质的积累、有害物质的排放等。这些信息对于制定有效的海洋保护政策、减少人为干扰和促进生态恢复具有重要价值。另外,海洋牧场通过实施可持续的养殖方法,比如采用生态友好的饲养技术、实施种群管理措施、控制养殖密度等,可以成为可持续海洋养殖的典范。这些实践不仅提高了养殖效率,也降低了对环境的影响。这些经验可以指导政策制定者在更广泛区域内推广可持续养殖实践,例如制定关于养殖密度、饲料使用、废物处理等方面的标准和规定。

不仅如此,"耕海 1 号"的海洋科普使其可以成为海洋教育和公众意识提升的平台。通过组织参观、教育活动和社区参与项目,牧场可以帮助提高公众对海洋资源可持续利用和环境保护的意识。这对于培养公众对海洋政策的支持非常重要。比如,通过教育活动让公众了解海洋生态系统的脆弱性,以及人类活动对海洋生态的影响,从而提高他们对环保政策的支持。

第三节　数字撬动驱动数智杠杆化转型的内在机理

在企业的智能化跃升阶段:"耕海 1 号"集团实现了全链路数据中台、产业链智能集群生态并以数据治理优化链条结构,撬动了数字能力应用边界。该阶段的数字化特征表现为"全链路"与"全融合",其中"全链路"指数字技术运用到所有相关产业链供应链(陈剑、刘运辉,2021);"全融合"指将系统内部优势融合管理与应用(杜勇等,2022)。同时其以科技创新推动海洋渔业智慧化转型升级,已布局"数字化+"现代海洋牧场、苗种繁育、海水养殖、休闲渔业、水产品贸易、海洋装备制造等业务领域(见表14-2)。

表 14-2　数字捆绑驱动数智杠杆化转型的编码与证据展示

二阶主题	一阶概念	相关引文与证据
数字特征激活	精准数据分析	消费者通过扫描追溯标签二维码，便可获得所购买产品的原产地、检验日期、质检结果、质量负责人等所有关键信息，追溯体系建设使水产品有了自己的"身份证"，实现了水产品"生产有记录、信息可查询、流向可跟踪、责任可追究、产品可召回、质量有保障"的全程可追溯管理
	大数据管理系统	"耕海1号"通过大量运用信息化技术手段，建立了生产经营大数据管理系统，通过对养殖数据、环境数据、设备状态、安全状态、海域情况五个主要模块的全程监控，实现了全领域可视、可测、可控、可预警，实现了大数据在海洋牧场上的全新应用
关键能力形成	智慧化安全性管理	"耕海1号"利用水面巡检无人艇、空中巡检无人机、水下机器人及救生机器人等，构建平台立体化监控系统，实现对平台的全方位安全性管理及救生
	数字化设备的集成应用	"耕海1号"配备平台智能化综合管理系统，包括船岸一体化通讯系统、水面智能落水识别报警系统、人脸识别游客管理系统、人员定位系统以及水下巡检装置等硬件设备
资源行动转化	资源优化配置	"耕海1号"在传统海洋牧场的基础上，基于5G、物联网、大数据等进行了装备化、智能化、标准化升级
	文化和旅游产业融合	"耕海1号"拥有先进的休闲渔业运营基础，主要开展休闲垂钓、亲子触摸池、海上观景台、多功能展示厅、海上咖啡厅、海洋渔业科普教育、研学旅游等特色休闲渔业项目，已成为烟台标志性旅游名片及网红打卡地

　　"全链路"与"全融合"的数字特征能够有效提高企业协同能力，表现为资源协同，体现在维持生态平衡、促进经济发展、提供科研和教育机会等多个方面，是一种全面促进海洋可持续发展的方式。海洋牧场通过恢复和保护海洋生态系统和生物多样性，不仅有助于保护濒危物种，还为各种生物提供了生存和繁殖的环境，与此同时注重加强海域污染防治和监测。通过智能配套底播、增殖放流等措施，"耕海1号"能够提高渔业资源的丰度，从而支持可持续的渔业开发。这种方式既能满足人类对海产品的需求，又能保证海洋生态平衡。且海洋牧场的数智化转型为渔民提供了新的就业机会，同时也促进了智慧海洋旅游、休闲垂钓等相关产业的发展。除此之外，海洋牧场的建设提供了海洋科学研究的实验场所，有助于科学家更好地理解海洋生态系统的运作，同时也为公众提供了海洋生态保护教育的平台，在下一步的建设中计划设计海洋系列"海洋绘本"来满足中小学生海洋启蒙的需要，结合海洋渔业科普教育、研

学旅游等特色休闲渔业项目来打造特色海洋学习体系。

另一方面表现为技术协同。数字技术下的"全融合"特点鼓励海洋牧场进行知识共享与技术交流,通过技术协同实现生态利益最大化(奥尔雷德等,2011)。"耕海1号"采用数字化的水产养殖技术,包括精准饲养、环境监控、疾病预防和控制等,以提高养殖效率和质量。通过大数据、云计算、物联网等信息技术,实现对海洋牧场的实时监控和数据分析,提高管理效率和决策的科学性。同时,在海洋牧场的建设和运营中,强调使用对生态环境影响小的环保材料和技术,减少对海洋环境的负面影响。这些技术协同合作,共同构成了海洋牧场的技术支撑体系,不仅促进了海洋资源的可持续利用,也保护了海洋环境,推动了海洋科技的发展和创新。

在企业的智能化建设阶段:基于以上"全链路"与"全融合"的数字化特征,"耕海1号"作为海洋牧场的最大服务主体,以自身转型数据为基础,形成了"耕海1号"数字化转型解决方案,有效地推动了海洋产业的全面数字化升级。这一方案的核心在于深度整合了海洋生物科技、智能物流、环境监控等多个板块,实现了数据驱动下的产业协同。通过采用先进的海洋生物技术,不仅提高了海洋资源的开发效率,还对生态环境的保护作出了重要贡献。

智能物流系统的引入,确保了资源从提取到运输的每一环节都高效、准确,极大提升了供应链的效率。此外,环境监控系统的实施,不仅实时监控了海洋环境的变化,还为科研提供了宝贵数据,助力于海洋生态保护和可持续发展的实现。整个方案的运作,依托于强大的数据分析和处理能力,通过对各个板块的数据进行整合分析,实现了信息共享和资源优化配置,从而在提高效率的同时,也保证了环境的可持续性。

具体而言,海洋牧场"耕海1号"的数字化驱动数智能力化转型的内在机理围绕多板块数字化及智能化建设这一核心,从以下几个方面多效并举。

(1)数据分析与处理

"耕海1号"首先提升了海洋牧场的运营效率,还通过精准数据分析,优化了资源配置和环境保护策略。养殖数据经过分析,为海洋牧场的管理和决策提供科学依据。例如,通过分析环境数据调整养殖策略,或者根据生物生长数据调整饲料投放量。其中"耕海1号"一期,总养殖体积约30000立方米,相当于14个国际标准游泳池的水量。每年可养殖名优海水鱼类20万尾,年产约 15 万公斤,目前已经成功放养斑石鲷、美国红鱼、真鲷、许氏平鲉等优质鱼类,实现了南鱼北养和将南方名贵鱼品种斑石鲷与北方品种许氏平鲉、真鲷等鱼类进行混合养殖,均取决于基于数据的智能决策。

"耕海 1 号"通过大量运用信息化技术手段,建立了生产经营大数据管理系统,通过对养殖数据、环境数据、设备状态、安全状态、海域情况五个主要模块的全程监控,实现了全领域可视、可测、可控、可预警,实现了大数据在海洋牧场上的全新应用。建有养殖监控中心,主要用于将现场各个系统(如自动投喂系统、水下监测系统、安全管理系统等)的状态、参数、远程控制等数据和功能进行集中的显示和管理;同时,各系统仍保留独立的控制与显示单元,用于对执行机构进行复杂而又专业的控制,并有效地分散了集控系统故障带来的风险。集控系统具有融合分析计算现场各系统的参数并自动定时施制的功能,从而为实现少人或无人值守条件下的深远海的网箱运行管理提供试验基础。

(2)智能化管理

利用人工智能和机器学习技术,"耕海 1 号"能够根据收集的数据进行智能决策。利用水面巡检无人艇、空中巡检无人机、水下机器人及救生机器人等,构建平台立体化监控系统,实现对平台的全方位安全性管理及救生。实现水上、水下全面监测,并实时收集传输水质等数据,通过数据同化,实现实时预警、预报功能,为制定相应决策、采取应对举措提供依据。并且配备平台智能化综合管理系统,包括船岸一体化通讯系统、水面智能落水识别报警系统、人脸识别游客管理系统、人员定位系统以及水下巡检装置等硬件设备,对平台人员进行智慧化安全性管理,依托大数据、物联网、无线通信、定位等先进技术,实现对游客的智能化管理。

(3)自动化操作

"耕海 1 号"作为一种创新的智能渔业养殖平台,具备了高度的自动化和智能化特点。它能够通过先进的技术实现部分自动化操作,比如自动喂食、自动检测和控制水质等功能,极大地减少了人工干预的需要,从而提高了养殖效率和操作的精准度。在养殖过程中,"耕海 1 号"利用自动投饵系统、自动化洗网设备、水下监测技术、调压载系统以及云数据处理系统,实现了一系列智能化渔业养殖功能。投饵系统采用空气动力投喂,改变了网箱养殖投喂传统模式,有效解决了离岸深海养殖集群管理、定点给饵、按需分配、远程输送等难题,为养殖数字化技术奠定了基础。这些技术不仅保证了养殖过程的高效性和精确性,还大幅提升了养殖环境的契合度和可持续性。

(4)资源优化配置

数字化技术帮助"耕海1号"更有效地配置资源,如能源、饲料和人力资源。通过对这些资源的优化配置,可以降低成本,提高养殖效率。在"耕海1号"设计建造过程中研发和使用了多项新技术、新工艺,创造性地研发应用了钢质可移动坐底式结构等新技术,在国内首次将5G技术、铝合金牺牲阳极保护材料、PET龟甲网衣等新技术、新材料应用于海洋牧场建设。新材料的应用,提高了养殖设备如箱体、压载舱、龟甲网衣的设计使用寿命,通过对一系列智能化、数字化设备的集成应用,与传统的海洋牧场相比整体生产效率提高了80%以上。

(5)海洋数字文旅

充分发挥烟台市海洋渔业文化和旅游资源优势,促进海洋渔业文化和旅游深度融合,构建海洋渔业文化和旅游产业融合发展新模式、新业态,使得文化和旅游产业释放出"1+1>2"的效应。通过整合信息元素,搭建"互联网+海洋文化旅游"智慧数字平台,融合科普教育传播海洋知识,在新旧动能转换背景下实现海洋旅游文化融合发展的新模式,打造滨海旅游新场景,满足供给侧改革需求,为创建仙境海岸、文旅名城贡献力量。

"耕海1号"作为全国首制装备休闲型海洋牧场综合体,积极进行了数字化转型的探索,在海洋牧场"耕海1号"的数字化驱动数智能力化转型过程中,基于5G、物联网、大数据等进行了装备化、智能化、标准化升级,通过海洋环境数据监测分析、养殖全过程数据统计分析、自动化饲料投喂管理、自动洗网系统、人员定位安全监测系统、清洁能源系统、智慧文旅系统、多能源差动管理系统等技术应用,实现了对装备型海洋牧场养殖、安全、节能、文旅等全方位监测与管控,以科技创新提升海洋牧场建设及运营管理质量,实现海洋渔业转型升级。

第十五章 海洋强国背景下海洋牧场数智化转型的机制与路径

第一节 海洋牧场数智化转型的阶段

随着人们对可持续发展和生态保护意识的增强,海洋牧场的管理也逐渐从单纯的资源利用转变为注重环境保护和生态平衡。信息化、数字化和智慧化阶段更加重视生态保护,强调在资源利用的同时维护海洋生态系统的健康。"耕海1号"的数智化转型也是基于这一背景实现的。数智化转型的核心在于通过信息化手段来提升生产流程的智能化程度,这包括数据收集、处理和应用,以优化资源配置、提高效率和增强决策的科学性。从过程演化视角来看,"耕海1号"的数智化转型发展可以划分为工具化(V1.0)、信息化(V2.0)、数字化(V3.0)和智慧化(V4.0)四个阶段,每个阶段代表海洋牧场管理和运营中使用的技术和方法的自然演进。

海洋牧场1.0-工具化阶段主要以传统的渔业工具和方法为主。如使用渔网、渔船等基本工具进行捕捞。人们对海洋资源的开发和利用相对粗放,技术含量较低,对海洋生态系统的影响考虑不足。海洋牧场2.0-信息化阶段开始应用海洋科学和信息技术来管理和保护海洋资源。信息化有助于提高渔业资源的可持续利用和减少对生态环境的破坏。通过卫星定位、遥感监测等技术进行海洋环境监测和资源调查,更加科学地规划渔业资源的开发利用。海洋牧场3.0-数字化阶段指运用大数据、云计算等数字化技术管理海洋牧场,提高了海洋牧场的经济效益同时降低了对环境的影响。这一阶段可以通过收集大量数据对海洋生态系统进行更准确的模拟和预测,优化渔业资源的管理和保护策略。

目前"耕海1号"已达到海洋牧场4.0的初级阶段。这一阶段的核心是人工智能和物联网技术的完全融合与高效应用,通过智能传感器、无人航行器、自动化监控系统等技术,实现实时监控和智能化管理。例如,自动观测并识别鱼苗疾病和自动投喂。这些技术进步不仅提升了企业的运营效率,更使其业务模式和价值创造方式发生了深刻变革。在智慧化阶段,不仅节约了人力成本,还能有效保护海洋生态环境,实现人与自然的和谐共生。

在业务运营和发展过程中,"耕海1号"也经历了从工具化到信息化、信息化到数字化以及数字化到智能化的三次重大跃升。在工具化向信息化的演进过程中,"耕海1号"着重建构了数字基础,将海洋养殖、捕捞、加工等各项业务流程进行了数字化的处理和存储,提高了工作效率和数据透明度。在"耕海1号"海洋牧场构建数字基础阶段,其主要数字特征表现为全感知和全连接。通过传感器、遥感技术等手段,企业能够实时感知海洋环境、养殖生物状态等信息,并通过数字化网络实现信息的全面连接和共享。这一阶段企业侧重于管理能力的提升。为了满足业务需求和数字化转型的需要,"耕海1号"在原本单一的管理结构下设立了综合管理部、海洋牧场部、海洋文旅部、工程技术部、安全管理部等部门。这些部门各自拥有明确的职能和职责,形成了机构职能齐全、管理规范完善的组织架构。

随着企业不断发展,"耕海1号"开始从信息化向数字化跃升。在这一过程中,企业不仅将更多的海洋养殖和渔业相关数据纳入数字系统,还学会了如何捆绑这些数字要素,使得企业内部的不同部门、不同业务能够通过数字化手段进行高效协同。这为企业带来了更高的业务协同效率和数据驱动决策能力。"耕海1号"海洋牧场的核心工作将聚焦于创新能力的提升。与资源积累阶段有所不同,这一阶段更注重资源的优化组合与丰富。因此企业不仅关注资源的数量,更看重如何将这些资源进行有效地整合,以发挥出最大的价值。在养殖业方面,"耕海1号"也引领了一场深刻的转变。过去那种对环境压力大、效益不高的粗放式养殖方式正在逐渐被淘汰,取而代之的是注重环保和可持续发展的绿色养殖模式。

进入数字化向智能化的跃升阶段后,"耕海1号"开始撬动数字边界,实现数字价值的最大化。利用大数据、人工智能等先进技术对海洋养殖和渔业数据进行深度分析和挖掘,以发现新的商业机会和优化运营策略。同时,通过智能化设备和系统,企业实现了养殖过程的自动化和智能化,降低了运营成本并提高了产量和质量。"耕海 1 号"海洋牧场的核心战略发生了重要转变,从单纯的数据收集和分析转向了协同能力的提升。这种协同能力主要包括资源协同和技术协同两个方面,是企业在数字化转型过程中实现数智杠杆化的关键。资源协同主要关注的是企业内部各个部门之间,以及企业与外部合作伙伴之间的资源整合和高效利用。为了实现这一目标,"耕海 1 号"不仅优化了内部管理流程,还与供应商、研究机构等建立紧密的合作关系。通过数字化手段,"耕海 1 号"能够实时追踪资源的使用情况,预测未来的需求,从而更加合理地进行资源配置。

技术协同则强调不同技术系统之间的无缝对接和高效协作。"耕海 1 号"在这一阶段投入大量资源进行技术研发,引入了先进的物联网、人工智能等技术,并与原有的信息系统进行深度融合。通过技术协同,企业能够实现数据的实时共享和分析,提高决策效率和准确性,同时降低运营成本。在实现数智杠杆化的过程中,"耕海 1 号"还在企业内部实施了智慧建设标准。这些标准涵盖了基础设施建设、数据治理、信息安全等多个方面,确保企业的数字化转型过程既有创新性,又具备可持续性。通过遵循这些标准,企业能够逐步构建一个具有高度智能化特点的海洋牧场。"耕海 1 号"的根本任务是构建智慧化海洋牧场,这一阶段强调的是利用先进技术实现养殖过程的自动化和智能化,提高产量和质量的同时降低对环境的影响。通过数字化转型和数智杠杆化,企业能够更好地应对市场变化和挑战,为未来的发展奠定坚实基础。数字化和智慧化阶段利用高级技术不仅提高了渔业资源的利用率,也增强了对环境变化的适应能力和灾害预防能力。

第二节　海洋牧场数智化转型的机制模型

基于案例分析,本篇进一步探讨数字化推动制造企业数智化转型的演化模型,揭示数字化在不同跃进阶段下驱动数智化转型的内在机理。基于此,我们构建了涵盖生产、信息和管理等多个方面的海洋牧场智慧化管理的系统模型。整体来看,本模型依据信息流和物质流的相互作用来优化决策和管理过程(如图 15-1 所示)。

总体来说,"耕海 1 号"从 1.0 到 4.0 的发展,反映了海洋渔业从传统的、

```
工具化  →  信息化  →  数字化  →  智慧化
```

	建构数字基础	捆绑数字要素	撬动数字边界
数字化	数据在线化 流程标准化 数据清洗与沉淀	研发信息化 养殖自动化 决策智能化	全链路数据中台 智能集群生态 链条结构治理
数字特征	全感知 全连接	全场景 全智能	全链路 全融合
关键能力	管理能力	创新能力	协同能力
资源行动	资源积累 资源剥离	资源组合 资源丰富	资源协同 资源辐射
智慧化	智能结构化	智能能力化	智能杠杆化
	广度：监测数据可视化 深度：信息利用高效化	巩固：养殖过程智能可控 增强：文旅产业智慧转型	标准：实施智慧建设标准 应用：智慧海洋生态系统

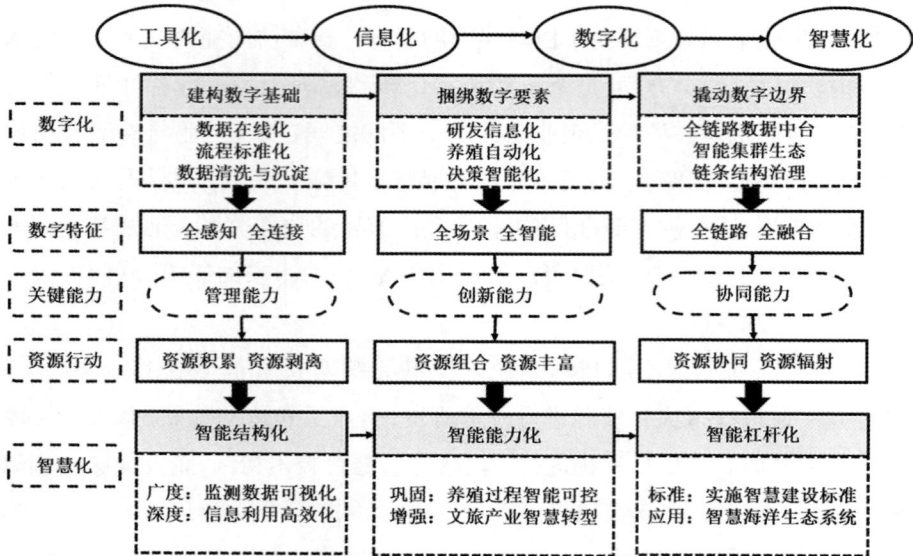

图 15-1 数字化驱动海洋牧场数智化转型机制与路径模型

以捕捞为主的方式,向着更加科学、可持续、智能化的方向发展。每个阶段都依托于当时的科技进步和社会需求,逐渐提高了对海洋资源的利用效率和环境保护水平。整个模型构成了一个闭环管理系统,即从信息收集开始,到决策执行,再到效果反馈,形成一个不断循环、自我优化的管理体系。我们认为,海洋不仅是一个丰富的资源库,更是一个充满了无尽魅力的文旅宝库。通过合理的开发和利用,"耕海 1 号"将海洋的美丽和神秘展现给更多的游客,同时也能通过文旅产业的发展,推动当地经济的繁荣。"耕海 1 号"作为现代海洋牧场的代表,致力于在保护海洋生态的基础上,通过创新技术和模式,实现海洋资源的可持续利用,为社会和经济发展作出更大的贡献。其也必将继续围绕创新能力的提升,优化整合资源,推动养殖业的绿色转型,并拓展海洋文旅产业,打造特色文旅项目,让更多人感受到海洋的魅力和价值。

第三节 海洋牧场数智化转型的目标和原则

海洋牧场数智化转型是一个复杂而系统的过程。通过构建完善的数字基础设施、搭建数字协同服务平台、拓展数字应用场景等架构设计,可以为海洋产业融合实现数字化转型奠定良好的基础。该架构从基础设施构建、协同服务平台到应用场景选择，全面覆盖了数据积累、智能管理、技术成果转化等关键环节。通过整合区块链、物联网、云计算等先进技术，搭建起一个包含数据共享、智能管理及高新技术成果转化等功能的平台，以推动海洋产业的数字化转型和升级。此架构设计不仅有助于提升海洋产业效率，还将为个人、政府和行业提供丰富的数字海洋应用场景，从而开启海洋牧场与数字经济融合发展的新篇章。基于"海—船—岸—养—旅—管"的数字资源协同优化、种业牵引的产业贯通链条优化、基于生态系统的产业集群业态优化以及应用场景驱动的陆海联动布局优化等融合路径，通过数字化技术平台实现信息共享和资源互通，对海洋牧场进行全面的监测、分析和管理，整合海洋产业链的上下游资源，构建一个紧密的产业协作网络，并以促进产业协同创新提升产业的智能化水平，实现高效、绿色、可持续的海洋牧场高质量发展。海洋牧场数智化转型的目标可以明确归纳如下：

1. 提升养殖效率与产量：通过数智化技术，如物联网监测和数据分析，精确掌握海洋环境及生物生长情况，从而提高养殖效率和产品质量。例如，利用智能投喂系统，可以根据生物生长需要自动调整饲料量和投喂时间，最大化提升生物的生长速度和健康状况。

2. 优化资源配置：通过大数据分析，预测和规划资源需求，实现海洋牧场资源的合理配置和高效利用。比如，根据历史数据和市场需求预测某种海洋生物的最佳养殖规模和周期，从而避免资源浪费或供过于求的情况。

3. 保障生态可持续发展：数智化转型应致力于减少对海洋环境的负面影响，通过实时监测和调控，确保养殖活动与环境承载能力相协调。例如，利用智能环境监测系统及时发现污染风险并采取措施，保护海洋生态平衡。

4. 增强市场竞争力：通过数智化技术提升海洋牧场的管理水平和市场响应速度，打造高品质、高附加值的海洋产品，增强市场竞争力。这包括利用数据分析优化产品定价策略、提升品牌形象等。

在海洋强国背景下，海洋牧场数智化转型显得尤为关键。这一转型不仅是响应国家海洋战略的重要举措，也是提升海洋经济发展质量、增强国家海洋实力的有效途径。数智化技术的应用，如大数据、物联网和人工智能，为海洋牧场带来了前所未有的发展机遇，能够显著提高养殖效率、优化资源配置，并确保海洋生态环境的可持续发展。海洋牧场数智化转型的原则为：

（1）科学性原则：数智化转型应基于科学研究和数据分析，确保所采用的技术和方法符合海洋牧场发展的实际需求和客观规律。

（2）可持续性原则：转型过程中应优先考虑生态环境的可持续性，确保数智化技术的应用不会对海洋环境造成长期负面影响。

（3）市场导向原则：数智化转型应以市场需求为导向，根据市场动态调整养殖结构和管理策略，以满足消费者需求并实现经济效益最大化。

（4）合作与共享原则：加强产学研合作，共享数据和技术资源，推动数智化技术的创新和应用，形成良性发展的产业生态。

（5）安全性原则：在数智化转型过程中，应确保数据安全和系统稳定，防范网络攻击和数据泄露等风险。

综上所述，海洋牧场数智化转型的目标是提高效率、优化资源、保护生态和增强竞争力，而转型的原则则强调科学性、可持续性、市场导向、合作共享以及安全性。为实现海洋牧场数智化转型，需要采取多方面的措施。首先，引入智能化养殖设备和构建综合管理系统，以提升养殖的智能化水平。其次，通过数据整合与分析，挖掘海洋牧场运营的深层价值，为科学决策提供数据支撑。同时，利用云计算实现高效数据处理和远程监控，确保海洋牧场的安全稳定运营。最后，借助人工智能技术进一步优化养殖流程，提高经济效益。

政府在这一过程中扮演着至关重要的角色。政策的引导和资金的支持是推动转型成功的关键因素。通过加强产学研合作，可以促进数智化技术的研发与应用，加速科技成果的转化。此外，建立健全相关法规和标准体系，为转型提供法律保障，确保转型过程的合规性和可持续性。展望未来，随着技术的持续进步和政策的不断深化，海洋牧场数智化转型将为国家海洋经济的发展注入新的活力。

在推动海洋牧场数智化转型的同时，我们也需要关注几个重要的方面。首先，人才的培养和引进是至关重要的。数智化转型不仅需要先进的技术设备，更需要有专业的人才来操作和管理这些系统。因此，我们应该加强对相关人才的培养，提高他们的专业素养和技术能力，同时积极引进国内外优秀的专业人才，为转型提供强有力的人才保障。

其次，我们需要关注数据安全和隐私保护。在数智化转型过程中，大量的数据将被收集和处理,这涉及数据安全和用户隐私的问题。我们必须建立健全的数据保护机制,确保数据的安全性和合规性,防止数据泄露和滥用,保护用户和相关方的合法权益。

再次,与社区和利益相关者的合作也是不可忽视的一环。海洋牧场的数智化转型不仅关乎企业和政府的利益,也直接影响当地社区和居民的生活。因此,我们应该积极与当地社区和利益相关者进行沟通和合作,听取他们的意见和建议,确保转型过程能够符合各方的利益诉求,实现共赢发展。

最后,我们还需要持续关注技术创新和升级。数智化技术是一个快速发展的领域,新的技术和解决方案不断涌现。为了保持海洋牧场的竞争力和可持续发展,我们必须紧跟技术发展的步伐,及时引进和应用新技术,不断优化和升级现有的数智化系统,以适应市场需求和行业发展的变化。

海洋牧场数智化转型是一个系统工程,需要政府、企业、社区等多方的共同努力。通过加强人才培养、保障数据安全、加强与利益相关者的合作以及持续技术创新,我们可以推动海洋牧场实现更高质量的发展,为海洋强国建设做出积极贡献。

第四节　海洋牧场数智化转型的路径分析

一、基于"海—船—岸—养—旅—管"的数字资源协同优化

利用互联网、云计算等数字创新技术加强对各种涉海资源的合理利用和协同管理,加快海洋资源全面管理的数字化转型,增强数字创新的驱动效应,全面提升海洋资源管理的智能化水平。基于"海—船—岸—养—旅—管"的数字资源协同优化,是通过构建一个集海上通信、智能船舶、岸基管理、海洋养殖、旅游开发以及综合管理于一体的数字化应用体系来实现的。这一体系首先依赖于海联网产业生态的打造,运用大数据、区块链、5G卫星通信等先进技术,实现海洋各要素之间的数字连接与信息共享。通过高效的海上通信,船舶与岸基、船舶之间能够实现实时数据传输,进而利用大数据技术进行深度分析,优化资源配置。同时,对船舶进行数字化改造,提升其航行的安全性和效率,并通过智能算法优化航行路线,推动绿色航行。在岸基方面,建立完善的监控和调度系统,提供全方位的岸基服务,确保航行顺畅。此外,数字技术还

被应用于海洋养殖,提供科学的数据支持以提升产量和质量。结合丰富的海洋旅游资源,开发个性化的海上旅游项目,丰富旅游体验。通过建立海上综合管理平台和完善相关政策法规,实现各部门的信息共享和协同治理,为数字资源协同优化提供坚实的法律和管理保障。这一系列举措将共同推动海洋产业的数字化转型,提升整体效率和竞争力,助力海洋经济的可持续发展。

二、基于种业牵引的产业贯通链条优化

该路径以种业为突破口,通过数字技术的深度应用,推动海洋产业全链条的数字化转型与升级,包括在海洋产业的各个环节(如种业、养殖业、加工业、服务业等)中使用数字技术,实现产业价值链的高度关联与一体化发展。基于种业牵引的海洋产业贯通链条优化,需要系统性地推进多个方面的整合与发展。首先,要完善种业的"保、育、测、繁、推"一体化建设,通过保护和保存优良种质资源、科研育种、质量检测评估、科学繁殖技术推广等环节,夯实种业基础。其次,利用物联网、大数据等数字技术,提升海洋牧场的运营效率与管理水平,形成从种业到养殖、加工、物流、销售以及旅游服务等全链条的紧密协作与联动发展机制,推动一二三产业链的深度融合发展,全面优化基于种业牵引的海洋产业贯通链条,进而提升整个海洋产业的竞争力和可持续发展能力。

三、基于生态系统的产业集群业态优化

依托省内海洋资源禀赋和产业基础优势区域,引导建立各类科技创新基础设施、研发技术平台及高新技术企业总部聚集区。运用数字技术整合海洋产业资源要素和市场信息,构建集研发设计、生产制造、物流配送、金融服务、人才培养等多功能于一体的综合数字海洋产业生态系统。对于海洋产业特色鲜明的区域,合理规划海洋产业集群的布局,根据海域资源和环境特点确定发展方向,并培育具有核心竞争力的产业集群,通过市场化手段和政策引导相结合的方式,推动产业结构向高效、绿色、创新方向调整优化,形成立体集群发展新模式,促进海洋产业与其他相关产业的深度融合发展,激发创新活力与市场潜能,推动海洋产业集群向更高层次迈进。

四、基于应用场景驱动的陆海联动布局优化

该路径通过精准地识别并定位陆海应用场景,实现资源的优化配置,进一步放大海洋的开放优势,使其对内陆地区产生更强的引领和带动作用,最终构筑起沿海与内陆协同开放、共同发展的新局面。推动陆海基础设施互联互通,

实现资源、信息、技术、人才等要素的自由流动与高效配置,形成陆海经济一体化发展的新局面。建立陆海联动发展机制,鼓励海洋产业向内陆延伸,同时引导内陆企业参与海洋经济开发,形成优势互补、互利共赢的合作模式。充分发挥海洋作为开放前沿的独特优势,吸引外资、技术和先进管理经验,促进内陆地区对外开放水平提升。通过政策引导和市场机制,推动沿海与内陆地区在产业、贸易、投资等多个领域实现协同开放,共同构建开放型经济新体制。

这四条路径兼顾不同场景,各有侧重,但相互依存,实现点面结合,推动空间、结构、功能、业态融合发展。海洋产业根据自身发展情况、资源禀赋等条件,合理选择实施路径,实现海洋产业的可持续发展。

第十六章　数智驱动的海洋牧场高质量发展政策建议

第一节　政策分析

数智赋能海洋牧场的高质量发展,对于国家的海洋战略和地方经济的提升具有重要意义。国家和地方政策在这一过程中的重要性不言而喻。国家政策为海洋牧场的发展提供了宏观指导和支持,确保了行业发展的正确方向,并通过制定相关法规和标准,为行业的规范发展提供了保障。地方政策则更具针对性和灵活性,能够根据当地资源和环境特点,制定符合地区实际的海洋牧场发展规划,推动产业与当地经济深度融合。这些政策不仅促进了海洋牧场的技术创新和模式升级,还通过优化资源配置、提升服务效能,进一步推动了海洋牧场的高质量发展。综上所述,国家和地方政策在数智赋能海洋牧场高质量发展方面起着举足轻重的作用,是推动行业持续、健康、快速发展的关键因素。

梳理国家和区域层面海洋牧场数智化发展相关政策的问题主要体现在以下几方面。政策体系不完善:虽然国家已经出台了一系列支持海洋牧场发展的政策,但在数智化方面的具体指导和支持政策相对较少,未形成一个完善的政策体系。资金支持不足:数智化海洋牧场的建设和运营需要大量资金投入,但目前政府提供的资金支持有限,且融资渠道不畅,制约了数智化海洋牧场的发展。技术研发与推广不足:数智化技术的应用需要强大的技术支撑,但目前相关技术研发不够深入,推广力度也不足,导致数智化技术在海洋牧场中的应用受到限制。人才短缺:数智化海洋牧场需要既懂海洋牧场管理又懂数智化技术的复合型人才,但目前这方面的人才储备严重不足。经过深层次根源问题剖析发现以下几个问题。认知局限:目前对于数智化海洋牧场的认识和重视程度还不够,导致政策制定和执行过程中存在一定的偏差和不足。需要加强对数智化海洋牧场重要性的宣传和教育,提高全社会的认知度。体制机制不健全:当前海洋牧场的管理体制机制还不够完善,缺乏统一的管理和指导机构,导致各地在推进数智化海洋牧场建设时各自为政,难以形成合力。需要建立完善的体制机制,加强统筹协调和资源整合。创新驱动不足:数智化海洋牧场的发展需要持续的技术创新驱动,但目前相关领域的研发投入不足,创新氛围不浓,制约了数智化技术的进一步发展和应用。需要加大对相关技术研发的投入和支持力度,营造良好的创新氛围。市场化进程缓慢:数智化海洋牧场的建设和运营需要充分发挥市场机制的作用,但目前市场化进程相对缓慢,制约了数智化海洋牧场的发展速度和质量。需要加快推进市场化进程,吸引更多的社会资本投入数智化海洋牧场建设。

综上所述,国家和区域层面在推进海洋牧场数智化发展时面临着一系列问题和挑战。为了解决这些问题,需要从认知、体制机制、技术创新和市场化等多个方面入手,全面提升数智化海洋牧场的发展水平。

海洋牧场的数智化转型是当前海洋资源管理领域面临的一项重大挑战和机遇。这种转型不仅仅是技术上的升级,更是对整个海洋生态系统和资源利用方式的全面革新。它涉及从提高生产效率、减少资源浪费到促进海洋生态系统的保护和可持续发展。实现这一目标的关键在于深入探究数智化转型的内在机制,发展适应各种海洋环境的先进技术解决方案,并促进政府、企业和科研机构之间的紧密合作。政府在这一过程中扮演着至关重要的角色,不仅需要制定和完善支持性的政策,为海洋牧场提供必要的支持和激励措施,还应确保相关法规的合理性和可持续性。与此同时,企业和研究机构通过共享资源和技术合作,共同推动数智化转型的进程,确保技术创新能够在各个层面得到有效实施。

首先,数智化转型过程中,必须全面考虑其对社会、经济和环境的影响,确保转型过程的平衡和可持续性。在海洋牧场的建设和管理中,应遵循尊重生态和生命的原则,避免人为干预导致海洋生态系统的破坏。这意味着在养殖、捕捞等活动中,需严格控制对海洋生物的影响,避免过度捕捞和破坏生态平衡。同时,合理利用海洋空间的多维度特性,包括开发沿岸以及深海和远洋区域的潜在价值,可以避免资源的浪费和环境污染,实现资源的有效利用和多元共享。这种全面的管理策略可以促进海洋资源的可持续利用,实现人与海洋生态的和谐共存。

其次,数智化转型的一个重要方面是发展多样化和综合化的模式,避免产业的单一化和同质化,同时推动产业的升级和创新。这涵盖了将渔业生产、水产品供应与水域文化和服务相融合的策略,通过这种方式,可以实现产业的多元化和价值的提升。科技创新,尤其是人工智能、大数据和物联网等技术的应用,在提高生产效率、改善产品质量方面发挥着重要作用。通过实时监控海洋牧场的生态状况和水质,可以优化养殖方法,减少疫病风险,提高养殖效率。此外,数智化转型也将促进海洋牧场从单一的养殖业向集休闲娱乐、教育科普、生态旅游等多功能的综合性产业转变。这不仅为海洋休闲活动提供了新的可能性,也为地区经济的发展带来了新的动力。

最后,在实施数智化转型的过程中,还需要关注技术的创新和应用,以及与生态环境相结合的智慧化提升。这包括使用声学、光学、电学、磁学等多种科技手段对海洋生物进行实时监测,以及通过智能化系统对养殖环境进行精准管理。这样的技术应用不仅提高了养殖效率,也为海洋生态系统的保护提供了有效手段。在此基础上,海洋牧场还可以发展成为集生产、观光、休闲于一体的现代化综合体,通过开发海洋休闲体验项目,如休闲垂钓、海洋主题公园、滨海区海洋牧场型亲水空间等,增强海洋旅游的吸引力,促进产业的多元化融合。这不仅增加了北方海域在海洋旅游中的竞争力,也为全国海洋牧场的多元融合发展探索了新模式。海洋牧场的数智化转型是一个充满挑战和机遇的多元化进程。它不仅关乎技术和产业的发展,还涉及环境保护和社会责任。在未来,我们可以预见海洋牧场通过数字化向智能化发展的全面转型,进入资源可持续化的新阶段,展现出全智能、全自动的独特优势,实现海洋资源的可持续发展和有效管理。

第二节　面临挑战

一、布局选址不尽合理生态效益发挥不足,海域立体化开发利用不够

当前海洋牧场布局和选址常常缺乏系统的生态评估,导致生态效益未能充分发挥。选址过于靠近污染源或生态脆弱区,忽视了海域的生态承载力,致

使环境退化和生物资源减少,生产效益不高。此外,海域立体化开发利用不够深入,未能充分利用水下和水面的多层次空间进行综合养殖。这种单一的平面开发模式限制了海洋资源的最大化利用,导致生物多样性减少和整体生产效率降低。科学的布局选址应基于全面的生态评估,包括水文条件、底栖环境、海流和潮汐等因素,同时推进立体化开发利用,优化空间配置,实现生态和经济效益的双赢。通过建设多层次的养殖设施,结合不同水层的生物种类,进行综合养殖和生态循环,可以提高牧场的生产效率和生态效益,推动可持续发展。

二、高端海洋牧场装备研发及应用能力不足、智慧化水平不高

现代海洋牧场的发展依赖于高端装备和智慧化管理,但目前我国在这些方面的投入和研发仍显不足,技术创新能力有限。大部分高端装备依赖进口,导致成本高企且受制于国外技术,限制了自主发展。智慧化管理水平不高,缺乏系统的智能管理平台和数据分析能力,难以实现精细化管理和数据驱动的科学决策。自动化投饵系统、水质监测传感器、智能网箱等关键设备的不足,直接影响生产效率和管理水平。同时,智能化程度低导致的数据采集和分析能力薄弱,无法及时调整养殖策略,应对环境变化和生产风险。为提升装备研发和应用能力,应加大研发投入,鼓励企业和科研机构开展技术创新,提高自主研发水平。同时,推动海洋牧场的智慧化升级,建设智能管理平台,提升数据分析和决策能力,实现精细化管理和高效生产,促进海洋牧场的可持续发展。

三、产业融合程度较低,特色化、多元化、差异化发展不够突出

海洋牧场作为综合经济体,其发展不仅依赖渔业生产,还需要与旅游、教育、科研等产业的深度融合。然而,当前许多海洋牧场仍以单一养殖模式为主,缺乏与其他产业的融合,未能形成多元化、差异化的发展模式。产业融合程度低导致综合效益不高,难以吸引更多的投资和资源。特色化和多元化发展不足,导致产品和服务同质化严重,市场竞争力有限。每个海洋牧场应根据自身的生态环境和资源禀赋,发展具有地方特色的产品和服务,实现差异化竞争。例如,可以结合生态旅游,吸引游客参观和体验,增加收入来源;与科研机构合作,开展海洋生态研究和科技创新,提升牧场科技含量和竞争力。政府应提供政策支持,鼓励海洋牧场与其他产业深度融合,打造具有地方特色和市场

竞争力的海洋牧场,提升综合效益和可持续发展能力。

四、缺乏有效投融资机制,综合效益发挥不充分,可持续发展模式有待挖掘

海洋牧场的建设和运营需要大量资金投入,但目前缺乏有效的投融资机制,导致资金短缺,制约了牧场的规模扩展和效益提升。现有投融资渠道不畅,难以满足大规模、长期投资需求,影响了牧场的可持续发展。融资困难导致许多海洋牧场无法进行必要的基础设施建设和技术升级,综合效益未能充分发挥。此外,可持续发展模式尚未充分挖掘,资源利用效率不高,生态和经济效益未能有效平衡。为解决这一问题,应建立多元化的投融资机制,吸引社会资本和政策支持,推动牧场基础设施建设和技术升级。同时,应探索和推广可持续发展模式,提高资源利用效率,实现经济、生态和社会效益的全面提升。通过政策引导和金融创新,建立适应海洋牧场发展的投融资机制,推动其健康和可持续发展。

五、服务功能及保障措施亟待完善,技术标准不健全,管理措施亟待完善

海洋牧场的发展需要完善的服务功能和保障措施,但目前技术标准不健全,管理措施不到位,影响了牧场的规范化管理和长期发展。缺乏统一的技术标准导致管理混乱,影响生产效率和产品质量。例如,不同地区的海洋牧场在养殖技术、环境监测、病害防控等方面存在差异,导致管理水平参差不齐。管理措施的不到位,影响了牧场的长远发展,难以形成标准化、规范化的管理模式。为提升管理水平,应制定和完善技术标准,建立科学的管理体系,加强政策和技术支持。例如,政府可以出台统一的技术标准和管理规范,提供技术培训和指导,提升牧场管理人员的专业水平。同时,应加强监督和评估,确保管理措施的落实和效果,实现海洋牧场的规范化管理和可持续发展。通过完善服务功能和保障措施,提高技术标准和管理水平,推动海洋牧场的高效管理和可持续经营。

第三节 政策建议

为解决海洋牧场布局选址不合理的问题,应首先进行科学规划与全面的生态评估。政策制定者需加强选址阶段的环境影响评估,确保新建海洋牧场符合当地生态承载力,避免对生态脆弱区和污染源附近进行开发。此外,相关部门应出台政策鼓励和支持海域的立体化开发,提供技术指导和资金支持,通过推广多层次养殖技术,提高空间利用效率和生态效益。例如,可以建设多层次的养殖设施,结合不同水层的生物种类进行综合养殖,实现生态效益和经济效益的双赢。同时,环境保护法规的制定和执行必须加强,明确禁止在不适宜的区域建立海洋牧场,对现有的不合理选址进行整改或迁移。政府应推动海洋牧场与周边生态保护区的协同发展,建立生态补偿机制,确保牧场开发与生态保护协调一致,从而实现可持续发展。

针对高端海洋牧场装备研发及应用能力不足的问题,需加大研发投入,鼓励企业和科研机构联合攻关,提高自主研发能力。政策应支持建立智能管理平台,推广物联网、大数据和人工智能技术在海洋牧场的应用,提高精细化管理和数据驱动的决策能力。例如,通过引进先进的智能设备和技术培训,提升管理人员的数据分析和决策能力,促进生产效率和管理水平的提升。同时,需推动高端装备的进口替代,鼓励引进国外先进技术,并通过消化吸收再创新,提高国内装备技术水平。政府应设立智慧化海洋牧场示范项目,通过典型示范带动全行业的技术升级,推广智能化设备和管理模式,从而实现海洋牧场的高效管理和可持续发展。

为了提升海洋牧场的产业融合程度,应制定促进海洋牧场与旅游、教育、科研等多领域深度融合的政策。政府可以提供资金和政策支持,鼓励海洋牧场与这些领域进行合作,形成多元化的经济形态。例如,支持发展生态旅游,吸引游客参观和体验,增加收入来源,同时与科研机构合作,开展海洋生态研究和科技创新,提升科技含量和市场竞争力。此外,应根据区域特色和资源优势,支持海洋牧场发展特色化、多元化的产品和服务,提供市场推广和品牌建设支持,提升产品竞争力。建立海洋牧场创新创业平台,支持创意和创新项目,推动新技术和新模式的应用,促进牧场的多样化发展。通过政策引导和支持,打造具有地方特色和市场竞争力的海洋牧场,提高综合效益和可持续发展能力。

针对海洋牧场缺乏有效投融资机制的问题,应建立多元化的投融资渠道,吸引社会资本和政策支持,推动牧场基础设施建设和技术升级。政府可以有条件地设立专项基金,支持海洋牧场的发展,通过公私合营模式,吸引民间资本的投入,提高综合效益。例如,可以通过贷款优惠和财政补贴,降低融资成本,解决资金短缺的问题。同时,应探索和推广可持续发展模式,提高资源利用效率,实现经济、生态和社会效益的全面提升。建立绩效评估机制,对表现优异的海洋牧场给予奖励和政策倾斜,推动全行业向高效、可持续方向发展。通过政策引导和金融创新,建立适应海洋牧场发展的投融资机制,促进其健康和可持续发展。

为了完善海洋牧场的服务功能和保障措施,应制定和完善海洋牧场的技术标准和管理规范,确保标准统一、操作规范。政府应加强对海洋牧场的监管,建立科学的监督和评估机制,确保各项管理措施落到实处,提升管理效能。例如,出台统一的技术标准,涵盖养殖技术、环境监测、病害防控等方面,提供技术培训和指导,提升牧场管理人员的专业水平。同时,建立完善的服务保障体系,包括技术支持、政策咨询、市场信息等服务,提高牧场经营者的管理水平和业务能力。加强对海洋牧场的监督检查,确保管理措施的落实和效果,实现海洋牧场的规范化管理和可持续经营。通过完善技术标准和管理措施,提升服务功能和保障措施,推动海洋牧场的高效管理和可持续发展。

第四篇

海洋牧场生态系统前沿篇

海洋牧场产业生态系统是推动产业升级和协同发展的关键所在,也是海洋牧场高质量发展的终极目标。随着全球海洋资源的日益紧张,传统渔业模式已难以满足持续发展的需求,而海洋牧场作为一种创新的海洋经济模式,通过科学养殖、生态保护与资源可持续利用,不仅能有效缓解食品供应压力,还能促进生物多样性的保护。更为重要的是,海洋牧场的发展深刻影响着相关产业的升级。其产业链涵盖了育苗、养殖、加工、物流等多个环节,具有显著的产业集聚效应,能够带动一系列相关技术的创新和产业的协同发展,进而推动整个海洋产业结构的优化和升级。同时,这种产业升级也进一步促进了各产业之间的协同合作,形成了更加紧密和高效的产业生态系统。因此,深入研究海洋牧场产业生态系统,对于推动产业升级、实现产业协同、促进海洋经济的可持续发展具有至关重要的意义。"零和博弈"的竞争优势强调资源共享的"共生协同",而生态优势是基于生态视角对竞争优势所做的修订。生态优势是指主体在共生、互生和再生的价值循环系统内协调优化生态伙伴的能力,具备异质性、嵌入性和互惠性的特点。目前,对于生态优势的研究仍处于起步阶段,一般聚焦于平台企业以及创新生态系统的生态优势,未对产业生态系统的生态优势展开研究。学者们普遍认同价值共创是生态优势实现的重要因素,价值创造载体实现了价值链到价值共创网络的转化,但价值共创对生态优势的影响机制尚未得到揭示,其产生、转化、更新的动态过程尚不明确。渔业资源、消费者需求及海洋产业环境经历巨大变化,仅依靠海洋牧场企业自身资源基础和能力展开低成本或差异化战略,使企业的竞争优势来源和战略选择面临新挑战。面对传统竞争理论的新挑战,从生态视角来重新思考现代化海洋牧场产业生态系统的竞争优势和战略选择显得尤为重要。

第十七章　海洋牧场产业生态系统价值共创机理分析

本章的研究目的是在扎根理论基础上,揭示海洋牧场产业生态系统价值共创对生态优势的影响机理,提炼出"价值共创—动态能力—生态优势"的理论模型。为海洋牧场产业生态系统生态优势的形成提供一个全新的解释逻辑,通过深化海洋牧场产业生态系统构建的不同阶段的价值共创、动态能力与生态优势互动演化过程的动态匹配,打开在海洋牧场产业筛选、产业融合与产业生态系统构建三个阶段的价值共创(资源识别、资源整合与重构、资源更新与再造)、动态能力(机会识别、产业协同、产业重构)与生态优势(生态共生、生态互生、生态再生)之间动态匹配的过程"黑箱"。

第一节　案例选择

基于典型性、覆盖性和资料可获得性三个原则,本研究的案例选择标准如下:(1)研究对象的海洋产业生态系统建设较为成熟且具有一定市场规模和影响力;(2)研究对象资料必须以海洋产业生态系统建设过程轨迹为中心内容,具有可考证性、易得性和完善性等特征。

本研究基于研究数量及深度的考虑,选取山东省 5 家现代化海洋牧场企业,即山东好当家海洋发展股份有限公司(简称"好当家")、日照顺风阳光海洋牧场有限公司(简称"顺风阳光海洋牧场")、莱州明波水产有限公司(简称"明波水产")、青岛鲁海丰食品集团有限公司(简称"鲁海丰")、威海长青海洋科技股份有限公司(简称"长青海洋科技")。这 5 家现代化海洋牧场企业以国家级海洋牧场为载体逐步完善海洋产业生态系统。目前,5 家案例企业的海洋产业生态系统建设较为成熟且具备一定市场规模,并在相应领域取得了多项殊荣。各案例的基本情况如表17-1所示。

表17-1 现代化海洋牧场企业的相关信息

企业名称	海洋牧场名称	海洋产业融合成就
山东好当家海洋发展股份有限公司	好当家天海湾国家级海洋牧场示范区	全国海水养殖标准化示范区、中科院海洋研究所科研成果转化基地、中国水产科学院黄海水产研究所科学研究基地
日照顺风阳光海洋牧场有限公司	日照顺风阳光海洋牧场示范区	国家级休闲渔业示范基地、中国水产学会科普教育基地、山东省重点文化产业项目
莱州明波水产有限公司	太平湾海域明波国家级海洋牧场示范区	国家级水产原（良）种场、农业部水产健康养殖示范地、全国现代渔业种业示范场、全国休闲渔业示范基地、山东省高新技术企业
青岛鲁海丰食品集团有限公司	青岛市石雀滩海域国家级海洋牧场示范区	全国休闲渔业示范基地、农业部水产健康养殖示范场、省级休闲海钓示范基地
威海长青海洋科技股份有限公司	威海长青国家级海洋牧场示范区	国家高技术研究发展计划成果产业化基地、全国科技兴海示范基地、省级皱纹盘鲍良种场、省级栉孔扇贝良种场

第二节　案例分析

一、开放式编码

开放式编码是对资料进行聚敛，其目的是归纳现象、界定概念与发现范畴。本篇将原始资料分解为独立事件，并赋予名称，即对资料中好当家、顺风阳光海洋牧场、明波水产、鲁海丰、长青海洋科技5个案例企业分别用"H、S、M、L、C"表示，相关活动、行为语句后面标注"（Hx、Sx、Mx、Lx、Cx，x＝1，…，n）"；将被定义的现象"概念化"，以 ax（x＝1，…，n）表示；将相关概念聚拢成一类概念，即"范畴化"，以"Ax（x＝1，…，n）"表示。本篇借鉴刘刚等对农业产业生态系统动态演进阶段的划分方法，同时结合海洋牧场产业筛选与产业融合的特殊性，将现代化海洋牧场产业生态系统的演进阶段划分为"海洋牧场产业筛选阶段""海洋牧场产业融合阶段""海洋牧场产业生态系统建设阶段"。以此对以上三个阶段分别进行开放式编码，最终得到187个概念和24个范畴。由于涉及概念太多，仅列举部分概念和范畴的编码过程（见表17-2）。

表 17-2　海洋牧场产业筛选阶段开放式编码示例

原始数据语句	概念化	范畴化
海洋油气、海洋运输业依赖于能源、港口等资源（a1）；海洋油气、海洋矿业和海洋化工业近几年呈现规模负增长（a2）；海洋油气业、海洋船舶工业基本被央企垄断，存在较大的行业壁垒（a3）	a1 探析特定资源依赖 a2 分析市场空间现状 a3 识别行业壁垒	A1 确定海洋产业负面清单
青岛市海洋产业相关规划，鼓励发展海洋高效物流、海洋文化体验、海洋新材料等产业（a4）；好当家的参苗全是来自好当家自有的现代化育苗基地，从育苗、养殖、加工、销售已经实现了全产业链营销模式（a5）；荣成市近海海域海水理化性质优良……利于盛产优质海产品类（a6）；在公司主导产业的科研体系已逐步构建成型的基础上……形成产学研结合的生态型养殖模式（a7）；企业所在地的海洋金融产业发展较为滞后，非海洋金融产业的重点布局区域（a8）；滨海旅游业市场规模增速显著，且产值占海洋产业比重不断增长（a9）	a4 分析上位规划 a5 识别海洋牧场产业链中各环节内容 a6 发现基地特色 a7 明确业主资源 a8 寻找区域市场机会 a9 探索市场前景	A2 识别优势海洋产业
好当家将主导虎山镇的特色小镇建设，重点打造"海参+健康"……通过政策扶持，吸引各地客商和游客前来虎山进行海产品经营和消费（a10）；电商、电视购物、网络电商等多种销售渠道以及冷链物流迅速发展，使得以海产品为原料的生鲜品需求大幅度增加（a11）	a10 充分发挥自身资源优势 a11 高效利用外部资源	A3 优化资源配置
在海参养殖的基础上，好当家重点研发生产海参口服液……推出以海鲜捞饭为特色的海洋快餐食品（a12）；公司所在地非海洋金融重点布局区域，市场发展空间有限（a13）；基地应与西海岸新区错位发展，谨慎进入大规模水产品交易市场，应更多联动蓝色硅谷，可重点发展海洋生物医药、海洋信息等方向（a14）	a12 摆正自身发展定位 a13 避开周边发达地区产业发展优势 a14 避免产业结构趋于重构	A4 实现错位发展
通过建立人工藻礁增殖区，构建贝类藻类复合养殖模式（a15）；公司目前围绕海参已形成育苗—养成—捕捞—销售的一体化布局（a16）；可以利用产品加工过程中的下脚料加工成下脚料粉，用于饲养，研制风味鱼骨酱，开发下脚料多肽营养液和保健鱼油等（a17）	a15 水产品养殖方式多元化、结构立体化 a16 海产品育苗、驯化与养殖与捕捞一体化 a17 海产品粗加工与精深加工一体化	A5 发挥规模效应
为迎合当今快节奏、高效率的城市化生活，大力发展以海产品为原料的冷冻调理、即食休闲、罐头食品，以适应消费者的需求（a18）；经过30年的不懈努力，现已发展成一处集远洋捕捞、水产养殖、食品加工、热电造纸、滨海旅游等产业于一体的大型国家级企业集团（a19）	a18 衍生企业数量增加 a19 消费者群体数量增加	A6 主体参与众多

原始数据语句	概念化	范畴化
建设海洋牧场的所在海域水下地貌并不复杂,大体为浅海平原……符合人工鱼礁施工、投放条件(a20);公司目前已经与青岛海洋国家实验室、山东海洋生物研究院、中国水产科学研究院、明月海藻集团等多所科研机构和企业展开合作(a21)	a20 充分利用水域、环境等自然资源条件 a21 整合生产、人才、技术资源	A7 资源种类丰富
公司主导产业是海水育苗与养殖,同时冷冻食品工业、海洋捕捞与海洋运输业、滨海旅游业等产业发展迅速(a22);公司在北京、上海等国内各大城市开设 300 多家"好当家有机刺参"连锁专卖店,产品登陆天猫、1 号店、京东等各大电商平台和环球购物、优享购等电视购物频道,开设好当家海鲜捞饭快餐店(a23)	a22 产业链完善,涉及产业众多 a23 加强自主品牌建设	A8 产品品种多元

二、主轴式编码

主轴编码的方法能有效帮助本研究发现文字资料之间的内在联系。通过内涵提炼,对各范畴进行聚类分析,可以建立各范畴间的逻辑关系,最终发展出研究所需的主范畴。本篇将价值共创、动态能力与生态优势整合到一个逻辑框架中,并对"海洋牧场产业筛选阶段""海洋牧场产业融合阶段""海洋牧场产业生态系统建设阶段"开放式编码所识别的 24 个副范畴进行归纳,共得到 9 个主范畴。

在海洋牧场产业筛选阶段,海洋牧场企业通过确定海洋产业负面清单,识别优势海洋产业进行资源识别;通过优化资源配置,发挥规模效应、错位发展,实现机会识别;在资源识别和机会识别的基础上,实现主体参与众多,产品种类多元和资源种类丰富的生态共生。在海洋牧场产业融合阶段,海洋牧场企业通过构建"核心+机会+配套"的海洋产业融合体系和海洋一、二、三产业融合机制,实现整合与重构;通过产业链纵深延伸、产业功能拓展和产业技术渗透实现产业协同;通过资源整合与重构和产业协同,实现合作共同发展、良性晋升维持和利益相互扩大的生态互生。在海洋牧场产业生态系统建设阶段,海洋牧场企业通过绿色循环产业模式、消费者需求重塑、主体合作关系重塑和价值流循环迭代升级,实现资源更新与再造;通过产业生态化和生态产业化实现产业重构;通过资源更新与再造和产业重构实现经济效益、生态效益和社会效益共同实现的生态再生。

表 17-3　海洋牧场产业筛选不同阶段范畴与释义

	主范畴	副范畴	内涵释义
海洋牧场产业筛选阶段	资源识别	确定海洋产业负面清单	探析特定资源依赖,分析市场空间依赖,识别行业壁垒
		识别优势海洋产业	分析上位规划,识别海洋牧场产业链中各环节内容,发现基地特色,明确业主资源,寻找区域市场机会,探索市场前景
	机会识别	优化资源配置	充分发挥自身资源优势,高效利用外部资源
		错位发展	明确自身发展定位,避开周边发达地区产业发展优势,避免产业结构趋于重构
	生态共生	主体参与众多	衍生企业数量增加,消费者群体数量增加
		产品种类多元	海产品类型多样化,加强自主品牌建设
		资源种类丰富	充分利用水域、环境等自然资源条件,整合生产、人才、技术资源
海洋牧场产业融合阶段	资源整合与重构	"核心+机会+配套"海洋产业融合体系	确定核心产业,寻找机会产业,选择配套产业
		海洋一、二、三产业融合机制	工业生产原料供应,工业技术革新一产,休闲旅游内容供给,生活性服务业拓展,工业旅游内容提供、生产性服务业延伸,休闲、科教、康养等因素融入
	产业协同	产业链纵深延伸	以海产品为基础形成养殖、加工、物流交易的基础产业链
		产业功能拓展	基础产业链各环节可衍生民俗旅游、文化创意等产业业态,丰富生态环境、文化教育等功能
		产业技术渗透	海洋信息、节能环保、海水利用、冷链物流等技术提供机会产业
	生态互生	合作共同发展	海水养殖、水产品加工、海洋休闲旅游、海洋技术研发等产业之间相互提供原料、技术等支持
		良性竞争维持	生态链中各企业之间开发各具特色的同类产品,维持企业活力,促进良性竞争
		利益相互放大	海洋基础产业链各环节可衍生海洋旅游业态,带动消费者联合消费模式,各衍生企业利益相互放大

续表

	主范畴	副范畴	内涵释义
海洋牧场产业生态系统建设阶段	资源更新与再造	绿色循环产业模式	依靠海洋牧场信息化建设、科技研发等手段拓展生态渔业模式、蓝色碳汇渔业模式、渔业废弃物循环利用等模式
		主体合作关系重塑	企业规模不断扩大,不断完善企业管理机构,畅通衍生企业沟通渠道,寻找合作关联点和利益共同点,重塑企业间合作关系;以创新性产品引领消费者绿色、健康新需求;将政府金融机构等纳入海洋牧场产业生态系统中,通过与政府、金融机构等合作,让更多利益相关者参与到价值共创中
	产业重构	产业生态化	将生产流程纳入生态系统,对生产流程的各环节进行生态化改造,通过资源的循环利用,在增加经济产出的同时实现生态效益
		生态产业化	充分利用自然资源,打造一、二、三产垂直产业链,实现生态资源的保值增值
		价值流循环迭代升级	充分理解和满足更多利益相关者的诉求,吸收和利用其知识、经验及资源,使价值主张的内涵由单一变为多元,使价值创造的规模由小到大,使价值共享的利益相关者由少变多,价值流循环在原有基础上不断迭代升级
	生态再生	经济效益	延长产业链,增加产品附加值,促进海洋产业结构转型升级
		生态效益	减少海洋污染、降低能耗、生物多样性维护、碳汇功能保护海洋环境、环境调节、生命支持、生态修复
		社会效益	满足消费者绿色产品需求,促进渔民就业,增加渔民收入;文化和休闲功能,可满足消费者对于自然、海洋、教育的需求,促进社会稳定

三、选择式编码

选择式编码是对主轴式编码得到的概念进行整合从而构建理论的过程。本篇通过对原始资料、概念和范畴进行反复整理分析、对比思考,最终确定了"海洋牧场产业生态系统的价值共创、动态能力和生态优势的作用机理模型"的这一核心范畴。以价值共创、动态能力与生态优势为逻辑框架,将9个主范畴串联起来,形成海洋牧场产业生态系统构建过程的动态故事线。按照故事线,现代化海洋牧场产业生态系统的构建过程可分为三大阶段:"海洋牧场产业筛选阶段""海洋牧场产业融合阶段""海洋牧场产业生态系统建设阶段"。

在海洋牧场产业筛选阶段,海洋牧场企业通过资源识别促进产业筛选过程中的机会识别,实现生态共生。在海洋牧场产业融合阶段,通过资源整合与重构,促进产业协同,实现生态共生。在海洋牧场产业生态系统建设阶段,通过资源更新与再造,实现产业重构,进而实现生态再生。通过这条故事线,案例资料中开发出来的核心概念和范畴被有机地整合起来,构成了海洋牧场生态系统价值共创机理的概念模型(如图 17-1 所示)。

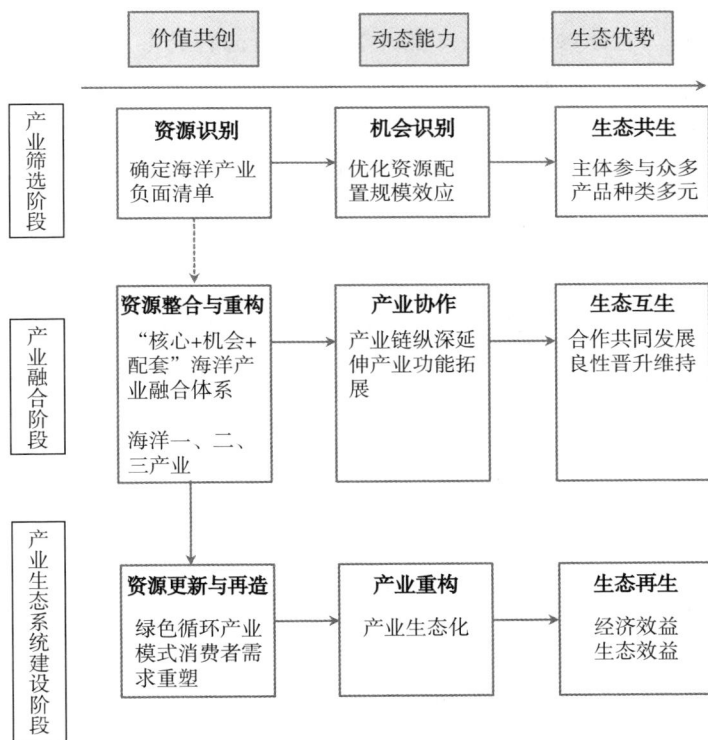

图 17-1　海洋牧场生态系统价值共创机理的概念模型

(一)海洋牧场产业筛选阶段

在海洋牧场产业筛选阶段,海洋牧场的主要利益相关者是核心产业消费者,其价值主张主要是食品安全和产品质美价廉。海洋牧场企业通过资源识别促进产业筛选过程中的机会识别,实现生态共生的生态优势。

价值共创。海洋牧场产业筛选阶段的价值共创是指海洋牧场企业进行资源识别,即通过探析特定资源依赖,分析市场空间限制,识别行业壁垒以确定海洋产业负面清单;通过分析上位规划,识别海洋牧场产业链中各环节内容,发现基地特色,明确业主资源,寻找区域市场机会,探索市场前景以识别优势海洋产业。

动态能力。资源识别提升了海洋牧场企业的机会识别能力,能够充分发挥自身资源优势,高效利用内外部资源实现资源配置优化;进而明确自身发展定位,避开周边发达地区产业发展优势,避免产业结构趋于重构。

生态优势。机会识别促使海洋牧场企业与其衍生企业之间生态共生状态的形成,表现为主体参与众多,产品种类多元,资源种类丰富。

(二)海洋牧场产业融合阶段

在海洋牧场产业融合阶段,海洋牧场企业的主要利益相关者是关联产品消费者及海洋牧场相关衍生企业,其价值主张是消费需求多元化。海洋牧场企业通过资源整合与重构,实现海洋产业协同,进而实现生态互生的生态优势。

价值共创。在海洋牧场产业融合阶段的价值共创是指资源整合与重构,即海洋牧场企业通过确定核心产业,寻找机会产业,选择配套产业,构建"核心+机会+配套"的海洋产业融合体系,进而实现海洋一、二、三产业融合机制,具体表现为工业生产原料供应,工业技术革新一产,休闲旅游内容供给,生活性服务业拓展,工业旅游内容提供、生产性服务业延伸,休闲、科教、康养等因素融入。

动态能力。资源配置与重构提升了海洋牧场企业与其衍生企业之间的产业协同能力,具体体现为产业链纵深延伸,产业功能拓展以及产业技术渗透。

生态优势。资源配置与重构和产业协同促使生态互生状态的形成,体现为合作共同发展,良性竞争维持和利益相互放大。

(三)海洋牧场产业生态系统建设阶段

在海洋牧场产业生态系统建设阶段,更多的利益相关者参与到海洋牧场产业生态系统的建设中,主要包括核心产品消费者、关联产品消费者、周边渔民和海洋牧场相关衍生企业、相关政府部门、金融机构及科研机构。价值主张呈现多元化特点,即包括消费需求多元,对于环保需求和产业升级的要求,同时也要求企业以创新产品引领消费者新需求。海洋牧场企业在海洋产业筛选与海洋产业融合阶段的基础上,通过资源更新与再造,实现产业重构,进而实现生态再生。

价值共创。在海洋产业筛选和融合的基础上，海洋牧场专注于资源的更新与再造，依靠海洋牧场信息化建设，科技研发等手段实现绿色循环产业模式；产业生态系统的规模不断扩大，企业管理机构不断完善，海洋牧场企业寻找衍生企业合作关联点和利益共同点，重塑企业间合作关系，以创新性产品引领消费者新需求，通过与政府、金融机构合作，将更多利益相关者纳入海洋牧场产业生态系统的价值共创中来。

动态能力。绿色循环产业模式提升了海洋牧场产业生态系统的产业生态化和生态产业化水平，即将生产流程纳入生态系统，对生产流程的各环节进行生态化改造，通过资源的循环利用，在增加经济产出的同时实现生态效益；同时充分利用自然资源，打造一、二、三产垂直产业链，实现生态资源的保值增值。主体合作关系的重塑也促进了海洋牧场产业生态系统价值流循环迭代升级。即能够充分理解和满足更多利益相关者的诉求，吸收和利用其知识、经验及资源，使价值主张的内涵由单一变为多元，使价值创造的规模由小到大，使价值共享的利益相关者由少变多，价值流循环在原有基础上不断迭代升级。

生态优势。产业重构促进了海洋牧场产业生态系统生态再生状态的形成，体现为经济效益、生态效益以及社会效益的共同实现。具体体现为延长产业链，增加产品附加值，促进海洋产业结构转型升级；减少海洋污染，降低能耗，保护海洋环境；满足消费者绿色产品需求，促进渔民就业，增加渔民收入。

第三节　模型阐释与研究发现

现代化海洋牧场产业生态系统遵循"价值共创—动态能力—生态优势"的解释逻辑，即海洋牧场产业生态系统形成是通过价值共创形成动态能力，进而影响生态优势的构建。同时，现代化海洋牧场产业生态系统的构建和演变过程是产业筛选、产业融合和产业生态系统三个阶段构建循环渐进、更新迭代、螺旋上升的过程。海洋产业筛选是海洋产业融合的前提，海洋产业融合是海洋产业生态系统构建的基础，海洋产业生态效益的构建又反过来促进海洋产业筛选不断改进，三者构成一个有机整体。

政府政策、市场需求、技术革新和企业内部资源等因素的变化为海洋产业生态系统生态优势的构建提供新契机,使得现代化海洋牧场企业不仅需要进行一次产业筛选、产业融合和产业生态系统构建的实践,也需要适应内外部动态环境变化,不断完善展开价值共创,形成动态能力,提升生态优势,实现现代化海洋牧场产业生态系统"价值共创、动态能力和生态优势"的循环迭代(如图 17-2 所示)。

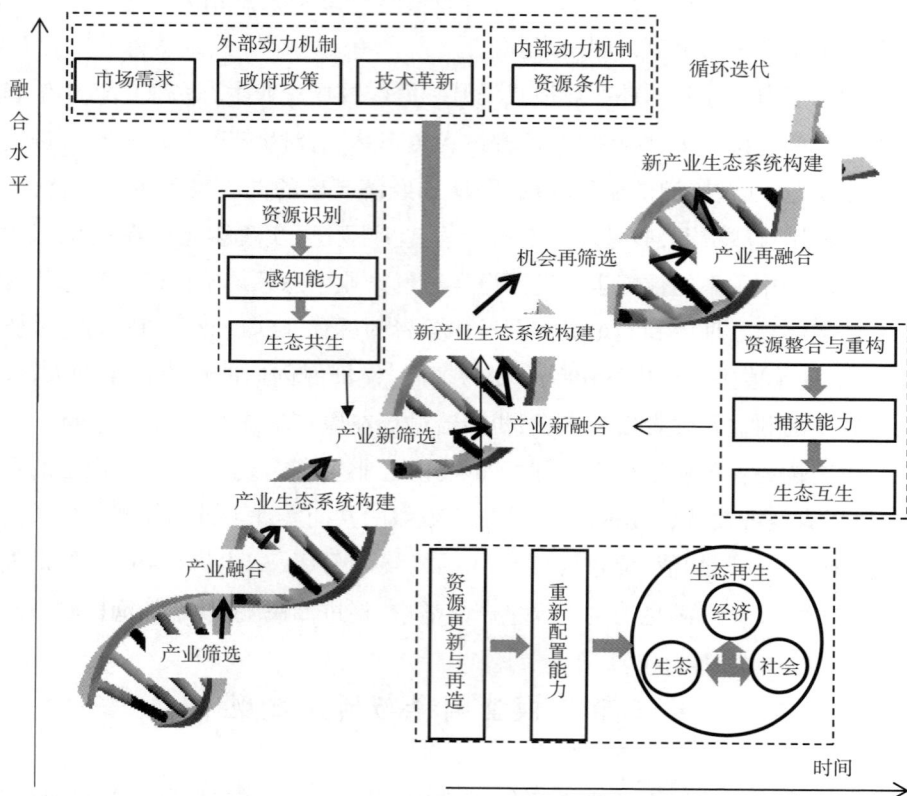

图 17-2 海洋牧场生态系统的循环迭代

政府政策扶持、市场需求变化、技术创新以及企业内外资源条件优化是现代化海洋牧场产业生态系统循环迭代过程的内部与外部动因。政策扶持作为企业发展重要动力,为企业跨界融合提供新契机,同时政府放松管制降低市场准入壁垒,激励企业拓展产业边界和商业模式,进一步带来新商业模式和新产品。技术创新是渗透在生产要素中的生产力,特别是信息技术及互联网行业发展,使得不同产业间具备共同的技术基础,使得产业边界区域模糊,不断拓展现代化海洋牧场产业生态系统的产品概念。现代化海洋牧场在市场信息和国家政策的引导下持续调整,从着眼于相对有限的利益相关者(核心产品消费者)演变为关注越来越多的利益相关者(关联产品消费者、海洋牧场相关衍生企业、周边农户、各级政府、金融机构、贫困农户等),从仅仅聚焦于经济效益扩展为进一步倡导生态效益和社会效益。现代化海洋牧场企业在内部资源条件和外部环境的驱动下开始新一轮"产业筛选""产业融合"和"产业生态系统构建"实践,并形成循环迭代的闭环,最终实现海洋产业生态系统的螺旋式动态演进机制,上一次迭代得到的结果是下一次迭代的初始值,每一次循环都能达到比上一次海洋牧场产业生态系统更高的水平。

　　传统竞争优势理论认为企业竞争优势来源于内部价值链活动优化及优势资源的积累,生态优势则是通过优化生态圈关系,有效利用外部资源获得。生态优势中的"生态"是指,即具有异质性资源的企业及个人在相互依赖和互惠的基础上形成共生、互生和再生的价值循环系统。生态优势不仅强调自身价值链,更关注外部关系,强调合理利用和管理外部资源。生态优势更加强调嵌入性和互惠性,嵌入性是指生态系统中各成员彼此依赖、相互扶持;互惠性是指个体与集体、当前与未来利益之间的平衡和放大。

　　基于前文扎根理论研究方法所构建的"海洋牧场生态系统的价值共创、动态能力和生态优势"的作用机理模型。由该模型可知,首先,现代化海洋牧场产业生态系统的生态优势由经济效益、生态效益和社会效益三部分构成,并且该生态优势不仅强调经济效益,同时强调生态效益和社会效益。其次,三者相互作用、相互影响,构成彼此耦合的交互体,三者形成合力,才能进一步提升海洋产业生态系统的生态优势。具体表现为"经济发展使得现代化海洋牧场生态环境受损,但同时又为生态环境保护提供经济支持;生态环境保护为经济发展提供自然和物质条件;经济发展提供生产原料、食物供给,并创造国民收入,形成社会效益;社会效益提升有利于人才培养,知识为生产提供动力,但是过度索取则形成约束;生态环境保护为人类生活提供自然和物质条件,生活功能发展会造成资源枯竭、生态破坏,但也会对环境保护提出新要求,促进生态环境保护"。

　　基于经济效益、生态效益和社会效益的协调特征,本篇将其视为一个具有耦合协调特征系统,即海洋牧场产业生态优势系统(如图17-3所示)。

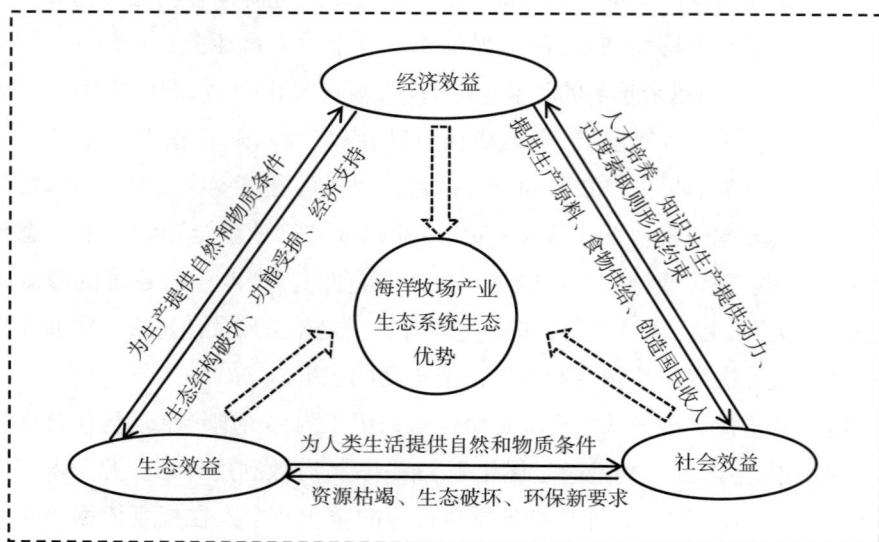

图 17-3　海洋牧场产业生态系统生态优势

第十八章　海洋牧场产业生态系统生态优势评价

多案例研究和扎根理论研究方法揭示了现代化海洋牧场产业生态系统价值共创对生态优势的影响机理，提炼出"价值共创—动态能力—生态优势"的理论模型。本章根据现代化海洋牧场产业生态系统价值共创对生态优势作用机理模型，识别现代化海洋牧场产业生态系统生态优势的影响因素，然后遵循SMART原则（明确性、衡量性、可实现性、相关性、时限性）对指标进行筛选和识别，最终确定现代化海洋牧场产业生态系统生态优势评价指标体系，并根据熵权TOPSIS和耦合协调度模型对现代化海洋牧场产业生态系统生态优势进行评价。

第一节　研究方法

一、熵权TOPSIS分析法

熵权法是一种客观赋值方法，其原理是根据各评价指标数值的变异程度所反映的信息量大小来确定权数。一般而言，综合评价中某项指标的指标值变异程度越大，信息熵越小，该指标提供的信息量越大，该指标的权重也越大；反之，该指标的权重也应越小。因此，可以根据各项指标值的变异程度，利用熵计算出各指标的权重——熵权。TOPSIS法是一种多目标决策方法。TOPSIS原理是通过测度优先方案中的最优方案和最劣方案，分别计算出各评价对象与最优方案和最劣方案的距离，获得各评价对象与最优方案的相对接近程度，以此来对评价对象进行评价排序，具有计算简便、对样本量要求不大以及结果合理的优势。

基于此，熵权TOPSIS法是根据各指标数值的变异程度进行客观赋值，通过测度各评价对象与最优方案的相对接近程度对评价对象进行评价排序的综合评价方法。因此,本篇采用熵权 TOPSIS 法,对海洋牧场产业生态系统生态优势的三大效益进行比较与评价,分别计算经济效益指数、生态效益指数和社会效益指数,以客观反映经济效益子系统、生态效益子系统和社会效益子系统的评价值。

二、耦合协调度模型

海洋牧场产业生态系统生态优势中经济效益、生态效益和社会效益的互动机制分析表明,经济效益、生态效益和社会效益是提升海洋牧场产业生态系统整体生态优势的三个相互作用的部分。为进一步了解三个部分的内在协调性及其发展趋势,将其视为三个相互独立又相互作用的子系统,通过对三者耦合度的测算,可以得到三个子系统之间的互动影响程度。在现有耦合协调度模型的基础上,本篇构建了一个包含经济效益子系统、生态效益子系统和社会效益子系统的耦合度模型。

$$K_i = 2 \times \{(F_i \times E_i \times I_i) / [(F_i + E_i) \times (F_i + I_i) \times (E_i + I_i)]\}^{1/3}$$

$$(18-1)$$

耦合度反映经济效益子系统、生态效益子系统和社会效益子系统之间的互动程度,数值越大,三个子系统之间的互动程度就越强。但是,耦合度只能描述子系统间的互动强度,即使各子系统的整体发展水平较低,耦合度也不会因此而变低。协调度是衡量各子系统是否保持良性互动和健康发展的一个标准。在已有的关于耦合协调模型的基础上,本篇构建了海洋牧场产业生态系统生态优势的耦合协调度模型:

$$Z_i = (K_i \times T_i)^{1/2} \text{,其中 } T_i = aF_i + bE_i + cI_i \qquad (18-2)$$

其中,Z 为耦合协调度;K 为耦合度;T 为综合发展水平;a,b,c 为待定系数,分别表示经济效益子系统、生态效益子系统和社会效益子系统对生态优势的贡献。在本研究中,假定经济效益子系统、生态效益子系统和社会效益子系统对生态优势的贡献程度相同。借鉴相关研究中对各子系统同等重要的权重分配方法,采用 $a=b=c=1/3$ 的系数值。本篇为了更直观地反映耦合协调的发展状况,对耦合度和协调度进行分级,分级标准见表 18-1 和表 18-2。

表 18-1　耦合度水平划分

取值范围	类型	阶段	特征描述
C=0	非耦合	耦合度＝0	子系统之间没有相互作用
0<C≤0.3	非耦合	低水平耦合	子系统之间存在相互作用,但相互作用的强度很低
0.3<C≤0.5	非耦合	拮抗阶段	子系统之间存在相互作用,而且相互作用的强度相对较高
0.5<C≤0.8	耦合	磨合阶段	子系统之间互动作用强,复合系统实现良性耦合
0.8<C≤1	耦合	高水平耦合	各个子系统相互促进,最终走向有序的发展

表 18-2　协调度等级划分及协调发展类型

指数名称	数值范围	状态	指数名称	数值范围	状态
协调度 Z	0.9<D≤1	优质协调	协调发展类型 H	$O_i>E_i,S_i>E_i$	经济效益滞后型(E)
	0.8<D≤0.9	良好协调			
	0.7<D≤0.8	中级协调			
	0.6<D≤0.7	初级协调			
	0.5<D≤0.6	勉强协调		$E_i>S_i,O_i>S_i$	生态效益滞后型(S)
	0.4<D≤0.5	濒临失调			
	0.3<D≤0.4	轻度失调			
	0.2<D≤0.3	中度失调		$E_i>O_i,S_i>O_i$	社会效益滞后型(O)
	0.1<D≤0.2	严重失调			
	0≤D≤0.1	极度失调			

第二节　现代化海洋牧场产业生态系统生态优势

一、指标评价体系建立

基于前文构建的海洋牧场产业生态优势系统模型,首先从经济效益、社会效益和生态效益三个维度识别现代化海洋牧场产业生态系统生态优势的影响因素,然后基于 SMART 原则对指标进行筛选识别及成本、效益类型划分,最

终确定如表18-3所示的现代化海洋牧场产业生态系统生态优势评价指标体系。该指标体系共划分为四个层次:第一层次为目标层,即现代化海洋牧场产业生态系统生态优势;第二层为准则层,包括经济效益、社会效益和生态效益;第三层为要素层,包括用于构成各个准则的要素,表示为 $E_\mu, S_\sigma, O_\omega$,其中 $\mu = 1,2; \sigma = 1,2; \omega = 1,2$;第四层为指标层,包括用于测量各要素的具体指标,表示为 $E = \{e_j | j = 1,\dots,J\}$。其中,表18-3中指标含义及赋值说明主要参照《海洋牧场建设管理制度和技术规范汇编》《国家级海洋牧场示范区年度评价复查办法(试行)》等行业文件。

表 18-3 现代化海洋牧场产业生态系统生态优势指标体系

准则层	要素层	指标层	指标含义及赋值说明	类型
经济效益(E)	生产运营 E_1	生产(养殖)模式 e_1	生产养殖模式:单一品种养殖=1,立体生态养殖=2,多营养层次综合养殖=3	正向
		底播及增殖放流活动数量 e_2	本年度增殖放流数量(万尾)	正向
		人工鱼礁建设与维护 e_3	人工鱼礁单位面积投入资金(万元/hm²)=投入资金/人工鱼礁面积	正向
		海藻/海草栽培 e_4	本年度海藻场和海草床栽培面积(hm²)	正向
		海域使用面积 e_5	已使用海域面积(hm²)	正向
	产出水平 E_2	利润率 e_6	净利润/主营业务收入(%)	正向
		水产品效益 e_7	水产品亩产收益 R(万元),低=0($R \leq 1.84$),较低=1($1.84 < R \leq 3.3$),中等=2($3.38 < R \leq 4.92$),较高=3($4.92 < R \leq 6.64$),高=4($R > 6.64$)	正向
		总产出规模 e_8	水产品产出规模(吨/年)	正向
		水产品种类 e_9	水产品种类数量	正向

续表

准则层	要素层	指标层	指标含义及赋值说明	类型
社会 效益 （S）	旅游休闲 功能 S_1	建设海洋或渔业博物馆建设情况 e_{10}	海洋或渔业博物馆（展示厅）面积（/m^2）	正向
		室外实物展示场地建设情况 e_{13}	企业是否建有室外实物展示场地（如展示产品、鱼礁构件等）：否=0，是=1	正向
		牧场宣传情况 e_{14}	是否制作牧场专题宣传片：否=0，是=1	正向
	社会服务 与保障功 能 S_2	渔民就业安置 e_{15}	吸收或安置周边渔民就业总人数	正向
		经营模式学习推广情况 e_{16}	新型经营模式推广范围：未形成=0，全市=1，全省=2，全国=3	正向
		科技支撑情况 e_{17}	独立承担科研课题：否=0，是=1	正向
		科普教育情况 e_{18}	年度举办接待科普教育宣传活动次数	正向
		示范推广 e_{19}	年度接待学习人数	正向
生态 效益	生态环境 建设 O_1	企业生态环境重视程度 e_{20}	环保经费占主营业务收入比重（%）	正向
		海洋牧场生态安全管理情况 e_{21}	企业负责或参与海洋牧场生态安全管理工作人员数量/企业从业人员数量比重	正向
		年度监测 e_{22}	监测技术报告提交情况：否=0，是=1	正向
		生态监测重视程度 e_{23}	是否建有可视化、智能化、信息化监测系统：否=0，是=1	正向
	生态环境 水平 O_2	水质状况 e_{24}	年度水质达标情况：一级标准=1，二级标准=2，三级标准=3，四级标准=4	负向
		沉淀物状况 e_{25}	沉淀物达：一类标准=1，二类标准=2，三类标准=3	负向
		生物多样性状况 e_{26}	生物多样性指数达标：低水平=1，中低水平=2，中高水平=3，高水平=4	正向
		目标生物资源情况 e_{27}	增殖养护对象生物量达标：一级标准=1，二级标准=2，三级标准=3，四级标准=4，五级标准=5，六级标准=6	正向
		水污染 e_{28}	是否存在富营养化：否=0，是=1	负向

二、海洋牧场产业生态优势系统指数分析

基于熵权 TOPSIS 法得到经济效益子系统、社会效益子系统和生态效益子系统的贴近度，将其作为各子系统的发展指数，结合各子系统平均发展指数

对海洋牧场产业生态系统生态优势的协调发展类型进行分析。海洋牧场产业生态优势系统中,经济效益发展指数远高于社会效益发展指数和生态效益发展指数,其中11个海洋牧场的环境效益发展指数小于社会效益发展指数,属于环境效益滞后性,24个海洋牧场的社会效益发展指数小于环境效益发展指数,属于社会效益滞后性。这说明在海洋牧场建设过程中,与经济效益发展状况相比,社会效益发展和生态环境建设未受足够重视,经济效益子系统、社会效益子系统和生态效益子系统之间发展呈现不协调状态。同时各海洋牧场产业生态系统各子系统间,发展存在显著的差异。因此,本篇构建系统耦合协调度模型,进一步分析各海洋牧场产业生态系统中三个子系统的耦合协调关系。

三、海洋牧场产业生态优势系统耦合度分析

基于熵权 TOPSIS 法得到35家海洋牧场企业产业生态系统生态优势的经济子系统发展指数、社会子系统发展指数和生态子系统发展指数,将经济子系统发展指数、社会子系统发展指数和生态子系统发展指数带入式(18-1)中,即可得到相应子系统的耦合度。

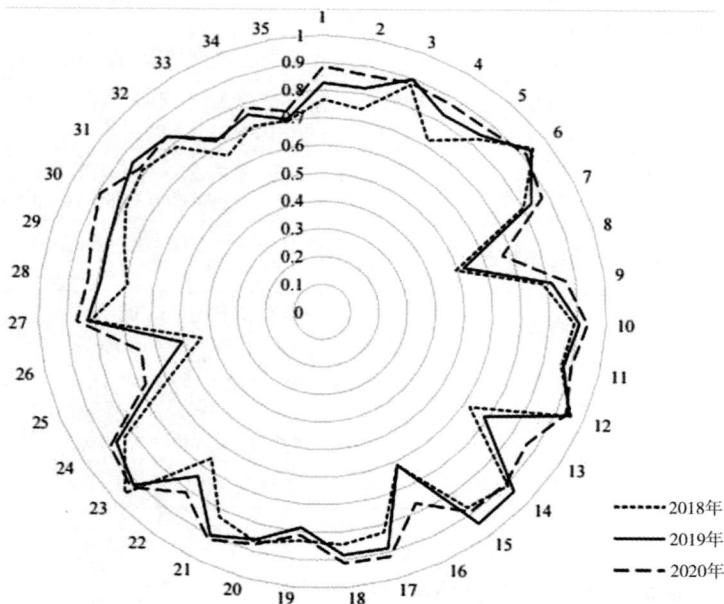

图18-1　海洋牧场产业生态优势系统耦合度的雷达图

从图 18-1 可以看出,35 家海洋牧场中,只有 2 家海洋牧场企业产业生态优势系统耦合度在 2018 年和 2019 年小于 0.5,呈现拮抗状态,其余海洋牧场企业产业生态优势系统的耦合度都大于 0.5,呈现磨合和高磨合状态。并且从 2018 年至 2020 年,海洋牧场产业生态系统生态优势的耦合水平持续提高,2020 年呈现高水平耦合状态的海洋牧场有 29 个,占比为 83%。这表明经济效益子系统、社会效益子系统和生态效益子系统之间的互动性很高。这一结果证明了本篇中海洋牧场产业生态优势中经济效益子系统、社会效益子系统和生态效益子系统之间存在正向互动,三者构成了相互影响的复合系统。

四、海洋牧场产业生态优势系统协调度分析

海洋牧场产业生态优势系统的耦合度可以反映各子系统之间的互动程度较强,但是无法反映各子系统整体的发展水平,即各子系统可能存在低水平耦合状态,而协调度可以衡量各子系统是否保持良性互动和健康发展。因此,本篇在对海洋牧场产业生态优势系统进行耦合度分析的基础上,分析其协调度。

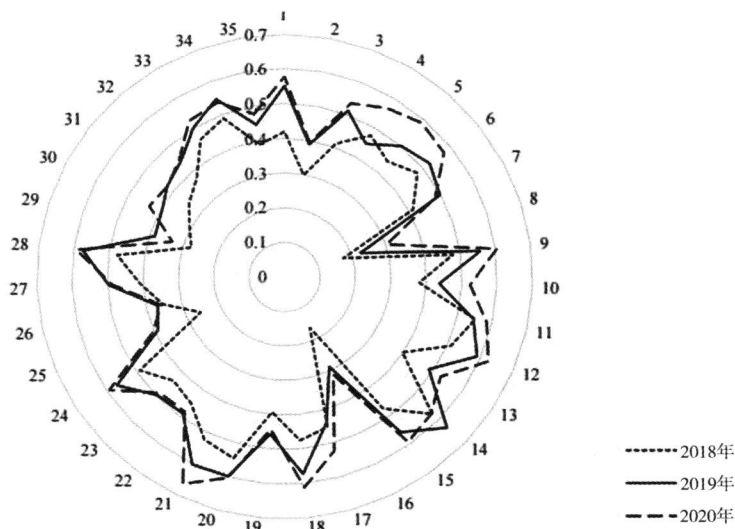

图 18-2　现代化海洋牧场企业的经济效益、社会效益和生态效益的耦合协调度

从图 18-2 可以看出,海洋牧场产业生态优势系统协调度在时空上存在明显差异。从空间上看,各海洋牧场产业生态优势系统间的协调度差异明显。总体来看,2018 年 14% 的海洋牧场呈现勉强协调水平,49% 的海洋牧场呈现

濒临协调水平,23%的海洋牧场呈现轻度协调水平,9%的海洋牧场呈现中度失调,6%的海洋牧场呈现严重失调。2020 年,14%的海洋牧场呈现初级协调水平,43%呈现勉强协调水平,29%的海洋牧场呈现濒临协调水平,14%的海洋牧场呈现轻度失调水平。从时间变化趋势看,从 2018 年至 2020 年,海洋牧场产业生态优势系统的协调水平普遍提升,最低协调水平由严重失调提升为中度失调,最高协调水平由勉强协调提升为初级协调。但从整体看,海洋牧场的整体协调水平较低,并且各海洋牧场协调水平差距明显。

根据经济效益、社会效益和生态效益的耦合协调度所反应的生态优势情况来看,2018 年,14%的现代化海洋牧场企业的生态优势较强,49%的企业生态优势一般,23%的企业生态优势较弱,9%的企业具备弱生态优势,6%的企业生态优势很弱。2020 年,14%的现代化海洋牧场企业具备强生态优势,43%的企业生态优势较强,29%的企业生态优势一般,14%的企业生态优势较弱。从时间变化趋势来看,从 2018 年至 2020 年,现代化海洋牧场企业的生态优势明显提升,生态优势最低等级由很弱提升为弱,生态优势最高等级由较强提升为强。

对于现代化海洋牧场企业生态优势差异明显的原因,结合现代化海洋牧场企业的经济效益、社会效益和生态效益的耦合协调度和耦合度分析可知:首先,35 家现代化海洋牧场企业的经济效益、社会效益和生态效益普遍呈现高水平耦合状态,但其耦合协调度普遍呈现濒临失调和勉强协调状态,说明现代化海洋牧场企业的经济效益、社会效益和生态效益存在低水平制衡状态,即经济效益、社会效益和生态效益三者之间相互影响、相互作用程度较高,但三者同处于较低发展水平。因此,经济效益、社会效益和生态效益在较低发展水平上存在相互制衡,是现代化海洋牧场企业生态优势普遍较弱的主要原因。其次,35 家现代化海洋牧场企业中,个别企业的经济效益、社会效益和生态效益的耦合度和耦合协调度均处于较低水平,其中耦合度较低说明三个子系统之间发展不平衡现象严重。例如,尽管经济效益子系统发展处于领先水平,但社会效益子系统和生态效益子系统的发展水平却远滞后于经济效益子系统的发展水平,三个子系统之间发展不平衡,导致其耦合协调度较低。因此,经济效益、社会效益和生态效益发展不平衡是导致现代化海洋牧场企业生态优势普遍较弱的另一重要原因。

第十九章　海洋牧场产业生态系统建设的策略建议

　　根据扎根理论构建的"现代化海洋牧场产业生态系统价值共创、动态能力和生态优势作用机理模型"和现代化海洋牧场产业生态系统生态优势水平评价结果,识别现代化海洋牧场产业生态系统的构建机制和生态优势建设现状。为进一步推进现代化海洋牧场产业生态系统的建设,本研究从扎根理论和生态水平评价结果出发,从以下几个方面提出进一步完善的建议。

　　基于根据扎根理论构建的"现代化海洋牧场产业生态系统价值共创机理模型"和现代化海洋牧场产业生态系统生态优势评价模型,本章系统客观地阐述了现代化海洋牧场企业产业生态系统构建的对策与建议:首先从四个方面发挥企业主体作用,把握产业生态系统构建的新趋势,认识产业生态系统循序迭代的过程性,促进生态优势中经济效益、生态效益和社会效益平衡发展,因地制宜,突出产业生态系统生态优势;其次提出从营造政策保障环境、完善体制生态环境,营造高效融资环境、完善金融生态建设,营造科技创新环境、完善创新生态建设,营造产业协同环境、完善产业生态建设。

第一节　发挥企业主体作用,布局产业生态系统建设

一、把握产业生态系统构建的新趋势

　　快速变化的市场环境对企业竞争优势的战略选择分析带来新挑战,产业生态系统作为拥有异质性企业在相互依存和互惠互利的基础上形成的价值循环系统,能够整合和管理外部企业优势,即其他企业的资源和能力,协调优化生态系统中伙伴关系。现代化海洋牧场通过对生物资源、渔业生产、生态环境和娱乐休闲活动的系统管理,对资源进行整体规划,加强海洋产业之间的物资

和技术联系,为海洋产业融合发展提供有效载体。并且现代化海洋牧场企业的竞争优势已不再是单个海洋牧场企业自身的能力和资源优势,而是整合海洋产业链各环节,使得海洋产业生态系统协同发展。与传统竞争理论的零和博弈不同,现代化海洋牧场产业生态系统通过产业链中各个主体的互动创造经济价值和非经济价值,价值链上各利益相关者能够主动合作,强调合作共赢和共享创造。

因此,现代化海洋牧场企业应转变传统零和博弈的竞争观念,更加关注价值链上各利益相关者,从不同互动点、渠道、情景入手,了解消费者多元化需求,通过互动创造经济价值和非经济价值,构建共生、互生和再生的价值循环系统。

二、认识产业生态系统循环迭代的过程性

海洋牧场产业生态系统的构建和演变过程是海洋产业筛选、海洋产业融合和海洋产业生态系统三个阶段构建而成的循环渐进、更新迭代、螺旋上升的过程。海洋产业筛选是海洋产业融合的前提,海洋产业融合是海洋产业生态系统构建的基础,企业外部动力机制和内部动力机制的变化又反过来影响海洋牧场企业产业筛选、产业融合和产业生态系统的构建过程,三者构成一个有机整体。

因此,现代化海洋牧场企业要认识到构建产业生态系统是一个循序渐进的过程,不能急于求成,必须保持足够的耐心。现代化海洋牧场企业在产业筛选阶段,应在资源识别的基础上,形成感知能力,实现主体参与众多、产品种类多元和资源种类丰富生态共生生态优势;在产业融合阶段,在资源整合与重构的基础上,形成捕获能力,进一步提升合作共同发展、良性晋升维持和利益相互放大的生态互生生态优势;在产业生态系统建设阶段,应通过资源更新与再造,形成重新配置能力,实现经济效益、生态效益和社会效益的生态再生生态优势。

现代化海洋牧场企业应认识到产业筛选、产业融合和产业生态系统构建不是一劳永逸的,需要根据企业内外资源、技术创新、市场需求、政府政策的变化,重新进行产业筛选,不断开发融合型新产品和服务,拓展产品新概念,优化现有海洋产业融合体系,创新产业生态系统,实现产业生态系统的循环迭代,促进产业生态系统的优化升级。

现代化海洋牧场企业应紧密围绕各利益相关者的需求以及变化趋势,提出切实的价值主张,积极推进价值创造,实现与利益相关者的价值共享。并且准确识别各利益相关者,密切关注其需求,并以此为核心提出契合国家大政方针和社会发展趋势的价值主张,围绕该价值主张进行充分的价值创造,并将所创造的价值与各利益相关者共享。同时现代化海洋牧场企业应紧紧把握政策和市场的最新变化,根据现有利益相关者的反馈与潜在利益相关者的价值诉求调整和升级价值主张,在新一阶段的价值创造、价值共享中囊括更多利益相关者,壮大现代化海洋牧场产业生态系统的规模,推动各利益相关者的合作持续深入。

三、促进生态优势中经济效益、生态效益和社会效益平衡发展

海洋牧场产业生态系统生态优势由经济效益、生态效益和社会效益三部分构成,三者相互作用、相互影响,构成彼此耦合的交互体。因此,构建海洋牧场产业生态系统不能单方面强调经济效益,而忽视生态效益和社会效益。在开展生产经营过程中应注重保护生态环境,解决社会问题,在保证海洋牧场产业生态系统生产运营和产出水平的同时,要重点关注其旅游休闲功能和社会服务与保障功能。承担生态和社会责任有利于提升企业自身美誉度,为整个生态系统的可持续发展奠定良好的社会基础。

现代化海洋牧场企业承担社会责任,并非一定要以牺牲经济效益为代价,依托现代化海洋牧场企业产业生态系统的高效运转可以确保经济效益与生态效益、社会效益的均衡发展。现代化海洋牧场企业在构建和运营产业生态系统的过程中,可以凭借规模优势和协同优势开拓市场、提高生产经营效率,最终实现经济效益的提升;而追求生态效益与社会效益可以帮助现代化海洋牧场企业"内安人心,外树形象",为其后续的生产经营活动"保驾护航"。现代化海洋牧场产业生态系统中各利益相关者在充分发挥自身优势以及为整个生态系统贡献价值的同时,也将从整个产业生态系统中获取价值,在和谐、共生的基础上推动现代化海洋牧场产业生态系统的不断演进、升级。

四、因地制宜,突出产业生态系统生态优势

根据现代化海洋牧场产业生态系统生态优势的协调发展类型分析可知,各海洋牧场产业生态系统生态优势协调类型大部分属于社会效益滞后性和生态滞后性,说明与经济效益相比,生态效益和社会效益发展相对滞后。总体呈

现出重视经济效益发展,忽视生态效益和社会效益的现状。出现上述问题的原因,一方面是由于现代化海洋牧场企业自身强调经济效益而忽视生态效益和社会效益;另一方面在于企业自身的经济基础、区位优势及政策条件等因素的差异性。因此,现代化海洋牧场产业生态系统的构建需要差异化的发展模式。走出过去的路径依赖,因地制宜,突出优势,补齐短板。各企业根据自身的海洋产业生态系统发展条件,强化既有的协同优势,找准制约产业生态系统生态优势提升的薄弱环节,打造各具特色的产业生态系统发展模式。

第二节 营造有利宏观环境,完善产业生态系统建设

在现代化海洋牧场产业生态系统的构建过程中,作为现代化海洋牧场企业协同的伙伴——政府、金融机构、产业链伙伴等组织,要坚持产业生态系统发展资源进一步向现代化海洋牧场企业集聚,建立相互信任合作、便于沟通协同机制,激发现代化海洋牧场企业产业生态系统发展活力,实现产业生态系统的动态、开放和持续,营造有利的宏观环境,完善产业生态建设,合力推进现代化海洋牧场产业生态发展。

一、营造政策保障环境,完善产业生态环境

对于中央政府而言,一方面要积极鼓励现代化海洋牧场企业致力于产业生态系统的打造,为其提供良好的制度环境和政策土壤,在税收、财政及金融等方面给予必要的支持,引导现代化海洋牧场企业产业生态系统构建过程中履行社会责任。另一方面,要及时总结、提炼现代化海洋牧场产业生态系统构建中的宝贵经验,梳理一些行之有效的典型模式,在全国各地予以宣传、推广。最后积极完善相关规章制度(如《国家级海洋牧场示范区年度评价及复查办法(试行)》),对现代化海洋牧场的建设进行积极引导和调控。强化建设前期的科学调查与评估,制定科学合理的现代化海洋牧场建设规划。明确建设目标、建设区域、建设内容及管理运营等措施,为科学建设、有效管理和运营提供规划保障。

对于地方政府而言,一方面,要切实结合当地的海洋资源、生态环境等特点,与现代化海洋牧场企业开展密切合作,在行政许可、基础设施建设、资金补贴等方面提供强有力的帮助,使得兼顾经济效益、生态效益和社会效益的现代

化海洋牧场产业生态系统项目落户本地,结合地域特色针对性地落实现代化海洋牧场建设战略(如《山东省现代化海洋牧场建设综合试点方案》)。另一方面,要充分了解产业生态系统中各利益相关者的具体诉求,为各方搭建沟通信息、强化交流、理顺关系、实现利益共享的平台,为现代化海洋牧场产业生态系统建成之后的高效运转创造良好的条件。

二、营造高效融资环境,完善金融生态建设

融资难是制约现代化海洋牧场建设的瓶颈。由于各地区经济发展存在差异,部分地区没有地方财政支持,海洋牧场建设难以形成规模,海洋牧场产业生态系统的建设缺乏资金保障。并且海洋牧场建设和维护资金不足,资金来源渠道单一,且资金投入缺乏连续性等问题是影响现代化海洋牧场建设的问题。良好的融资环境应以财政引导、金融机构支持和社会资本融合为主要特征。社会各界应携手合作建立完善的融资机制,拓宽已有的融资渠道,努力实现多样化的投资方式、多元化的投资主体和多渠道的资金来源。具体而言,政府应发挥引导作用,通过拨款等多种手段,支持现代化海洋牧场产业生态系统项目落地。金融机构应发挥服务作用,通过银行、证券、信托等渠道,设立风险基金、股权投资、发行企业债券等方式,尽可能助力企业形成多元化投资体系。此外,鼓励国有企业、民营企业及外商企业等社会各界参与投资,帮助具备高水平产业生态系统的现代化海洋牧场企业持续地吸引资本投入。因此,完善金融生态建设要确保强化对现代化海洋牧场企业财政金融政策的落实力度,完善税收优惠政策等支持力度,鼓励金融机构调整贷款政策以支持现代化海洋牧场产业生态系统的构建。

三、营造科技创新环境,完善创新生态建设

聚焦海洋牧场建设技术原理,从机制层面实现原理突破和认知模式现代化海洋牧场可持续发展的关键所在。目前,现代化海洋牧场面临着海洋牧场生产力演变,海洋生物过程及生态合作机制,休闲渔业的融合发展机制等重大科学问题。同时,现代化海洋牧场建设在环境监测技术、生物资源智能管理技术等方面存在重大技术瓶颈。经过多年的技术研发,现代化海洋牧场建设的技术体系已经初步成型。但尚有一些关键技术尚未突破,某些技术尚处于瓶颈期。因此,针对目前现代化海洋牧场自主创新能力差的问题,应建立国家级海洋牧场科技研发平台,建设高素质海洋牧场研发团队,促进海洋牧场国际技

术交流与合作,提升海洋牧场自主创新能力。通过资源整合开展技术攻关,突破一批亟须解决的关键核心技术,为现代化海洋牧场提供技术支撑。

四、营造产业协同环境,完善产业生态建设

现代化海洋牧场是集渔业生物生产、人工鱼礁及装备制造、休闲渔业等海洋一、二、三产业于一体的融合发展的有效载体。但是由于海洋渔业生产的特性,当前现代化海洋牧场建设中,仍集中在一、二产业,第三产业及后续产业链开发不足,例如海洋文化科普教育体系建设、海洋优质产品高校开发利用、现代仓储物流等建设未受足够重视,并且海洋一、二、三产业之间缺乏有效的协调合作运行机制,无法达到海洋一、二、三产业协调合作运行机制。

因此,现代化海洋牧场企业应积极发展第三产业,开展后续产业链技术研发,研发产品高值化加工利用技术提高其附加值,构建互联网电商营销体系,建立现代仓储物流网络,建立健全产品可追溯及服务保障体系,丰富休闲渔业的内涵与发展方式,做大做强海洋牧场文化产业,促进现代化海洋牧场全产业链同步发展。

参考文献

一、中文

（一）中文专著

翟璐、文艳、倪国江：《美国、加拿大海洋强国建设及对我国的启示》，《第九届海洋强国战略论坛论文集》，海洋出版社 2018 年版。

王军民：《北美海洋科技》，海洋出版社 2007 年版。

杨宝瑞、陈勇：《韩国海洋牧场建设与研究》，海洋出版社 2014 年版。

杨吝、刘同渝、黄汝堪：《中国人工鱼礁的理论与实践》，广东科技出版社 2005 年版。

张海峰：《中国海洋经济研究》，海洋出版社 1982 年版。

（二）中文期刊论文

包特力根白乙、陈勇：《海洋牧场研究与实践之管见》，《渤海大学学报（哲学社会科学版）》2015 年第 1 期。

蔡跃洲、陈楠：《新技术革命下人工智能与高质量增长、高质量就业》，《数量经济技术经济研究》2019 年第 5 期。

曹俐、王梦瑶：《数字经济助推海洋渔业高质量发展——基于产业结构升级的中介效应检验》，《海洋开发与管理》2022 年第 12 期。

曹裕、李想、胡韩莉等：《数字化如何推动制造企业绿色转型？——资源编排理论视角下的探索性案例研究》，《管理世界》2023 年第 3 期。

柴天佑：《工业人工智能与工业互联网协同实现生产过程智能化及其未来展望》，《控制工程》2023 年第 8 期。

陈大力、肖乾治、殷昭鲁：《新时代推进海洋经济高质量发展研究》，《商业经济》2023 年第 11 期。

陈寒松、田震：《公司创业情境下孵化企业服务生态系统构建——基于资源编排理论》，《科研管理》2022 年第 5 期。

　　陈剑、黄朔、刘运辉：《从赋能到使能——数字化环境下的企业运营管理》，《管理世界》2020 年第 2 期。

　　陈坤、张秀梅、刘锡胤等：《中国海洋牧场发展史概述及发展方向初探》，《渔业信息与战略》2020 年第 1 期。

　　陈梦圆、秦传新、刘永、吴鹏、肖雅元、李纯厚：《基于 SWOT 分析的南海区海洋牧场发展路径》，《海洋开发与管理》2023 年第 9 期。

　　陈宁、赵露：《美国海洋科技政策特征及其对中国的启示》，《科技导报》2021 年第 8 期。

　　陈鹏、王少朋、李玉婷、陈坤、刘逸洁：《浅谈大数据背景下海洋地理信息系统的发展》，《海洋信息》2019 年第 2 期。

　　陈新洲、徐冰、董振国、刘宝森：《粮食安全需要"蓝色粮仓"》，《瞭望》2009 年第 43 期。

　　陈秀凤、何奕璇、胡汝成：《海洋牧场价值链创新机制案例研究》，《海洋开发与管理》2023 年第 4 期。

　　陈应珍：《韩国建设世界海洋强国的战略和措施》，《海洋信息》2002 年第 3 期。

　　陈应珍：《美国全球海洋强国战略浅析》，《海洋信息》2003 年第 2 期。

　　程福祜、何宏权：《发展海洋经济要注意综合平衡》，《浙江学刊》1982 年第 3 期。

　　丁焕峰、张蕊、周锐波：《工业智能化、要素流动与创新经济地理格局》，《统计研究》2023 年第 8 期。

　　丁锐、殷伟、王晨、韩立民：《"蓝色粮仓"对中国食物营养的贡献及预测研究》，《世界农业》2023 年第 3 期。

　　董芳芳：《河南制造企业数智化转型创新路径》，《合作经济与科技》2023 年第 24 期。

　　董正：《物联网与智能制造促进纺织工业数智化转型升级》，《中国纺织》2018 年第 1 期。

　　都晓岩、韩立民：《海洋经济学基本理论问题研究回顾与讨论》，《中国海洋大学学报（社会科学版）》2016 年第 5 期。

房恩军、王宇、曾祥茜等：《天津市海洋牧场建设现状与设想》，《天津农业科学》2023 年第 S1 期。

傅梦孜、刘兰芬：《全球海洋经济：认知差异、比较研究与中国的机遇》，《太平洋学报》2022 年第 1 期。

高金吉、杨国安：《流程工业装备绿色化、智能化与在役再制造》，《中国工程学》2015 年第 7 期。

郭进：《传统制造业企业智能化的路径选择研究》，《人文杂志》2021 年第 6 期。

郭凯明：《人工智能发展、产业结构转型升级与劳动收入份额变动》，《管理世界》2019 年第 7 期。

韩江波：《智能工业化：工业化发展范式研究的新视角》，《经济学家》2017 年第 10 期。

韩立民、李大海：《美国海洋经济概况及发展趋势——兼析金融危机对美国海洋经济的影响》，《经济研究参考》2013 年第 51 期。

韩立民、王金环：《"蓝色粮仓"空间拓展策略选择及其保障措施》，《中国渔业经济》2013 年第 31 期。

韩立民、相明：《国外"蓝色粮仓"建设的经验借鉴》，《中国海洋大学学报（社会科学版）》2012 年第 2 期。

胡海波、王怡琴、卢海涛等：《企业数据赋能实现路径研究——一个资源编排案例》，《科技进步与对策》2022 年第 39 期。

黄江明、李亮、王伟：《案例研究：从好的故事到好的理论——中国企业管理案例与理论构建研究论坛综述》，《管理世界》2011 年第 2 期。

贾根良：《第三次工业革命与工业智能化》，《中国社会科学》2016 年第 6 期。

贾思洋、王春晓、王旭、刘长华：《数字经济背景下"孪生海洋"信息模型设计》，《电子技术与软件工程》2023 年第 3 期。

蒋成竹、张涛、吴林强、徐晶晶、冉嗥：《欧盟海洋探测和观测体系构建现状与发展趋势》，《自然资源情报》2023 年第 6 期。

蒋秋飚、鲍献文：《实施科技兴海推进海洋强国建设的思考》，《科技管理研究》2010 年第 30 期。

孔维攀:《数智化转型赋能企业发展的动因及路径研究——以装备制造企业为例》,《中国商论》2023 年第 16 期。

李豹德:《国外海洋人工鱼礁发展的现状》,《国外水产》1981 年第 2 期。

李海舰、李燕:《对经济新形态的认识:微观经济的视角》,《中国工业经济》2020 年第 12 期。

李廉水、石喜爱、刘军:《中国制造业 40 年:智能化进程与展望》,《中国软科学》2019 年第 1 期。

李欣宇、张云岭、齐遵利等:《基于 Ecopath 模型的祥云湾海洋牧场生态系统结构和能量流动分析》,《大连海洋大学学报》2023 年第 38 期。

李媛智、郭枝权:《制造企业供应链数字化能力评价体系研究》,《工业技术创新》2023 年第 10 期。

梁君、毕远新、周珊珊:《刍议海洋牧场的概念和英文表达》,《中国渔业经济》2017 年第 35 期。

梁铄、韩立民:《海洋强国视域下我国深蓝渔业发展路径研究》,《太平洋学报》2023 年第 31 期。

刘洪滨:《韩国 21 世纪的海洋发展战略》,《太平洋学报》2007 年第 3 期。

刘惠飞:《日本人工鱼礁建设的现状》,《现代渔业信息》2001 年第 12 期。

刘建国、刘洋、王海艳:《海洋生物诞生过程、新资源发掘与高值利用》,《海洋与湖沼》2021 年第 52 期。

刘曙光、姜旭朝:《中国海洋经济研究 30 年:回顾与展望》,《中国工业经济》2008 年第 11 期。

刘同渝:《国内外人工鱼礁建设状况》,《渔业现代化》2003 年第 2 期。

刘阳、王淼:《加拿大海洋创新体系建设的启示与借鉴》,《中国渔业经济》2020 年第 38 期。

刘紫润、姜海龙:《价值·困境·路径:以数字海洋文化现代化赋能海洋强国建设》,《现代交际》2023 年第 8 期。

卢昆、周娟枝、刘晓宁:《蓝色粮仓的概念特征及其演化趋势》,《中国海洋大学学报(社会科学版)》2012 年第 2 期。

马军英、杨纪明:《日本的海洋牧场研究》,《海洋科学》1994 年第 3 期。

马文韬、闫文、刘林琳:《我国海洋牧场建设研究综述》,《山西农经》2022

年第 21 期。

倪国江、刘洪滨、马吉山：《加拿大海洋创新系统建设及对我国的启示》，《科技进步与对策》2012 年第 29 期。

牛艺博、董利苹、王金平：《国际海洋牧场技术发展态势及其启示》，《世界科技研究与发展》2020 年第 42 期。

潘澎：《海洋牧场——承载中国渔业转型新希望》，《中国水产》2016 年第 1 期。

彭凯：《论我国海洋牧场地方立法的必要性与重点内容》，《海洋经济》2023 年第 13 期。

乔俊果：《21 世纪美英海洋科学战略比较研究》，《海洋信息》2011 年第 2 期。

秦宏：《"蓝色粮仓"建设相关研究综述》，《海洋科学》2015 年第 39 期。

权锡鉴：《海洋经济学初探》，《东岳论丛》1986 年第 4 期。

芮明杰：《"工业 4.0"：新一代智能化生产方式》，《世界科学》2014 年第 5 期。

邵桂兰、阮文婧：《我国碳汇渔业发展对策研究》，《中国渔业经济》2012 年第 30 期。

邵慰、吴婷莉：《智能化、要素市场与工业经济高质量发展》，《经济问题探索》2022 年第 2 期。

佘远安：《韩国、日本海洋牧场发展情况及我国开展此项工作的必要性分析》，《中国水产》2008 年第 3 期。

盛玲：《博采众长：国外海洋牧场建设经验借赏》，《中国农村科技》2018 年第 4 期。

施金金、龚利华、孟祥实：《我国海洋环保产业的现状及发展对策的研究》，《资源节约与环保》2021 年第 2 期。

松村劲：《海洋国家日本的军事战略——对照战史则防卫政策课题自然明了》，《呼声》1986 年第 4 期。

宋维玲、郭越、蔡大浩：《中国与美国海洋经济核算对比研究》，《中国渔业经济》2021 年第 39 期。

孙华平、周罡、蒋丹、周谛：《基于"蓝色粮仓"的海洋农业发展模式研究》，

《环境与可持续发展》2019 年第 44 期。

孙立宁、许辉、王振华等:《工业机器人智能化应用关键共性技术综述》,《振动.测试与诊断》2021 年第 41 期。

孙利元:《山东省人工鱼礁建设效果评价》,中国海洋大学博士学位论文,2010 年。

孙伟增、毛宁、兰峰等:《政策赋能、数字生态与企业数智化转型——基于国家大数据综合试验区的准自然实验》,《中国工业经济》2023 年第 9 期。

孙早、侯玉琳:《工业智能化如何重塑劳动力就业结构》,《中国工业经济》2019 年第 5 期。

谭建荣、刘达新、刘振宇、程锦:《从数字制造到智能制造的关键技术途径研究》,《中国工程科学》2017 年第 19 期。

唐启升:《渔业资源增殖、海洋牧场、增殖渔业及其发展定位》,《中国水产》2019 年第 5 期。

唐晓华、迟子茗:《工业智能化提升工业绿色发展效率的实证研究》,《经济学家》2022 年第 2 期。

王辉、王林辉:《工业智能化对社会经济发展影响的研究趋势》,《上海商学院学报》2022 年第 23 期。

王举颖、石潇、李志刚:《现代化海洋牧场的海洋产业筛选与融合机制——基于扎根理论的多案例研究》,《管理案例研究与评论》2021 年第 14 期。

王琳、於维樱、冯志纲:《加拿大贝德福德海洋研究所概况及科研实力分析》,《海洋信息》2015 年第 4 期。

王琳、周昕怡、陈梦媛:《从"培育者"到"影响者":数智化转型如何推动绿色创新发展:基于浪潮的纵向案例研究》,《中国软科学》2023 年第 10 期。

王三木、王光良:《机关运行保障"数智化"转型初探》,《中国机关后勤》2021 年第 2 期。

王文:《数字经济时代下工业智能化促进了高质量就业吗》,《经济学家》2020 年第 4 期。

王艳明、陈星星、俞莉、张斌:《海洋牧场综合效益评价分析——以山东省重点海洋城市为例》,《山东工商学院学报》2023 年第 3 期。

王一涵:《数智化转型背景下制造企业内部控制探究》,《财会学习》2023年第 25 期。

王迎宾:《基于增殖放流的定栖性种类剩余产量模型及其模拟分析》,《海洋学报》2021 年第 2 期。

王云飞、王志玲、秦洪花等:《大数据视角的中国海洋新兴产业发展监测分析》,《科技和产业》2023 年第 16 期。

王长征、刘毅:《论中国海洋经济的可持续发展》,《资源科学》2003 年第 4 期。

魏琪嘉:《推动海洋渔业向信息化数智化转型》,《经济日报》2023 年 5 月 10 日。

魏岳江:《美国称霸全球海洋》,《决策与信息》2004 年第 9 期。

吴丹、阳平坚、黄德生:《探索蓝碳生态价值实现的新模式:适宜的碳普惠机制》,《生态经济》2023 年第 11 期。

吴淑娟、刘小豪、黎敏敏:《数字经济、产业结构优化与海洋经济绿色效率——基于我国沿海省市的实证检验》,《五邑大学学报(社会科学版)》2023年第 4 期。

肖安娜:《数字经济、要素配置与高技术产业高质量发展研究》,《当代经济》2023 年第 11 期。

肖静华、吴瑶、刘意、谢康:《消费者数据化参与的研发创新——企业与消费者协同演化视角的双案例研究》,《管理世界》2018 年第 8 期。

辛杰、张欣、江舰:《数智化转型背景下平台企业社会责任的共生价值创造机制研究——基于山东农担的探索性案例》,《财经论丛》2023 年第 10 期。

邢文秀、刘大海、朱玉雯等:《美国海洋经济发展现状、产业分布与趋势判断》,《中国国土资源经济》2019 年第 8 期。

修斌:《日本海洋战略研究的动向》,《日本学刊》2005 年第 2 期。

徐恭昭:《海洋鱼类资源增殖研究的几个问题》,《海洋科学》1979 年第 2 期。

徐胜、张宁:《世界海洋经济发展分析》,《中国海洋经济》2018 年第 2 期。

徐勇、潇栋:《扬帆 5G 智慧海洋联通数字创新半岛》,《人民邮电》2023 年 10 月 12 日。

许瑶、张懿、纪建悦：《中国"蓝色粮仓"战略的研究热点与前沿探析》，《海洋开发与管理》2022 年第 5 期。

薛藤、田涛、吴忠鑫等：《"人工鲸落"型海洋牧场的理论基础与构建体系》，《海洋开发与管理》2022 年第 7 期。

杨红生、丁德文：《海洋牧场 3.0：历程、现状与展望》，《中国科学院院刊》2022 年第 6 期。

杨涛、张秀梅、赵强、柯可、周晓群：《烟台市碳汇型海洋牧场发展现状与策略》，《安徽农业科学》2023 年第 12 期。

杨潇：《构建近海 5G 信息高速网助力海洋经济"数字起飞"》，《福州日报》2022 年 7 月 25 日第 8 版。

姚朋：《当代加拿大海洋经济管理，海洋治理及其挑战》，《晋阳学刊》2021年第 6 期。

于会娟、牛敏、韩立民：《我国"蓝色粮仓"建设思路与产业链重构》，《农业经济问题》2019 年第 11 期。

袁蓓：《澳大利亚海洋科技计划比较分析》，《全球科技经济瞭望》2019 年第 2 期。

袁俊南、贺义雄：《海洋牧场综合化发展评价指标体系构建与实证研究》，《海洋开发与管理》2022 年第 12 期。

张景全：《我国海洋强国建设面临的机遇与挑战》，《人民论坛》2023 年第20 期。

张娟、迟泓：《海洋战略性新兴产业融入全球产业链的策略研究》，《中国海洋大学学报（社会科学版）》2023 年第 5 期。

张兰婷、刘康、韩立民：《"蓝色粮仓"建设潜力评估——来自我国沿海 11省市的经验》，《中国农业大学学报》2019 年第 6 期。

张淼淼、俞丽虹：《周边国家海洋战略动向》，《瞭望新闻周刊》2006 年第36 期。

张娜、李志兰、牛全保：《突发公共事件情境下组织敏捷性形成机理研究》，《经济管理》2021 年第 3 期。

张翔宇、陈金路、郑向远等：《我国现代化海洋牧场智能运维的发展现状与建议》，《海洋开发与管理》2023 年第 7 期。

张耀光、盖美、王艳：《20 世纪 90 年代中国海洋经济的高速增长与新世纪的展望》，《经济地理》2000 年第 5 期。

张媛、孙新波、钱雨：《传统制造企业数智化转型中的价值创造与演化——资源编排视角的纵向单案例研究》，《经济管理》2022 年第 4 期。

章欣然、徐虹：《风险投资和企业创新：作用机理与内在动因——基于深创投投资捷捷微电的单案例纵向分析》，《财会通讯》2021 年第 14 期。

二、外文文献

（一）日文文献

日本水产学会：《水产学用語辞典》，東京：恒星社厚生閣，1989 年。

農林水産技術会議事務局：《海洋牧場》，東京：恒星社厚生閣，1991 年。

市村武美：《夢ふくらむ海洋牧場：200 カイリをを飛び越える新しい漁業》，東京：東京電機大学出版局，1991 年。

（二）英文文献

Allison, M., & Virmani, J. I., Advanced marine technologies for ocean research, *Deep Sea Research Part II: Topical Studies in Oceanography*, 2023, p.212.

Bahareh R., Rehan S., & Kasun H., Emergy-based life cycle assessment (Em-LCA) for sustainability appraisal of infrastructure systems: A case study on paved roads, *Clean Technologies and Environmental Policy*, 2014, 16(2), pp. 251−266.

Batu Ş., Yılmaz F., & Uğurlu Ö., Safety-Security Analysis of Maritime Surveillance Systems in Critical Marine Areas. Sustainability, 2023, 15(23).

Bell J. D., Leber, K. M., Blankenship, H. L., Loneragan, N. R., & Masuda, R., A new era for restocking, stock enhancement and sea ranching of coastal fisheries resources, *Reviews in Fisheries Science*, 2008, 16(1−3), pp.1−9.

Benbouzid M. E. H., & Titah-Benbouzid, H., Ocean Energy Technologies. *Encyclopedia of Sustainable Technologies*, 2017, pp.73−85.

Born A. F., Immink A. J., & Bartley D. M., *Marine and Coastal Stocking: Global Status and Information Needs*, 2004.

Center W. F, *Aquaculture, fisheries, poverty and food security*, 2011.

Chen Y., Liu C., Chen J., et al., Evaluation on environmental consequences and sustainability of three rice-based rotation systems in Quanjiao, China by an integrated analysis of life cycle, emergy and economic assessment, *Journal of Cleaner Production*, 2011, p.310, 127493.

Clive W., Woodruff, S. D., Brohan, P., Claesson, S., Freeman, E., Koek, F., Lubker S. J., Marzin C., & Wheeler D., Recovery of logbooks and international marine data: the RECLAIM project, *International Journal of Climatology*, 2011.

Damsara A., Siriwardana H., Ashvini S., Pallewatta S., Samarasekara S. M., Edirisinghe S., & Vithanage M., Trends in marine pollution mitigation technologies: Scientometric analysis of published literature (1990－2022), *Regional Studies in Marine Science*, 2023, p.66.

David G. S., Michael A. H., & Ireland R. D., Managing firm resources in dynamic environments to create value: Looking inside the black box, *Academy of Management Review*, 2007, 32(1), pp.273-292.

Du Y., & Wang Y., Evaluation of marine ranching resources and environmental carrying capacity from the pressure-and-support perspective: A case study of Yantai, *Ecological Indicators*, 2021, pp.1872-7034.

FAO Inland Water Resources and Aquaculture Service, Fishery Resources Division., Marine ranching: global perspectives with emphasis on the Japanese experience, *FAO Fisheries Circular*, 1999, p.943.

Farzane M., Saba F., Mirmazloumi S. M., Amani M., Mokhtarzade M., Jamali S., & Mahdavi S., Ocean water quality monitoring using remote sensing techniques: A review, *Marine Environmental Research*, 2022, p.180.

Gioia D. A., Corley K. G., & Hamilton A. L., Seeking Qualitative Rigor in Inductive Research: Notes on the Gioia Methodology, *Organizational Research Methods*, 2013.

He X., Ping Q., & Hu W., Does digital technology promote the sustainable development of the marine equipment manufacturing industry in China? *Marine Policy*, 2022, p.136.

Henry J., Sedgwick J., & Gerrard G., Public funding for ocean energy: A comparison of the UK and U.S, *Technological Forecasting and Social Change*, 2014, No.84, pp.155−170.

Hicks C. C., Cohen P. J., Graham N. A. J., & Nash K. L., Harnessing global fisheries to tackle micronutrient deficiencies, *Nature*, 2019, 574(7776), pp.1−4.

Jesse M. L., & Pretes M., Maritime dependency and economic prosperity: Why access to oceanic trade matters, *Marine Policy*, 2020, p.121.

Kawarazuka N., & BénéC., Linking Small-scale Fisheries and Aquaculture to Household Nutritional Security: An overview, *Food Security*, 2010, 2(4), pp. 343−357.

Kirkbride-Smith A. E., Wheeler P. M., & Johnson M. L., Artificial reefs and marine protected areas: A study in willingness to pay to access Folkestone marine reserve, Barbados, *West Indies*. PeerJ, 2016, No.4, e2175.

Laxmi-A, Z., & Mandavgane, S.-A. Framework for calculating ecological footprint of process industries in local hectares using emergy and LCA approach, *Clean Technologies and Environmental Policy*, 2020, 22(10), pp.2207−2221.

Leo de Vrees., Adaptive marine spatial planning in the Netherlands sector of the North Sea, *Pergamon*, 2021.

Li Q., Wu J., Su Y., et al., Estimating ecological sustainability in the Guangdong-Hong Kong−Macao Greater Bay Area, China: Retrospective analysis and prospective trajectories, *Journal of Environmental Management*, 2022, p.303.

Linda, L., Schwartz, M. K., Waples, R. S., Ryman, N., & The GeM Working Group., Compromising genetic diversity in the wild: Unmonitored large-scale release of plants and animals, *Trends in Ecology & Evolution*, 2010, 25(9), pp.520−529.

Liu Y., Jiang Y., Pei Z., Xia N., & Wang A., Evolution of the Coupling Coordination between the Marine Economy and Digital Economy, *Sustainability*, 2023, 15(6).

Majidi N. M., Neshat M., Sylaios G., & Astiaso G. D., Marine energy digitalization digital twin's approaches, *Renewable and Sustainable Energy Reviews*,

2024, p.191.

Marco R., Rugani B., Benetto E., et al., Integrating emergy into LCA: Potential added value and lingering obstacles, *Ecological Modelling*, 2014,271(SI), pp.4-9.

Melanie G. W., Charles M., et al., Regulating the Blue Economy? Challenges to an effective Canadian aquaculture act, *Marine Policy*, 2021, p.131.

Moor J., The Dartmouth college artificial intelligence conference: The next fifty years, *AI Magazine*, 2006, 27(4), pp.87-91.

Neil R., Stock enhancement and sea ranching: developments, pitfalls and opportunities, Oxford: Blackwell Publishing, 2004,pp.1-244.

OECD,Artificial intelligence in society. Paris: OECD Publishing,2019.

Qin M., Wang X., & Du Y., Factors affecting marine ranching risk in China and their hierarchical relationships based on DEMATEL, ISM, and BN. Aquaculture, 2022, p.549.

Rosland A., Canada stakes its claim in cleantech, *Renewable Energy Focus*, 2014,15(2), pp.32-33.

Sadegh A. & Avami A., Development of a framework for the sustainability evaluation of renewable and fossil fuel power plants using integrated LCA-emergy analysis: A case study in Iran, *Renewable Energy*, 2021,No.179, pp.1548-1564.

Schmidhuber J., Deep learning in neural networks: An overview. Neural networks, 2015, No.61, pp.85-117.

Shafiqur R., Alhems L. M., Alam M. M., Wang L., & Toor Z., A review of energy extraction from wind and ocean: Technologies, merits, efficiencies, and cost, *Ocean Engineering*, 2023,p.267.

Shuichi K.,Economic, ecological and genetic impacts of marine stock enhancement and sea ranching: a systematic review, *Fish and Fisheries*, 2018,19(3), pp.511-532.

Siggelkow N., Persuasion with case studies, *Academy of Management Journal*, 2007,50(1), pp.20-24.

Valeria S., Cardinale N., & Dassisti M., The interoperability of exergy and

Life Cycle Thinking in assessing manufacturing sustainability: A review of hybrid approaches, *Journal of Cleaner Production*, 2021, p.286.

Wright P. K., & Bourne D. A., Manufacturing intelligence. Boston: Addison-Wesley, 1998, pp.49−81.

Xie W., Zou Y., Guo H., & Wang Y., Digital Innovation and Core Competence of Manufacturing Industry: Moderating Role of Absorptive Capacity, *Emerging Markets Finance and Trade*, 2024,60(1), pp.185−202.

Xu, S., & Ma, Z. (2017). Sustainable Development Evaluation of Marine Economy Based on the DPSIR Model: A case study of the Bohai rim region. *Marine Economy*,2017.

Yao W., Zhang W., & Li W.,Promoting the development of marine low carbon through the digital economy, *Journal of Innovation Knowledge*, 2023, 8(1).

Ye-Cheng W., & Du Y.-W., Evaluation of resources and environmental carrying capacity of marine ranching in China: An integrated life cycle assessment-emergy analysis, *Science of the Total Environment*, 2023, p.856.

Zhou, X., Zhao, X., Zhang, S., & Lin, J., Marine Ranching Construction and Management in East China Sea: Programs for Sustainable Fishery and Aquaculture, *Water*, 2019,11(6), p.1237.

附录 A　海洋牧场数智化转型的调查问卷

您好,非常感谢您参与本次调研。本课题团队为了解海洋牧场数智化转型现状以及转型过程中存在的问题,探求海洋牧场数智化转型的机制与路径。请结合您目前主要承担/参与的项目,给出您认为最恰当的选择。填写过程预计会花费 10—20 分钟的时间,此次调查仅用于学术研究,不会涉及您的私密信息,感谢您的积极配合。

一、基本信息

1. 您的性别:A.男性　B.女性

2. 您的年龄:A.18—24 岁　B.25—34 岁　C.35—44 岁　D.45 岁及以上

3. 您的学历:A.高中及以下　B.本科　C.硕士　D.博士

4. 您的专业领域:A.计算机科学与技术　B.电子工程　C.人工智能 D.数据科学　E.人文社科　F.其他

5. 您的职业类型:A.研发人员　B.销售人员　C.行政人员　D.养殖人员 E.其他

6. 您在当前企业的工作年限:A.不到 1 年　B.1—3 年　C.3—5 年 D.5 年以上

7. 您所在企业的规模:A.初创公司(少于 50 名员工)　B.中小型企业 (50—500 名员工)　C.大型企业(500 名员工以上)　D.其他

8. 您目前的职称:A.无　B.初级工程师　C.中级工程师　D.高级工程师

9. 您目前的职务:A.实习生　B.普通员工　C.部长　D.经理　E.其他

10. 您最喜欢的技术领域:A.人工智能　B.云计算　C.物联网　D.区块链　E.其他

11. 您是否持有相关的专业认证:A.是　B.否

12. 您对企业提供的培训和职业发展机会满意度：A.非常满意　B.满意　C.一般　D.不满意

13. 您对当前工资待遇的满意度：A.非常满意　B.满意　C.一般　D.不满意

二、转型机制与路径

2.1　转型需求

14. 您认为数智化转型的动机/背景/目的。为什么要数智化转型？（多选）

A.政策导向　B.降低成本　C.提升产品质量　D.实现可持续发展

E.提高生产效率和生产力　F.提升自身竞争力以扩大市场机会

G.其他_____

15. 您认为海洋牧场数智化转型的最大挑战是什么？（单选）

A.技术难题　B.经济投入　C.人才培养　D.风险管理

E.法律法规限制　F.管理体制转型　G.其他_____

2.2　对新技术的需求

16. 您认为现阶段运用到的新技术有哪些,具体运用在哪呢？（多选）

A.人工智能　　　主要运用在_____

B.5G 技术　　　主要运用在_____

C.区块链技术　　主要运用在_____

D.物联网技术　　主要运用在_____

E.虚拟现实　　　主要运用在_____

F.大数据分析　　主要运用在_____

G.云计算技术　　主要运用在_____

H.自动化设备　　主要运用在_____

I.其他_____

17. 您认为哪些新技术需要进一步运用？（多选）

A.人工智能　B.5G 技术　C.区块链技术　D.物联网技术　E.虚拟现实

F.大数据分析　G.云计算技术　H.自动化设备　I.其他_____

2.3　对管理体系优化的需求

18. 在数智化转型中,您认为对于管理体系优化最重要的是什么？

（单选）

    A.组织结构的变革　　B.高管人员的战略指引　　C.人才培养

    D.其他_____

19. 在数智化转型过程中，您认为管理体系中需要优化的方面是什么？（多选）

    A.决策流程　　B.沟通机制　　C.人才管理　　D.组织结构

    E.其他_____

20. 您认为现有的数字化工具或技术在管理方面的应用存在哪些不足？

_____

2.4　转型路径选择

21. 您认为在海洋牧场数智化转型过程中，是否有明确的转型目标？（单选）

    A.是 请阐述_____　　B.否　　C.不清楚

22. 您认为在海洋牧场数智化转型过程中，是否有明确的组织文化和领导力？（单选）

    A.是 请阐述_____　　B.否　　C.不清楚

23. 您认为在海洋牧场数智化转型过程中，是否有完善的基础设施建设？（单选）

    A.是　　B.否　　C.不清楚

24. 您认为在海洋牧场数智化转型过程中，员工的技能和能力是否得到了提升？（单选）

    A.是 请阐述具体方面_____　　B.否　　C.不清楚

25. 据您所知，目前海洋牧场数智化转型的路径是怎么样的？

_____

2.5　技术创新路径

26. 您认为海洋牧场数智化转型应该以何种方式提升新技术？（单选）

A.自主创新　　B.技术引进　　C.两者结合　　D.其他_____

2.6　组织管理改革路径

27. 您认为数智化转型开始后，组织规模是否发生了改变？（单选）

A.规模变大　　B.规模变小　　C.没有改变　　D.不清楚

28. 您认为数智化转型开始后,权限管理是否发生了改变?(单选)

A.是 请阐述发生了何种变化_____　　B.否　C.不清楚

29. 您认为数智化转型开始后,决策方式是否发生了改变?(单选)

A.是 请阐述发生了何种变化_____　　B.否　C.不清楚

30. 您认为数智化转型开始后,职位设置是否发生了改变?(单选)

A.是 请阐述发生了何种变化_____　　B.否　C.不清楚

31. 您认为在数智化转型过程中最需要关注的领域是什么?(如:数据收集与分析、智能监控、资源优化管理等)_____

32. 您认为海洋牧场数智化转型的关键成功因素是什么?_____

33. 您认为海洋牧场数智化转型的风险因素是什么?_____

34. 您对海洋牧场数智化转型的期望是什么?_____

35. 您认为关于海洋牧场数智化转型的需求是什么?具体需要在哪些方面进行转型?

三、未来展望

3.1　数智化发展潜力

36. 您认为当前海洋牧场在数智化方面的发展处于哪个阶段?(单选)

A.初级阶段,刚开始尝试　　　B.中级阶段,已有部分成熟应用

C.高级阶段,已经广泛应用　D.不清楚

37. 您期待数智化技术在哪些方面为海洋牧场带来最大的变革?(多选)

A.生产效率提升　B.养殖品种改良　C.养殖环境监测与预警

D.供应链优化　　E.其他:_____

38. 您认为未来五年内,哪些数智化技术最有可能在海洋牧场得到广泛应用?(多选)

A.人工智能与机器学习　B.物联网与传感器技术

C.无人机与水下机器人　D.区块链与溯源技术

E.其他:_____

39. 对于数智化的投资,您的企业有什么具体的计划或预期?(单选)

A.大力投入,期望快速见效　　　B.稳步投入,注重长期效益

C.小范围尝试,观察效果后再决定　D.暂无计划　E.其他:_____

3.2　技术发展趋势预测

40. 在您看来,哪些新兴技术可能会对海洋牧场产生深远影响?（多选）

A.基因编辑技术（如 CRISPR）　B.海底地形地貌探测技术

C.海洋大数据与云计算　　　　　D.深海养殖与捕捞技术

E.其他:＿＿＿＿＿＿

41. 您认为自动化和机器人在海洋牧场的应用前景如何?（单选）

A.非常看好,将显著提高效率

B.比较看好,但需进一步降低成本和技术门槛

C.中立,视具体情况而定

D.不太看好,认为实际应用有限

E.非常不看好,认为没有实际应用价值

3.3　行业发展方向预测

42. 您认为未来海洋牧场行业的最大增长点是什么?（多选）

A.高端海产品养殖与出口 B.休闲渔业与生态旅游

C.海洋牧场与其他产业融合（如新能源、制药等）

D.环保与可持续发展相关服务

E.其他:＿＿＿＿＿＿

43. 对于可持续发展和环保趋势,您的企业将如何适应?（多选）

A.采用环保饲料和养殖技术　B.加强养殖废水处理和循环利用

C.开展生态旅游和休闲渔业项目

D.参与政府或行业组织的可持续发展倡议

E.其他:＿＿＿＿＿＿

3.4　政策环境变化预测

44. 对于政府关于海洋牧场的政策,您有何期待?（多选）

A.加强行业规范和管理　B.提供资金和技术支持

C.推动行业整合和协作　D.加强环保和可持续发展要求

E.其他:＿＿＿＿＿＿

45. 您认为政策环境将如何影响海洋牧场行业的未来发展?（单选）

A.促进作用,有利于行业健康发展　B.中性作用,政策影响有限

C.不确定因素,需视政策具体内容而定

D.制约作用,可能影响行业正常运营

E.其他:＿＿＿＿＿

3.5　应对策略与建议

46. 面对行业的快速变化,您的企业有何应对策略?（多选）

A.加强技术研发和创新,提高竞争力

B.开展多元化经营,降低风险

C.加强与政府和相关机构的合作与沟通

D.提高员工素质,加强团队建设

E.其他:＿＿＿＿＿

3.6　技术创新策略

47. 对于技术创新,您的企业目前面临哪些主要挑战或障碍?（多选）

A.资金不足,难以持续投入研发　　B.技术门槛高,缺乏核心技术人才

C.信息获取不畅,难以跟踪行业前沿动态

D.合作伙伴难寻,缺乏外部技术支持和合作机会

E.其他:＿＿＿＿＿

48. 对于技术创新,您的企业有何具体的策略或方向?（多选）

A.加强自主研发和技术创新投入

B.与外部技术提供商和研究机构建立合作关系,共同研发新技术新产品

C.关注行业前沿动态,及时引进和应用新技术新产品

D.建立技术创新激励机制,鼓励员工提出创新意见和建议

E.其他:＿＿＿＿＿

49. 您认为哪些技术创新方向最有可能为海洋牧场带来突破性的发展?（多选）

A.养殖品种的遗传改良与新品种培育

B.养殖环境的智能监测与调控技术

C.养殖废水的处理与资源化利用技术

D.养殖装备的自动化与智能化升级

E.其他:＿＿＿＿＿

50. 在技术创新过程中,您的企业更倾向于哪种合作方式?（多选）

A.与高校或研究机构建立长期稳定的合作关系,共同研发新技术新产品

B.与技术提供商或解决方案供应商进行项目合作,引进和应用新技术新产品

C.参与行业技术联盟或创新平台,共享资源和成果,推动行业技术进步

D.建立内部研发团队,自主研发和创新,保持技术领先地位和竞争优势

E.其他:_____

3.7　管理优化建议

51. 在您看来,当前海洋牧场在管理上面临的最大挑战是什么?(多选)

A.决策效率低下和管理成本过高问题突出

B.组织结构复杂和沟通协调困难问题严重

C.人才流失严重和团队建设不足问题显著

D.缺少有效的风险管理和应对机制

E.其他:_____

52. 在您的管理经验中,您觉得海洋牧场管理当前存在哪些未被充分解决的难题或挑战?

_____

53. 如何更好地平衡生产规模扩张与资源环境可持续性之间的关系,您有何见解?

_____

54. 对于团队建设和员工激励,您认为哪些方法或策略可能更适用于海洋牧场这种特殊的工作环境?

_____

55. 您能否分享一些企业成功实施在海洋牧场广泛应用的管理实践或模式?

_____

3.8　人才培养方案

56. 您认为海洋牧场行业需要哪些核心技能和人才?(多选)

A.生物技术和养殖技术专业人才　　B.工程技术和设备研发人才

C.市场营销和品牌建设人才　　　　D.金融和投资管理人才

E.其他:_____

57. 您认为海洋牧场数智化转型需要哪些人才支持?(多选)

A.技术专家　　B.数据分析师　　C.AI 工程师　　D.管理人才

E.营销人才　　F.养殖人才　　　G.其他：_____

58. 您对如何更好地吸引和培养人才有何建议？（多选）

A.提高薪资待遇和福利水平

B.加强企业文化建设和员工培训

C.与高校和研究机构建立合作关系，共同培养人才

D.提供更多的职业发展机会和晋升空间

E.其他：_____

59. 您认为哪种人才培养方式适合海洋牧场的数智化转型？（多选）

A.引进外部人才

B.聘请专家制（聘请专家作为海洋牧场数智化转型的顾问）

C.师徒制度培养人才（将经验丰富的专家或老师与初学者配对，以一对一的形式传授技能和知识）

D.项目式学习（各部门分批进行专项学习，通过实际的项目工作来培养技能和知识）

E.国际交流与合作

F.校企联合培养（和高校合作，学生可以在校期间接触到实际工作环境，参与实习、项目合作等活动，从而获得实践经验和行业知识，毕业可以在海洋牧场实现就业）

G.在职培训（提供专业课程和培训项目，帮助在职人员或求职者更新和提升他们的技能）

H.其他：_____

60. 在您的观察中，当前海洋牧场行业在人才培养方面存在哪些明显的不足或缺失？_____

61. 您认为理想的海洋牧场人才应该具备哪些核心技能和素质？_____

62. 对于新进入行业的年轻人，您有哪些建议可以帮助他们更快地适应和成长？_____

63. 除了传统的学术教育，您认为哪些实践经验或培训项目能更好地为海洋牧场从业者提供实际帮助？_____

64. 如何建立一种持续学习和发展的文化,以确保海洋牧场团队与时俱进,适应不断变化的行业环境和技术进展? _____

3.9 政策建议

65. 您认为海洋牧场数智化转型需要哪些政策支持?（多选）

A.资金支持　　　B.税收优惠　C.人才培养政策

D.技术创新支持　E.法律法规优化

66. 您希望政府在政策上给予哪些具体的支持或优惠?（多选）

A.资金支持和税收优惠政策 B.技术研发和推广支持政策

C.市场拓展和品牌建设支持政策 D.人才引进和培养支持政策

E.其他:_____

67. 您认为政府在推动海洋牧场技术创新方面应该扮演怎样的角色?（多选）

A.提供资金支持和政策扶持,降低企业研发成本和风险

B.建立技术创新公共服务平台和资源共享机制,促进企业间合作和创新

C.加强人才培养和引进力度,为行业提供高素质人才支撑

D.推动产学研用深度融合和协同创新,加速科技成果转化和应用推广

E.其他:_____

68. 对于行业的长期发展,您有何政策建议?（多选）

A.加强行业规范和管理,推动行业健康发展

B.建立行业协作机制,促进资源共享和优势互补

C.加强与国际同行的交流与合作,提高国际竞争力

D.推动科技创新和成果转化,提升行业核心竞争力

E.加强宣传和推广,提高公众对海洋牧场的认知度和认可度

开放性问题

69. 您还有哪些关于“耕海 1 号”海洋牧场智慧化转型的其他看法或意见? _____

附录 B　海洋牧场生态化的访谈提纲

问题 1：你认为当前贵公司的生态化水平如何？为什么？

问题 2：是什么促使贵公司做出了生态化发展的承诺？

问题 3：哪些利益相关者(政府、竞争对手、消费者、客户、社区、合作伙伴、股东、员工等)对贵公司的生态化发展决策有重大影响？为什么？

问题 4：哪些管理环节(计划、组织、领导、协调、控制、创新等)对贵公司的生态化发展实践至关重要？为什么？

问题 5：贵公司在生态化发展实践中采取了哪些关键举措？企业采取这些举措的主要目的是什么？

问题 6：通过践行生态化发展承诺，贵公司发现了哪些新的商业机会，或已经从中受益？

问题 7：生态化发展实践对贵公司的经济、环境和社会效益有什么影响？这些影响的主要内容或关键方面是什么？

附录 C 先行者海洋牧场生态化发展实践驱动力的访谈引文

项目	企业	引文
D1. 效益协同效应	A	我们发现,生态效益、经济效益和社会效益有时并不矛盾,尤其是对企业的长期发展而言……例如,我们目前的低密度海水养殖模式,其主要目的是降低环境负荷,这也使海产品的存活率和质量得到了提高,给企业带来了额外的经济效益。此外,它还带动了渔民的就业,促进了当地渔业的可持续发展
D2. 可持续商业价值	C	我们很早就理解的一个原则是,在发展海水养殖时,绝不允许占用属于后代的资源。当然,可持续的经济效益和积极的长期发展前景对企业充满诱惑,可以促使企业更积极地承担社会责任,比如对生态化发展的承诺
D3. 政府激励与监督	E	2017 年,企业获得了中央财政 2500 万元的人工鱼礁建设项目。2021—2022 年,海洋局拨款 700 万元,支持企业海上网箱和管理平台的建设……根据政府的要求,我们从 2019 年开始进行年度监测,按时向海洋局提交相关资料
D4. 企业社会责任感	D	至于企业发展模式的选择,一个关键因素是理念,或者说是认知……很多人都很好奇,这些年我们有没有赚到钱？其实,在我们心里,生态效益是最重要的,其次是社会效益,最后才是经济效益。我们企业的目标是增加水产品的供应和渔民的收入,以及保护海洋环境,而不仅仅是简单地赚取利润
D5. 环境压力	D	大约 17 年前,区域海洋生态系统的退化非常明显,海洋中几乎没有资源了。说实话,当时我们没有选择。海里到处都是大船和钻井平台。渔民们在这片破碎的海里什么也捕不到。甚至许多物种的加工和捕鱼技术也丧失了。后来我们意识到,这些由生态系统提供的资源是商业发展的基础,所以我们必须保护和养护海洋环境
D6. 市场推动力	B	海水养殖中的药物滥用一直是消费者关注的问题。随着人们收入水平的提高,他们更倾向于消费生态自然产品……我们的产品早先是通过零售来销售的,但现在很多消费者被产品的质量所吸引,直接从我们这里大量购买。我们在生态方面的努力得到了市场的认可,这也促使我们越来越愿意在生态化方面投入

附录 D　先行者海洋牧场生态化转型创新性举措的访谈引文

项目	企业	引文
I1. 生境修复	D	我们的生境修复项目包括栖息地建设和增殖放流。栖息地建设包括牡蛎礁、海草床和海藻场的建设……与没有生境修复的海域相比,总生物量增加了 40 多倍,总生产力增加了 4.3 倍,牡蛎礁区的渔业碳汇能力是空白对照区的 4.5 倍
I2. 生态化生产	A	我们的生产模式可以概括为从陆地到海洋。陆地上的工业化海水养殖采用循环水技术,实现节能降耗。在大型水体中,借助先进的大型设备,实现水产品的增殖。此外,通过在周围建设人工鱼礁和贝类养殖,可以实现营养物质在生物体之间的循环利用,大大减少海洋污染
I3. 科技创新	C	我们与许多大学和科研机构形成了长期合作关系,并成立了海洋牧场研究所。目前,在优质种苗和设备研发、病害防治、资源修复等技术研究方面取得了一些成果,有利于我们向环境友好、可持续发展的现代海洋渔业企业转型
I4. 生态化运营	D	对于海洋牧场来说,企业运营体系与自然生态系统同样重要。只有一端可持续地利用资源,另一端可持续地提供资源,才能形成良性循环……我们把海洋牧场做成一个海洋产业平台,让渔民成为我们的客户或服务对象,在这个平台上开展生产活动。在这种模式下,渔民已经成为我们生态化发展实践中最忠实的伙伴
I5. 生态化管理	B	我们的企业领导人多年前就制定了长期的商业计划,指导我们以环境友好的模式发展……水下观测网络的建设使我们能够更好地了解灾害的过程、机制和生物反应……生产材料的采购严格遵守法规,坚决拒绝对环境有危害的材料……许多设施都由太阳能电池板提供电力。我们定期对员工进行环境安全教育和培训……

附录 E 海洋牧场不同阶段能值分析

表 S1 海洋牧场系统建设阶段的能值分析（每年）

项目	指标	单位	RNF	UEV	原始数据	可再生能值	不可再生能值	总能值
					支持力子系统（S）			
					可再生自然资源（R）			
R1	太阳光	J	1.00	1.00E+00	2.23E+16	2.23E+16	0.00E+00	2.23E+16
R2	地球自转热能	J	1.00	4.90E+03	8.85E+12	4.34E+16	0.00E+00	4.34E+16
R3	潮汐动能	J	1.00	3.09E+04	8.03E+12	2.48E+17	0.00E+00	2.48E+17
R4	风动能	J	1.00	8.00E+02	5.07E+12	4.06E+15	0.00E+00	4.06E+15
R5	海浪动能	J	1.00	4.20E+03	1.47E+12	6.17E+15	0.00E+00	6.17E+15
R6	雨水化学势	J	1.00	7.00E+03	1.18E+13	8.26E+16	0.00E+00	8.26E+16
R7	径流化学势	J	1.00	1.28E+04	6.98E+09	8.93E+13	0.00E+00	8.93E+13
					不可再生自然资源（N）			
N1	地下水	g	0.00	1.86E+05	4.00E+05	0.00E+00	7.44E+10	7.44E+10
N2	有机土壤流失	J	0.00	9.40E+04	4.52E+09	0.00E+00	4.25E+14	4.25E+14
					购买的资源（FS）			
FS2	增殖型人工鱼礁	g	0.00	7.73E+09	1.72E+10	0.00E+00	1.33E+20	1.33E+20
FS3	海草床	ha	1.00	5.47E+15	3.33E+00	1.82E+16	0.00E+00	1.82E+16
FS4	海藻场	ha	1.00	6.58E+11	5.00E+00	3.29E+12	0.00E+00	3.29E+12
					压力子系统（P）			
					购买的资源（FP）			
FP4	柴油	g	0.00	3.20E+09	1.40E+05	0.00E+00	4.48E+14	4.48E+14

续表

项目	指标	单位	RNF	UEV	原始数据	可再生能值	不可再生能值	总能值
FP5	电力	kw·h	0.09	2.46E+12	1.04E+05	2.30E+16	2.33E+17	2.56E+17
FP6	钢铁	g	0.00	3.13E+09	1.10E+07	0.00E+00	3.44E+16	3.44E+16
FP7	混凝土	g	0.00	4.43E+08	2.61E+08	0.00E+00	1.16E+17	1.16E+17
FP8	玻璃	g	0.00	2.91E+07	6.67E+05	0.00E+00	1.94E+13	1.94E+13
FP9	塑料	g	0.00	2.31E+07	6.77E+04	0.00E+00	1.56E+11	1.56E+11
FP10	沥青	g	0.00	3.42E+09	1.07E+06	0.00E+00	3.66E+15	3.66E+15
FS12	木材	g	1.00	5.14E+08	5.00E+05	2.57E+14	0.00E+00	2.57E+14
服务（V）								
V1	劳动力	hour	0.60	6.51E+12	4.00E+03	1.56E+16	1.04E+16	2.60E+16
V2	租金	¥	0.20	1.53E+12	4.83E+06	1.48E+18	5.91E+18	7.39E+18
V3	固体废物处理	¥	0.20	1.53E+12	6.67E+00	2.04E+12	8.16E+12	1.02E+13
潜在生态服务（ES）								
ES1	二氧化硫	kg	1.00	8.00E+02	1.80E+12	1.02E+16	0.00E+00	1.02E+16
ES2	二氧化氮	kg	1.00	8.00E+02	0.00E+00	0.00E+00	0.00E+00	0.00E+00
ES3	PM10	kg	1.00	8.00E+02	0.00E+00	0.00E+00	0.00E+00	0.00E+00
ES4	PM2.5	kg	1.00	8.00E+02	1.12E+14	6.31E+17	0.00E+00	6.31E+17
ES5	磷	kg	1.00	1.28E+04	5.10E+06	3.07E+14	0.00E+00	3.07E+14
ES6	氮	kg	1.00	1.28E+04	0.00E+00	0.00E+00	0.00E+00	0.00E+00
ES7	砷	kg	1.00	1.28E+04	9.72E+08	5.85E+16	0.00E+00	5.85E+16
ES8	镉	kg	1.00	1.28E+04	2.24E+09	1.35E+17	0.00E+00	1.35E+17
ES9	铬	kg	1.00	1.28E+04	1.33E+07	8.03E+14	0.00E+00	8.03E+14
ES10	铜	kg	1.00	1.28E+04	4.55E+08	2.74E+16	0.00E+00	2.74E+16
ES11	锌	kg	1.00	1.28E+04	9.75E+08	5.87E+16	0.00E+00	5.87E+16
ES12	硒	kg	1.00	1.28E+04	2.37E+09	1.43E+17	0.00E+00	1.43E+17
ES13	汞	kg	1.00	1.28E+04	1.31E+10	7.89E+17	0.00E+00	7.89E+17
ES14	铅	kg	1.00	1.28E+04	5.08E+08	3.06E+16	0.00E+00	3.06E+16

表 S2　海洋牧场系统运营阶段的能值分析（每年）

项目	指标	单位	RNF	UEV	原始数据	可再生能值	不可再生能值	总能值
支持子系统（S）								
可再生自然资源（R）								
R1	太阳光	J	1.00	1.00E+00	4.88E+17	4.88E+17	0.00E+00	4.88E+17
R2	地球自转热能	J	1.00	4.90E+03	1.94E+14	9.51E+17	0.00E+00	9.51E+17
R3	潮汐动能	J	1.00	3.09E+04	1.76E+14	5.44E+18	0.00E+00	5.44E+18
R4	风动能	J	1.00	8.00E+02	1.11E+14	8.88E+16	0.00E+00	8.88E+16
R5	海浪动能	J	1.00	4.20E+03	3.22E+13	1.35E+17	0.00E+00	1.35E+17
R6	雨水化学势	J	1.00	7.00E+03	2.58E+14	1.81E+18	0.00E+00	1.81E+18
R7	径流化学势	J	1.00	1.28E+04	1.53E+11	1.96E+15	0.00E+00	1.96E+15
不可再生自然资源（N）								
N1	地下水	g	0.00	1.86E+05	2.47E+07	0.00E+00	4.59E+12	4.59E+12
购买的资源（FS）								
FS1	鱼苗	g	0.20	1.26E+10	3.31E+06	8.34E+15	3.34E+16	4.17E+16
压力子系统（P）								
购买的资源（FP）								
FP1	养殖型人工鱼礁	g	0.00	4.61E+09	7.77E+09	0.00E+00	3.58E+19	3.58E+19
FP2	饲料	g	0.17	1.06E+09	5.95E+08	1.07E+17	5.24E+17	6.31E+17
FP3	杀虫剂	g	0.00	1.27E+09	3.00E+06	0.00E+00	3.81E+15	3.81E+15
FP4	柴油	g	0.00	3.20E+09	2.94E+03	0.00E+00	9.41E+12	9.41E+12
FP5	电力	kw·h	0.09	2.46E+12	6.18E+04	1.37E+16	1.38E+17	1.52E+17
FP6	钢铁	g	0.00	3.13E+09	3.33E+05	0.00E+00	1.04E+15	1.04E+15
FP8	玻璃	g	0.00	2.91E+07	1.67E+05	0.00E+00	4.86E+12	4.86E+12
FP12	木材	g	1.00	5.14E+08	1.17E+05	6.01E+13	0.00E+00	6.01E+13
服务（V）								
S1	劳动力	hour	0.60	6.51E+12	1.27E+05	4.96E+17	3.31E+17	8.27E+17
潜在生态服务（ES）								
ES1	二氧化硫	kg	1.00	8.00E+02	6.46E+10	3.65E+14	0.00E+00	3.65E+14
ES2	二氧化氮	kg	1.00	8.00E+02	1.03E+10	5.83E+13	0.00E+00	5.83E+13

续表

项目	指标	单位	RNF	UEV	原始数据	可再生能值	不可再生能值	总能值
ES3	PM10	kg	1.00	8.00E+02	1.21E+08	6.87E+11	0.00E+00	6.87E+11
ES4	PM2.5	kg	1.00	8.00E+02	2.00E+11	1.13E+15	0.00E+00	1.13E+15
ES5	磷	kg	1.00	1.28E+04	4.31E+08	2.59E+16	0.00E+00	2.59E+16
ES6	氮	kg	1.00	1.28E+04	5.24E+06	3.15E+14	0.00E+00	3.15E+14
ES7	砷	kg	1.00	1.28E+04	1.29E+07	7.74E+14	0.00E+00	7.74E+14
ES8	镉	kg	1.00	1.28E+04	5.62E+07	3.38E+15	0.00E+00	3.38E+15
ES9	铬	kg	1.00	1.28E+04	6.28E+07	3.78E+15	0.00E+00	3.78E+15
ES10	铜	kg	1.00	1.28E+04	1.52E+07	9.15E+14	0.00E+00	9.15E+14
ES11	锌	kg	1.00	1.28E+04	2.30E+07	1.38E+15	0.00E+00	1.38E+15
ES12	硒	kg	1.00	1.28E+04	2.66E+07	1.60E+15	0.00E+00	1.60E+15
ES13	汞	kg	1.00	1.28E+04	1.87E+08	1.13E+16	0.00E+00	1.13E+16
ES14	铅	kg	1.00	1.28E+04	2.14E+07	1.29E+15	0.00E+00	1.29E+15
输出(O)								
O1	水产品	¥			1.60E+08			
O2	旅游服务	¥			5.40E+05			

表 S3　海洋牧场系统维护阶段的能值分析(每年)

项目	指标	单位	RNF	UEV	原始数据	可再生能值	不可再生能值	总能值
支持力子系统(S)								
不可再生自然资源(N)								
N1	地下水	g	0.00	1.86E+05	5.00E+06	0.00E+00	9.30E+11	9.30E+11
压力子系统(P)								
购买的资源(FP)								
FP4	柴油	g	0.00	3.20E+09	2.52E+04	0.00E+00	8.06E+13	8.06E+13
FP5	电力	kw·h	0.09	2.46E+12	1.20E+02	2.66E+13	2.69E+14	2.95E+14
FP6	钢铁	g	0.00	3.13E+09	1.83E+07	0.00E+00	5.73E+16	5.73E+16
FP7	混凝土	g	0.00	4.43E+08	3.15E+08	0.00E+00	1.40E+17	1.40E+17
FP8	玻璃	g	0.00	2.91E+07	9.13E+06	0.00E+00	2.66E+14	2.66E+14
FP9	塑料	g	0.00	2.31E+07	3.67E+04	0.00E+00	8.48E+11	8.48E+11

项目	指标	单位	RNF	UEV	原始数据	可再生能值	不可再生能值	总能值
FP10	沥青	g	0.00	3.42E+09	1.10E+06	0.00E+00	3.76E+15	3.76E+15
FP11	砾石	g	0.00	1.86E+09	4.30E+06	0.00E+00	8.00E+15	8.00E+15
FP12	木材	g	1.00	5.14E+08	4.20E+06	2.16E+15	0.00E+00	2.16E+15
服务（V）								
V1	劳动力	hour	0.60	6.51E+12	9.00E+02	3.52E+15	2.34E+15	5.86E+15
V3	固体废物处理	¥	0.20	1.53E+12	1.20E+04	3.67E+15	1.47E+16	1.84E+16
潜在生态服务（ES）								
ES1	二氧化硫	kg	1.00	8.00E+02	1.06E+10	6.02E+13	0.00E+00	6.02E+13
ES2	二氧化氮	kg	1.00	8.00E+02	5.41E+05	3.06E+09	0.00E+00	3.06E+09
ES3	PM10	kg	1.00	8.00E+02	6.61E+03	3.74E+07	0.00E+00	3.74E+07
ES4	PM2.5	kg	1.00	8.00E+02	5.01E+10	2.83E+14	0.00E+00	2.83E+14
ES5	磷	kg	1.00	1.28E+04	3.17E+05	1.90E+13	0.00E+00	1.90E+13
ES6	氮	kg	1.00	1.28E+04	3.22E+02	1.94E+10	0.00E+00	1.94E+10
ES7	砷	kg	1.00	1.28E+04	1.19E+07	7.17E+14	0.00E+00	7.17E+14
ES8	镉	kg	1.00	1.28E+04	6.14E+07	3.69E+15	0.00E+00	3.69E+15
ES9	铬	kg	1.00	1.28E+04	8.86E+04	5.33E+12	0.00E+00	5.33E+12
ES10	铜	kg	1.00	1.28E+04	4.09E+06	2.46E+14	0.00E+00	2.46E+14
ES11	锌	kg	1.00	1.28E+04	1.78E+07	1.07E+15	0.00E+00	1.07E+15
ES12	硒	kg	1.00	1.28E+04	2.65E+07	1.60E+15	0.00E+00	1.60E+15
ES13	汞	kg	1.00	1.28E+04	5.27E+07	3.17E+15	0.00E+00	3.17E+15
ES14	铅	kg	1.00	1.28E+04	8.96E+06	5.39E+14	0.00E+00	5.39E+14

附录 F "海洋牧场生态化转型模式匹配度"调查问卷

尊敬的专家:您好!

为了确定处于不同生态化转型状态的海洋牧场所适配的生态化转型模式,特邀请您参与本次问卷调查,您填写的认知判断信息将为本项课题研究提供重要参考。问卷预计阅读及填写时间 15—20 分钟,感谢您的支持!

一、填表人信息

本部分内容我们将为您严格保密,仅供数据分类和核对使用,请您放心填写。

姓　　名:＿＿＿＿＿＿＿＿＿　　单位:＿＿＿＿＿＿＿＿＿

单位性质:＿＿＿＿＿＿＿＿＿　　(企业/高校/科研院所)

填写时间:＿＿＿＿＿＿＿＿＿　　联系电话:＿＿＿＿＿＿＿＿＿

二、问卷填写说明

1. 背景描述

(1)海洋牧场的生态化转型状态

2. 基于海洋牧场的资源环境承载力状态和容量评价结果,依据企业的外部生态化转型状态和内部生态化转型状态这两个互相补充、彼此关联的标准,海洋牧场的生态化转型状态被划分为如图 F1 所示的六大类、十二小类。表 F1 展示了该十二类状态下的海洋牧场的发展需求。

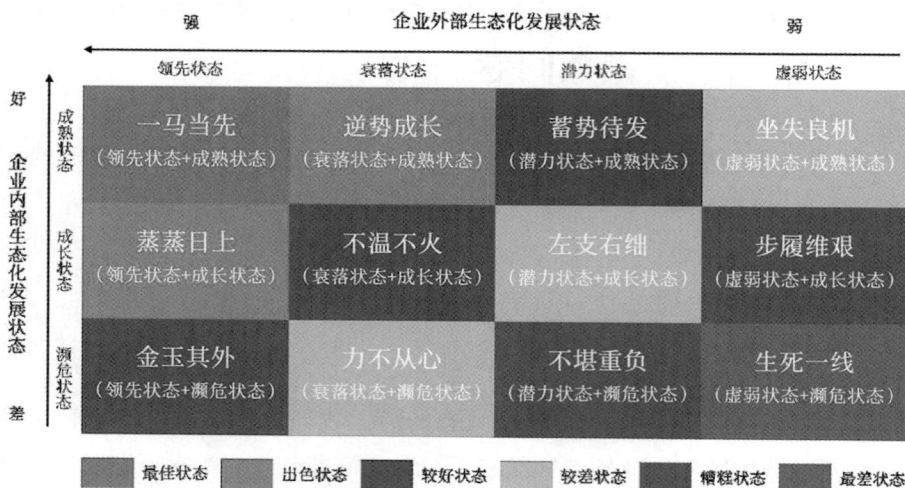

图 F1　基于资源环境承载力的海洋牧场生态化转型状态矩阵

表 F1　基于资源环境承载力的海洋牧场各生态化转型状态发展需求

	企业状态	发展需求	发展战略
1	一马当先	提高产品质量,强化盈利能力,扩大市场份额,保持竞争优势	稳健型战略
2	逆势成长	调整经营策略,控制生产规模,提高生产效率,减少环境影响	拓展型战略
3	蒸蒸日上	优化生产流程,高效利用资源,加强技术研发,注重人才培养	
4	蓄势待发	扩大生产规模,优化产品结构,提高生产效率,扩大市场份额	
5	不温不火	改善品牌形象,加强市场营销,高效利用资源,整顿内部管理	扩张型战略
6	金玉其外	加强技术研发,优化产品设计,增加环保投入,高效利用资源	
7	坐失良机	提高生产能力,扩大生产规模,高效利用资源,强化盈利能力	
8	左支右绌	提高产品质量,高效利用资源,夯实生态基础,加强市场营销	维持型战略
9	力不从心	优化产品设计,优化生产流程,加强技术研发,修复受损生境	
10	步履维艰	优化产品结构,提高生产效率,合理利用资源,维护生态稳定	
11	不堪重负	增加环保投入,修复受损生境,优化产品结构,优化生产流程	调整型战略
12	生死一线	调整经营模式,转移战略方向,优化资源配置,重筑生态基础	生存型战略

(2)海洋牧场的生态化转型模式

研究已基于探索性多案例研究方法,对我国五家生态化转型实践的"先行者"海洋牧场进行了案例内分析和跨案例分析,并归纳得到了当前我国海洋牧场的五种生态化转型模式,如表 F2 所示。

表 F2 五种主要生态化转型模式的简介

模式	特征内涵	关键作用	适用情境
生境修复模式	采用自然恢复和人工建设相结合的方式,对受损生境进行恢复与重建	改善区域生态系统,强化资源环境基础	企业资源供需失衡,环境影响严重,生态持续恶化
生态化生产模式	在企业内部实行源头污染削减、生产全过程控制和末端无害化处理	生产过程经济效益最大化、环境危害最小化	企业资源利用不合理,环境影响严重
生态化运营模式	在企业外部实施全链条绿色管理,控制产品的全生命周期过程	降本增效,减少环境风险,提高企业形象和品牌价值	企业资源环境表现合格,供应链管理能力成熟
生态化管理模式	在生态化转型思想指导下对企业的人、财、物、产品贯彻系统性绿色管理	提高企业效益,促进经济发展与环境保护相协调	企业资源环境表现良好,社会经济活动活跃
科技创新模式	围绕企业生态化转型需求开展新知识、新技术、新工艺的创造和应用	提高生态效率,推动产业升级,增强发展活力和市场竞争力	企业生产经营规模成熟,生态系统质量有待提升

3. 填写要求

(1)填写依据

匹配度判断矩阵的评价目标为:"依据内外部因素,处于不同生态化转型状态的海洋牧场应该匹配哪种生态化转型模式,才能够顺利推进企业的生态化转型实践,并早日实现企业永续经营和可持续发展的生态化转型目标?"因此,请您结合对上文背景描述部分内容的理解,以及个人的经验与知识储备,对"适配性关键因素的权重"和"备选模式的匹配度评分"作出判断。

(2)权重填写要求

分别判断各适配性关键因素的权重,且保证所有因素的权重之和为 1。例如:0.1,0.4,0.2,0.3。

(3)备选模式的评分填写要求

根据每个因素的描述,分别填写各种模式的适配性得分。请注意,模式的匹配需要遵循"生态优先、适宜可行、成本效益、持续优化"四个原则。评分采用概率语义信息判断($a;b$),其中 a 为语义信息,标度请参照表 F3;b 为概率信息,即您对语义的确定性的概率的判断。

表 F3　评分标度及含义

标度	-3	-2	-1	0	1	2	3
含义	完全不适配	很不适配	比较不适配	一般	比较适配	很适配	完全适配

三、填写内容

请注意:填写内容包括表 F4 中的两部分:一是因素权重,二是备选模式评分。

表 F4　海洋牧场生态化转型模式的匹配度判断矩阵

因素				备选生态化转型模式及评分				
准则层	因素	权重	描述	生境修复模式	生态化生产模式	生态化运营模式	生态化管理模式	科技创新模式
外部环境	相对社会经济活动强度		大					
			小					
	相对资源环境承载力状态		强					
			弱					
内部条件	绝对生产经营活跃强度		大					
			强度中等或与承载力容量关系失衡					
			小					
	绝对资源环境承载力容量		高					
			水平中等,或与生产经营活跃度关系严重失衡					
			低					

责任编辑:彭代琪格

图书在版编目(CIP)数据

海洋牧场高质量发展路径与机制研究 / 王舒鸿等著. -- 北京 ：人民出版社，2025.2. -- ISBN 978－7－01－027069－2

Ⅰ. S953.2

中国国家版本馆 CIP 数据核字第 2025HC1774 号

海洋牧场高质量发展路径与机制研究

HAIYANG MUCHANG GAOZHILIANG FAZHAN LUJING YU JIZHI YANJIU

王舒鸿　王举颖　孙　明　王业成　著

人民出版社 出版发行

(100706　北京市东城区隆福寺街 99 号)

中煤(北京)印务有限公司印刷　新华书店经销

2025 年 2 月第 1 版　2025 年 2 月北京第 1 次印刷

开本:710 毫米×1000 毫米 1/16　印张:20.75　插页:1

字数:332 千字

ISBN 978－7－01－027069－2　定价:80.00 元

邮购地址 100706　北京市东城区隆福寺街 99 号

人民东方图书销售中心　电话 (010)65250042　65289539